"十四五"时期国家重点出版物出版专项规划项目

现代土木工程精品系列图书

盐渍土环境中钢筋混凝土桥墩柱腐蚀劣化与地震损伤研究

闫长旺　赵建军　著

U0223416

哈尔滨工业大学出版社

内 容 简 介

本书采用试验研究与理论分析相结合的方法,阐述了盐渍土环境中混凝土和钢筋的腐蚀劣化机制,提出了混凝土立方体抗压强度、劈裂抗拉强度以及轴心抗压应力－应变的理论计算方法,同时建立了钢筋脱钝时间预测模型。基于立方体抗压强度、临界氯离子浓度、Monte-Carlo 法以及 BP 神经网络,分别对盐渍土环境中混凝土结构的使用寿命进行了预测。基于桁架－拱模型理论对钢筋混凝土桥墩柱承载力机理进行了研究分析,提出了考虑时间因素的时变承载力计算模型。鉴于混凝土材料力学性能随时间的退化特点,采用动态可靠度指标和动态失效概率表征了钢筋混凝土桥墩柱的可靠度。通过观察并记录钢筋混凝土桥墩柱在地震作用下的整个破坏过程及损伤特点,建立了盐渍土环境中钢筋混凝土桥墩柱在地震作用下的滞回曲线理论模型,并基于残余位移提出了相关的地震损伤评估方法。

本书可供从事混凝土结构抗震性能及耐久性研究的教师和学生阅读使用,也可为从事腐蚀环境中混凝土结构抗震设计的工程师提供参考。

图书在版编目(CIP)数据

盐渍土环境中钢筋混凝土桥墩柱腐蚀劣化与地震损伤研究/闫长旺,赵建军著. —哈尔滨:哈尔滨工业大学出版社,2023.10
(现代土木工程精品系列图书)
ISBN 978－7－5767－0037－4

Ⅰ.①盐… Ⅱ.①闫… ②赵… Ⅲ.①钢筋混凝土桥－桥墩－腐蚀机理－劣化－研究 ②钢筋混凝土桥－桥墩－地震灾害－研究 Ⅳ.①TU375 ②U448.347

中国版本图书馆 CIP 数据核字(2022)第 112214 号

策划编辑 王桂芝
责任编辑 丁桂焱 刘 威
出版发行 哈尔滨工业大学出版社
社 址 哈尔滨市南岗区复华四道街 10 号 邮编 150006
传 真 0451－86414749
网 址 http://hitpress.hit.edu.cn
印 刷 哈尔滨市工大节能印刷厂
开 本 787 mm×1 092 mm 1/16 印张 13.5 字数 320 千字
版 次 2023 年 10 月第 1 版 2023 年 10 月第 1 次印刷
书 号 ISBN 978－7－5767－0037－4
定 价 88.00 元

(如因印装质量问题影响阅读,我社负责调换)

前　言

自西部大开发战略实施以来,我国西部的交通基础设施建设得到了快速发展。然而,我国西北地区不仅盐渍土覆盖面积广,而且地震发生频繁,这种复杂的地质情况严重影响了基础设施的稳定性和耐久性。于是,盐渍土环境中多种侵蚀性介质对钢筋混凝土结构的腐蚀问题成为社会持续关注的热点之一,学者们围绕混凝土损伤失效以及钢筋锈蚀过程展开了一系列的研究。此外,地震作为一种破坏性较强的自然灾害,对人类的生命和财产造成了极大的危害。因此,对盐渍土环境中钢筋混凝土结构在腐蚀和地震耦合作用下的性能退化机理进行针对性的研究和系统性的分析是十分迫切和重要的。

本书共分为 13 章,分别为绪论、盐渍土环境中混凝土腐蚀劣化试验方法与机理研究、盐渍土环境中混凝土平行杆受力模型、盐渍土环境中混凝土立方体抗压强度试验研究与理论分析、盐渍土环境中混凝土劈裂抗拉强度试验研究与理论分析、盐渍土环境中混凝土轴心抗压强度试验研究与理论分析、盐渍土环境中钢筋锈蚀临界氯离子浓度试验研究与理论分析、盐渍土环境中混凝土结构失效概率与寿命预测、盐渍土环境中钢筋混凝土桥墩柱抗震性能试验研究、盐渍土环境中钢筋混凝土桥墩柱桁架－拱受力模型研究、盐渍土环境中钢筋混凝土桥墩柱时变可靠度与失效概率分析、盐渍土环境中钢筋混凝土桥墩柱滞回曲线理论计算以及盐渍土环境中钢筋混凝土桥墩柱地震损伤评估。本书中各部分的试验研究与理论分析,分别由李杰、杨德强、荆磊、胡志超、张晓鹏、牛鹏凯和赵建军完成。

本书作者在国家自然科学基金项目(51368040)和内蒙古自治区自然科学基金项目(2015MS0505)的资助下,完成了盐渍土环境中混凝土与钢筋的腐蚀劣化机理的研究工作,混凝土立方体抗压性能、劈裂抗拉性能、轴心抗压性能的研究工作,混凝土结构失效概率与寿命预测的研究工作,以及钢筋混凝土桥墩柱的地震损伤评估工作,并将上述研究成果总结提炼撰写成此书。在此对提供了大力支持的国家自然科学基金、内蒙古自治区自然科学基金以及参与以上研究工作的白明海老师和刘曙光老师一并表示感谢。此外,在撰写本书的过程中,作者参考和借鉴了国内外相关学者的研究成果,在此表示感谢。

由于作者水平有限,在试验方法和理论分析方面还有很多不足,书中存在疏漏在所难免,敬请广大读者予以批评指正。

作　者

2023 年 5 月

目　　录

第1章 绪 论

1.1 研究背景及意义

盐渍土是盐土和碱土及各种盐化、碱化土壤的总称,在公路工程中一般指地表下 1.0 m 深的土层内易溶盐平均含量(质量分数)大于 0.3% 且具有溶陷、盐胀、腐蚀等工程特性的岩土。该类土的主要特点是土壤中含有大量高浓度的腐蚀性离子,如 Cl^-、SO_4^{2-} 等。据报道,盐渍土覆盖面积约占地球表面积的 7%。而在我国西部地区,如内蒙古、青海、新疆、宁夏等地区盐渍土分布范围最广,面积约占国土面积的 50%。处于盐渍土环境中的混凝土内部会发生一系列复杂的物理、化学反应,主要是混凝土中水泥水化产物与外界进入的 Cl^-、SO_4^{2-}、Ca^{2+} 及 HCO_3^- 等发生反应,生成的腐蚀产物会使混凝土内部发生膨胀作用,使其内部出现裂缝,随着腐蚀加重,裂缝不断延伸变宽,最终对混凝土结构的承载能力与耐久性能造成破坏。

据调查,1958 年青海建设的察尔汗钾肥厂车间混凝土柱靠近地面处发生严重腐蚀,每隔 3~5 年修补一次;20 世纪 70 年代末察尔汗钾肥厂曾在盐湖里铺设一段混凝土管道,仅 1 年多时间便腐蚀崩溃;20 世纪 80 年代新疆油田曾发生几十公里混凝土输油管线受腐蚀而全线坍塌;1997 年青海省水利厅建设的"35 kV 格尔木－察尔汗输电线路",于 2000 年检查时发现钢筋混凝土电杆根部产生纵向裂纹。刘连新调查发现青海盐渍土地区的工厂厂房梁、柱混凝土保护层及桥墩基础遭腐蚀破坏,混凝土内石子外露,轻敲即溃。王复生发现盐渍土地区公路旁埋设的混凝土里程碑及电线杆,不到 1 年即出现明显纵向裂缝,不到 4 年其根部全部破坏。由此可见,混凝土、钢筋材料在盐渍土环境下往往破坏得更早、更严重。与海洋环境相比,除 Cl^- 外,盐渍土介质中还含有 SO_4^{2-}、HCO_3^-、CO_3^{2-}、Mg^{2+} 等多种腐蚀性离子,其中 Cl^-、SO_4^{2-} 的浓度高达海水的 5~10 倍。

随着我国西部大开发战略的持续推进,大量的基础设施被建设在盐渍土环境中。由于处于盐渍土环境中的混凝土腐蚀速度远远超过一般环境下的腐蚀速度,因此,由盐渍土环境引发的混凝土结构耐久性问题越来越受到工程界的广泛关注。同时随着西部大开发战略的实施,用于资源开发的建筑物、厂房、道路、桥梁等设施与日俱增,其主要建筑材料就是混凝土。相关资料显示,全球每年因建筑物腐蚀造成的经济损失非常严重。美国在 1995 年一年中因结构物腐蚀造成的损失约占其国民生产总值(GNP)的 4%~5%,总计约 3 000 亿美元,而 1998 年一年的损失达到 2 757 亿美元,其中因混凝土结构钢筋发生锈蚀所造成的损失约为 1 100 亿美元。1999 年澳大利亚因混凝土结构钢筋发生锈蚀所造成的损失约占其国民生产总值的 4%。我国在 2001 年因建筑结构物被腐蚀所造成的损失约为 1 000 亿元,因腐蚀造成的损失约占我国国内生产总值(GDP)的 5%。2014 年,我国的腐蚀总成本约为 2.13 万亿元,约占当年国民生产总值的 3.34%。在英国,近 30 年来,由于腐蚀造成的损失约为其 GDP 的 3.5%,其中基础设施占很大一部分,现有桥梁中需要修复的占总数的 35%~40%。图 1.1 所示为盐渍土地区桥墩柱腐蚀情况。

图 1.1　盐渍土地区桥墩柱腐蚀情况

据地震记录显示,内蒙古、青海、新疆、宁夏等地不仅是盐渍土覆盖面积广泛的地区,同样也是地震频发地带,每次地震过后,都会造成大量的人员伤亡和房屋倒塌,不仅会给当地居民带来巨大灾难,还会给政府带来巨大的经济损失。1996 年 5 月 3 日,发生在包头哈业胡同的 6.4 级地震是继 1976 年唐山地震后,6 级以上地震首次在百万人口的城市造成灾害,经济损失严重,房屋破坏面积近 2 000 万 m^2,其中毁坏近 43 万 m^2,灾区人口 210 万人,涉及 9 个旗县区、87 个乡镇。次年,在青海玉树发生的 7.1 级地震,造成了大量的人员伤亡和房屋倒塌。此外,北京时间 2017 年 8 月 9 日 7 时在新疆博尔塔拉蒙古自治州精河县发生的 6.6 级地震,是该地区近 60 年来最大的一次地震,共造成 36 人受伤,数百间房屋倒塌,直接经济损失逾 40 亿元。同年 9 月,发生在宁夏回族自治区固原市原州区的 4.6 级地震,造成震中及附近地区部分房屋墙体出现裂缝,个别老旧房屋、畜棚倒塌,地基发生错动。以上历史震害结果表明,地震灾害同样会导致混凝土结构发生提早失效。

因此,应高度重视地震和腐蚀综合作用下混凝土结构的抗震性能,尤其是对于盐渍土地区的桥墩柱。桥梁作为重要的公共交通设施,在人们的生活中发挥着十分重要的作用。在发生地震时,桥梁的腐蚀损坏将显著降低结构的横向抗荷载能力。在地震中,有很多桥梁由于桥墩的破坏,致使其倒塌,停止使用,图 1.2 所示为震后桥墩柱破坏情况。桥墩柱作为桥梁的主要支承物,对于桥墩的设计至关重要。对盐渍土环境中钢筋混凝土桥墩柱的抗震性能进行研究,不仅可为桥墩柱震后的损伤评估和快速修复工作提供有益参考,还可为盐渍土环境中钢筋混凝土桥墩柱的设计提供参考依据。

图 1.2 震后桥墩柱破坏情况

1.2 盐渍土环境中混凝土腐蚀劣化机制

1.2.1 氯盐对混凝土的腐蚀劣化机制

混凝土中水泥的水化产物主要包括水化硅酸钙(C—S—H)凝胶、氢氧化钙(CH)、三硫型水化硫铝酸钙(AFt)及单硫型水化硫铝酸钙(AFm)等。C—S—H 凝胶具有一定黏结能力,是混凝土中各种材料黏结力的主要来源。当 Cl^- 侵蚀进入混凝土后,会发生如下化学反应

$$2Cl^- + Ca(OH)_2 \longrightarrow CaCl_2 + 2(OH^-) \tag{1.1}$$

$$3CaO \cdot Al_2O_3 \cdot 6H_2O + 3CaCl_2 + 25H_2O \longrightarrow$$
$$3CaO \cdot Al_2O_3 \cdot 3CaCl_2 \cdot 31H_2O(\text{Friedel 盐}) \tag{1.2}$$

$$C_3A + CaCl_2 + 10H_2O \longrightarrow CaO \cdot Al_2O_3 \cdot CaCl_2 \cdot 10H_2O(\text{Friedel 盐}) \tag{1.3}$$

从上述反应可以看出,Friedel 盐的生成导致了 C—S—H 凝胶的减少,而 Friedel 盐并没有胶凝性质,这就导致了混凝土结构骨料和晶体之间连接能力的下降,造成了混凝土力学性能的下降。

1.2.2 硫酸盐对混凝土的腐蚀劣化机制

混凝土受硫酸盐侵蚀破坏包括物理破坏和化学破坏两种类型。物理破坏主要是 Na_2SO_4 进入混凝土后,由于干湿循环作用导致硫酸盐中的水分蒸发,使得 Na_2SO_4 以 $Na_2SO_4 \cdot 10H_2O$ 晶体的形式在混凝土内积累并在混凝土表面析出,从而产生结晶压力,导致混凝土内部结构因为晶体的膨胀压力而破坏。化学破坏是指硫酸盐进入混凝土中后会与混凝土内部物质发生化学反应,生成多种腐蚀产物对混凝土造成破坏,腐蚀产物的破坏类型包括钙矾石型、石膏型及镁盐型破坏。

(1)钙矾石(AFt)型破坏。

当混凝土中 SO_4^{2-} 的质量浓度低于 1 g/L 时,SO_4^{2-} 会与水泥的水化产物氢氧化钙(CH)发生反应生成石膏($CaSO_4 \cdot 2H_2O$),反应完成后,石膏还会继续与水化铝酸盐反应生成钙矾石。其主要的反应方程式为

$$Ca(OH)_2 + Na_2SO_4 + 2H_2O \longrightarrow CaSO_4 \cdot 2H_2O(石膏) + 2NaOH \qquad (1.4)$$

$$3(CaSO_4 \cdot 2H_2O) + 4CaO \cdot Al_2O_3 \cdot 12H_2O + 14H_2O \longrightarrow$$
$$3CaO \cdot Al_2O_3 \cdot 3CaSO_4 \cdot 31H_2O(钙矾石) + Ca(OH)_2 \qquad (1.5)$$

钙矾石溶解度极低,生成时其固相体积显著增大,并且形态为针状,能对混凝土内部孔隙结构产生很大的膨胀应力,使得混凝土膨胀开裂,力学性能下降。

(2)石膏型破坏。

Biczok 的研究表明,当混凝土中 SO_4^{2-} 的质量浓度大于 1 g/L 时,SO_4^{2-} 仅会与水泥的水化产物 CH 发生反应生成石膏($CaSO_4 \cdot 2H_2O$)。另有研究表明,当混凝土中孔隙液 pH 低于 12 时,混凝土中的钙矾石也会分解生成石膏,反应方程式为

$$3CaO \cdot Al_2O_3 \cdot 3CaSO_4 \cdot 31H_2O(钙矾石) + 4SO_4^{2-} + 8H^- \longrightarrow$$
$$4CaSO_4 \cdot 2H_2O(石膏) + 2Al(OH)_3 \cdot 12H_2O \qquad (1.6)$$

石膏的生成使体积增大到原来的约 1.2 倍,对混凝土内部结构产生很大的膨胀应力。另外,石膏生成的同时,还伴随着 CH 的消耗,引起 C—S—H 凝胶的分解,导致混凝土胶凝能力的下降。

(3)镁盐型破坏。

Mg^{2+} 主要以硫酸镁、氯化镁等形式存在,Mg^{2+} 与硫酸根相互叠加,往往对混凝土造成更加严重的破坏,具体的反应方程式为

$$Ca(OH)_2 + MgSO_4 + 2H_2O \longrightarrow CaSO_4 \cdot 2H_2O + \qquad (1.7)$$
$$Mg(OH)_2 3MgSO_4 + 4CaO \cdot Al_2O_3 \cdot 12H_2O + 20H_2O + 2Ca(OH)_2 \longrightarrow$$
$$3CaO \cdot Al_2O_3 \cdot 3CaSO_4 \cdot 31H_2O + 3Mg(OH)_2 \qquad (1.8)$$
$$3CaO \cdot 2SiO_2 \cdot 3H_2O + 3MgSO_4 + 8H_2O \longrightarrow$$
$$3Mg(OH)_2 + 3(CaSO_4 \cdot 2H_2O) + 2H_2SiO_3 \qquad (1.9)$$
$$2Mg(OH)_2 + 2H_2SiO_3 \longrightarrow 3MgO \cdot SiO_2 \cdot 3H_2O + H_2O \qquad (1.10)$$

从上述反应可以看出,Mg^{2+} 和混凝土水泥水化产物反应除了生成膨胀晶体钙矾石和石膏之外,还有氢氧化镁($Mg(OH)_2$)和硅酸镁凝胶 M—S—H($3MgO \cdot 2SiO_2 \cdot 2H_2O$)生成。$Mg(OH)_2$ 是一种溶解度极低的碱,它的生成消耗了大量的 $Ca(OH)_2$,使混凝土孔隙液的 pH 降低,导致 C—S—H 变为胶结性能极差的 M—S—H,并且 M—S—H 自身强度很低,不能为混凝土内部骨料提供足够的黏结力和强度,因此硫酸镁对混凝土的破坏要远大于其他硫酸盐。

1.2.3 氯盐和硫酸盐共同作用对混凝土的腐蚀劣化机制

Holden 等人和 Castellote 等人研究发现,在硫酸盐存在的情况下,硫酸盐会影响 Cl^- 在混凝土中的结合和传输。金祖权等人研究了干湿循环条件下氯盐和硫酸盐复合溶液侵蚀混凝土后,混凝土中 Cl^- 的浓度规律,结果表明,SO_4^{2-} 与水泥水化产物反应生成的腐蚀产物在侵蚀前期填充了混凝土孔隙,延缓了 Cl^- 的扩散,而在侵蚀后期,生成的腐蚀产物又造成混凝土的膨胀开裂,加速了 Cl^- 的扩散。王建华研究发现混凝土试件在不同溶液中的破坏程度从重到轻的顺序依次为:单一硫酸盐溶液、硫酸盐与氯盐复合溶液、单一氯盐溶液。Xu 等人研究发现,SO_4^{2-} 含量越高,混凝土中结合氯离子含量随着硫酸根离子含

量的增大而减小,而混凝土中的自由氯离子含量则越高。陈晓斌等人研究发现,氯盐和硫酸盐对彼此在混凝土中的扩散起到相互牵制的作用,两者在混凝土中的腐蚀产物在侵蚀早期会堵塞孔隙,延缓离子的扩散。Geng 等人的研究表明,硫酸盐进入混凝土后会造成已生成的 Friedel 盐的分解,同时将 AFm 相物质转化成钙矾石,并且钙矾石的生成速率大于 Friedel 盐的分解速率。Stroh 等人研究发现 Friedel 盐及钙矾石的生成和分解是密切相关的,氯离子在混凝土中的扩散速度大于硫酸根离子,导致混凝土中的自由氯离子能够很快地增加到一定浓度并快速生成 Friedel 盐,后进入的硫酸根离子会代替 Friedel 盐中的氯离子并生成钙矾石导致混凝土中的自由氯离子的含量增大。

1.3　盐渍土环境中钢筋腐蚀劣化机制

1.3.1　氯盐导致钢筋脱钝机理

通常情况下,水泥水化生成的 CH 会使得混凝土内部呈现碱性环境,pH 约为 12.5,因此,钢筋处于这种环境时不会生锈,并且钢筋表面会形成一层致密的钝化膜,使钢筋时刻都处于钝化状态。但是,当外部的氯离子进入混凝土后,氯离子呈酸性,会与 CH 中和,导致混凝土孔隙液的 pH 降低,进而引起钢筋表面的钝化膜分解破坏。由于微环境的不同,钢筋表面的不同部分钝化膜的破坏情况也不均匀,这就在钢筋表面不同部位间产生了较大的电位差,从而形成了阳极和阴极,再加上氧气和水在钢筋表面的存在,最终导致了钢筋的脱钝,这是一个电化学过程。具体的脱钝过程如图 1.3 所示。

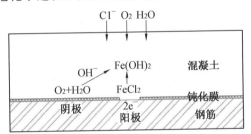

图 1.3　钢筋电化学脱钝过程

无氯离子时,钢筋脱钝过程中涉及的反应方程式为

$$Fe \longrightarrow Fe^{2+} + 2e^- \tag{1.11}$$

$$O_2 + 2H_2O + 4e^- \longrightarrow 4OH^- \tag{1.12}$$

$$Fe^{2+} + 2OH^- \longrightarrow Fe(OH)_2 \tag{1.13}$$

$$4Fe(OH)_2 + O_2 + 2H_2O \longrightarrow 4Fe(OH)_3 \tag{1.14}$$

$$6Fe(OH)_2 + O_2 \longrightarrow 6Fe_3O_4 + 6H_2O \;(供氧不足条件) \tag{1.15}$$

混凝土内部存在氯离子时,钢筋脱钝发生的反应方程式为

$$Fe^{2+} + 2Cl^- + 4H_2O \longrightarrow FeCl_2 \cdot 4H_2O \tag{1.16}$$

$$FeCl_2 \cdot 4H_2O \longrightarrow Fe(OH)_2 + 2Cl^- + 2H^+ + 2H_2O \tag{1.17}$$

从上述反应方程式可以看出,氯离子并不直接参与钢筋脱钝,不生成腐蚀产物,也不

会在反应中消耗,因此,氯离子在钢筋脱钝过程中主要起催化作用,这也是氯离子对钢筋脱钝造成巨大隐患的主要原因。

1.3.2 钢筋脱钝临界氯离子浓度

钢筋混凝土腐蚀的临界氯离子浓度是钢筋混凝土腐蚀科学中重要的参数之一,与结构设计施工、寿命预测有直接的关系,其科学定义为钢筋的钝化膜失效、活性腐蚀开始时钢筋表面氯离子浓度。混凝土结构在氯离子侵蚀作用下的使用寿命过程如图1.4所示。混凝土结构的使用寿命包括四个时间段:在氯离子开始渗入期$0-T_1$阶段,外界氯离子和碳化物等物质不断通过扩散的方式进入混凝土,导致混凝土碳化不断加剧,混凝土内钢筋表面氯离子不断积累,在这个阶段混凝土结构没有损伤产生;T_1-T_2时间段,钢筋开始缓慢锈蚀,锈蚀产物的生成会造成混凝土保护层的开裂;T_2-T_3时间段,由于锈蚀产物大量生成,引起混凝土保护层脱落;T_3-T_4阶段,由于钢筋锈蚀严重造成混凝土结构不能正常服役。时间位于T_1时是混凝土结构非常重要的时间点,在这一时间点钢筋表面的氯离子达到临界浓度水平,混凝土中的碱性环境失去对钢筋的保护,随着钢筋锈蚀产物的不断生成导致混凝土保护层胀裂,钢筋截面积不断减少,钢筋力学性能不断下降,当到达T_4时混凝土结构失效。

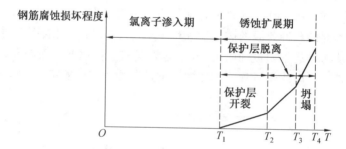

图 1.4　氯盐腐蚀作用下钢筋混凝土使用寿命过程

1.3.3 钢筋腐蚀电化学原理

Mehta 教授曾经指出,当今世界造成混凝土结构破坏的原因依次为钢筋锈蚀、冻害、物理化学作用,可见钢筋锈蚀对混凝土结构破坏影响之大,研究人员发现引起混凝土中钢筋锈蚀最重要的因素是氯离子。混凝土中氯离子一般有内掺和外渗两种来源,内掺的氯离子主要来源于混凝土搅拌过程中水泥中的$CaCl_2$,而外渗的氯离子主要来源于混凝土结构所处的盐渍土地区、海洋环境及使用除冰盐的地区。混凝土中高碱性环境使得钢筋表面形成一层致密的钝化膜,在正常情况下由于受到氧化膜的保护钢筋不会锈蚀,而一旦钝化膜遭到破坏,在有足够水和氧气的条件下钢筋就会产生电化学腐蚀。由于锈蚀作用,一方面钢筋的有效截面会减小;另一方面,锈蚀产物体积膨胀使混凝土保护层胀裂甚至脱落,钢筋与混凝土的黏结作用下降,破坏它们共同工作的基础,从而严重影响混凝土结构物的安全性和正常使用功能。

氯离子是引起混凝土中钢筋锈蚀的主要原因,氯离子通过混凝土中的孔隙逐渐渗透到钢筋的表面,当钢筋表面氯离子浓度达到临界浓度(Chloride Threshold Level,CTL),

钢筋钝化膜破裂。如果在大面积的钢筋表面上有高浓度的氯离子,则氯离子引起的腐蚀是均匀腐蚀,但是在混凝土中最常见的是局部腐蚀(或称为点蚀),前期的研究发现钢筋表面微小的腐蚀可能会对钢筋混凝土结构造成极大的破坏。混凝土中钢筋的锈蚀是一个动态的电化学反应过程。混凝土中钢筋锈蚀的电化学检测方法主要有自然电位法、交流阻抗谱法和线性极化法等。恒电量法、电化学噪声法、混凝土电阻法、谱波法等也在发展中,但可用于现场检测的方法尚且较少。表 1.1 为常用电化学检测方法的比较结果,其中干扰程度指对钢筋混凝土腐蚀体系的干扰。由表 1.1 可以看出,在实验室中最适用的电化学腐蚀检测方法主要有自然电位法和交流阻抗谱法。

表 1.1 常用的电化学检测方法比较

检测方法	应用情况	检测速度	定性/定量	干扰程度	测量参数 E	适用性
自然电位法	最广泛	快	定性	无	I_{corr}	实验室和现场
交流阻抗谱法	一般	慢	定量	较小	I_{corr}	实验室
线性极化法	广泛	较快	定量	小	I_{corr}	现场
恒电量法	较小	快	定量	微小	I_{corr}	现场
电化学噪声法	较小	较慢	半定量	无	I_{corr}	实验室和现场均较差
混凝土电阻法	一般	较慢	定性	小	I_{corr}	实验室和现场均较差
谱波法	较少	较慢	定量	较小	I_{corr}	实验室和现场均较差

电化学反应过程是钢筋与电解质溶液接触产生电流,形成微电池而引起的腐蚀。潮湿环境中的钢筋表面会被一层电解质水膜所覆盖,而钢筋是由铁素体、渗碳体及游离石墨等多种成分组成。由于这些成分的电极腐蚀电位不同,首先,钢筋的表面层在电解质溶液中构成以铁元素为阳极、以渗碳体为阴极的微电池。钢筋表面的电化学反应过程主要包括以下几部分:① 阳极反应。钢筋表面处于活化状态,铁被氧化生成 Fe^{2+},接着与 OH^- 反应生成 $Fe(OH)_2$,$Fe(OH)_2$ 进一步被氧化生成铁锈。② 阴极反应。钢筋表面具有足够的氧化剂,即水与氧气得到电子生成 OH^-。③ 钢筋中电子由阳极流向阴极,即电流 I_{corr}。④ 混凝土中离子从阴极流向阳极。当上述 4 个条件同时具备时,钢筋的锈蚀反应才能开始并持续发展。

1.4 盐渍土环境中混凝土腐蚀劣化国内外研究现状

盐渍土环境中混凝土结构的腐蚀劣化问题一直是盐渍土地区重点关注和研究的课题。早在 1925 年,美国开展了多种类型的混凝土试件在硫酸盐型盐渍土中的受腐蚀研究工作。美国学者 Blaser 研究了不同含水量和不同硫酸盐浓度的硫酸钠型盐渍土的膨胀特性,发现"盐胀"作用导致轻型单层住宅结构损坏,例如室内混凝土地板、外墙、沥青车道等。Irassar 等人研究了浓度为 1‰ 的硫酸盐型盐渍土对混凝土的暴露试验,并讨论了矿物掺合料对混凝土的抗硫酸盐侵蚀效果。Kirubajiny 等人研究了低钙粉煤灰聚合物混凝土在盐湖环境中的耐久性,得到了具有良好耐久性的聚合物混凝土的配合比。Hartell 等人对不同水灰比的混凝土试件进行了 5％ Na_2SO_4 的侵蚀试验,得到了混凝土的力学性能变化规律。Carlos 等人研究了在荷载和硫酸盐侵蚀同时作用下混凝土的开裂性能,并给出了裂缝预测模型。

从目前已开展的相关工作可以看出,国外盐渍土的类型主要是硫酸盐型盐渍土,对混凝土的破坏作用是由单一硫酸根离子产生的,对于含有更多复合盐类型的盐渍土对混凝土材料的破坏作用的研究并不多。而我国西部盐渍土的类型与国外明显不同,余红发调查研究了西部盐渍土的种类和含盐量,结果发现盐渍土主要由碳酸盐、硫酸盐、氯盐等组成,是复合型盐渍土,含盐量平均高达 29％。相比单一类型盐渍土,中国西部盐渍土对钢筋、混凝土材料的破坏作用更加严重。赵景森等人针对硫酸盐、碳酸盐及氯盐 3 种类型的盐渍土,分别研究了它们对混凝土材料的腐蚀机理,针对各自的腐蚀特性给出了工程处理措施和防治方法。由此可见,不同种类的腐蚀性盐对混凝土材料造成的破坏并不相同,需要分别讨论。

针对氯盐腐蚀破坏的研究,试验主要以溶液浓度为变量。研究在不同浓度溶液下,混凝土力学性能随腐蚀时间的变化规律。胡跃东以 C30 混凝土为研究对象,研究了其在 10％和 20％NaCl 溶液的腐蚀作用下,混凝土抗拉强度、应力－应变曲线的变化规律。研究结果表明,混凝土的抗拉强度、峰值应变、弹性模量随腐蚀时间呈下降趋势,且 NaCl 质量分数越高下降越明显。张晓等人将混凝土试件在 3.5％和 10％的氯化钠溶液中进行全浸泡,研究腐蚀溶液对混凝土抗压强度的影响,并与在清水中浸泡的试件进行了对比,结果表明混凝土抗压强度随腐蚀时间先增加后降低,且腐蚀溶液浓度越高,抗压强度变化越敏感。范颖芳等人研究在 10％和 20％氯化钠溶液腐蚀作用下,混凝土的抗压强度、抗拉强度等力学性能变化规律,并且采用强度退化率和应变能损失率为损伤指标,对混凝土强度退化规律进行了分析。

另外,也有一些学者对氯离子的掺入方式或者侵蚀方式进行了研究,如邢锋等人以骨料携带氯离子的方式研究了氯离子对砂浆强度的影响;徐四朋等人以盐雾侵蚀的方式研究了混凝土中氯离子的渗透规律及氯盐侵蚀后混凝土抗压强度变化规律。

很多学者从混凝土发生损伤的角度研究了硫酸盐的腐蚀破坏作用,利用超声检测技术研究了硫酸盐对混凝土的腐蚀规律。陈钱以受硫酸钠溶液腐蚀的混凝土为研究对象,并且将硫酸钠质量分数(0、3％、4％、5％)作为变量,利用超声波检测混凝土内部损伤情况,研究结果表明,损伤程度与硫酸钠质量分数成正比。蒋敏强等人主要研究了硫酸盐腐蚀后混凝土动弹性模量随腐蚀时间的变化规律,分析结果表明腐蚀后混凝土动弹性模量呈先升高后降低的变化趋势,微观分析结果显示,主要原因是腐蚀产物(钙矾石)改变了混凝土内部的微观结构。张凤杰等利用超声检测技术,并结合化学分析与微观分析,对硫酸盐环境中混凝土的腐蚀厚度进行了定量分析。在上述研究结果的基础上,苑立冬等人将混凝土分别置于 1％硫酸钠、5％硫酸钠和 5％硫酸镁溶液中进行了快速冻融,利用超声波测量了混凝土的损伤层厚度,分析了硫酸钠质量分数及冻融循环次数对混凝土损伤的影响,研究结果表明,硫酸盐对于冻融对混凝土的破坏既存在促进作用,又存在抑制作用,并且硫酸钠质量分数越高,抑制作用越明显。此外,硫酸镁溶液对冻融破坏的促进作用最为明显。杜健民等人以全浸泡方式将混凝土置于质量分数为 10％的硫酸钠溶液中,采用超声检测和混凝土立方体强度退化反推出混凝土腐蚀层厚度,并且与清水中浸泡的试件进行了对比。

施峰等人采用干湿循环的方式对混凝土进行了加速试验,研究了不同腐蚀液浓度下混凝土的破坏形态及强度退化规律,并提出了计算模型。梁咏宁等人对硫酸盐腐蚀后的混凝土进行了单轴受压试验,分析了腐蚀后混凝土应力—应变曲线的变化规律,研究结果表明,混凝土的弹性模量、峰值应力随腐蚀时间增加呈先升高后降低的变化趋势,同时建立了应力—应变曲线特征值与峰值应变的关系式,并且以腐蚀混凝土抗压强度为依据,得到了腐蚀混凝土其他力学参数及本构关系。张淑媛等人以立方体抗压强度为研究对象,分析了硫酸盐对混凝土抗压强度的影响。

从以上国内外研究现状可知,目前关于氯离子扩散性能在单一溶液或者氯盐和硫酸盐混合溶液中的研究较多,而我国西部盐渍土环境中除氯盐、硫酸盐外,还有镁盐、碳酸根等多种离子,这些混合离子对氯离子在混凝土中的扩散性能的影响和机理尚不清楚。而且从盐渍土中腐蚀性离子的浓度方面来看,我国西部盐渍土中富含大量高浓度的腐蚀性离子,这些腐蚀性离子对硫酸根离子的扩散性能产生了严重影响,然而,目前关于此方面的报道尚且较少。此外,针对西部盐渍土对混凝土造成损伤的量化及力学性能退化模型及寿命预测模型方面仍存在不足。

1.5　盐渍土环境中钢筋腐蚀劣化国内外研究现状

混凝土结构中钢筋的腐蚀问题已成为当今工程领域研究的热点课题。钢筋腐蚀会对混凝土结构造成不同程度的损伤,轻则影响结构的适用性和耐久性,重则降低结构的承载力,甚至导致结构提早失效,其潜藏的危害不严而喻。众多研究报告指出,钢筋锈蚀是导致混凝土结构破坏和耐久性不足的主要原因。孙红尧等人通过对盐渍土地区的各类钢筋混凝土结构进行实地调查,发现与海洋地区相比,该地区结构腐蚀破坏程度比海洋环境更严重。造成这一现象的主要原因之一是盐渍土环境中氯离子浓度比海洋环境更高。

黄维蓉等人从改善混凝土的抗锈蚀能力入手,通过改变混凝土的水灰比、含气量、掺合料种类、掺量及养护条件,研制了一种具有良好抗锈蚀性能的混凝土,并利用钢筋混凝土的加速锈蚀试验验证了这一方法是可行的。与此相似的一项研究报告中,高鹏制备出了 6 种高性能混凝土,研究了高性能混凝土的抗腐蚀性和抗氯离子扩散及碱—骨料反应(AAR)性能,结果表明,6 种高性能混凝土具有抵抗氯离子扩散、硫酸盐腐蚀及 AAR 复合破坏作用的能力,兼具长寿命特性。以上研究表明,提高混凝土的抗氯离子渗透性能可有效提高钢筋的防腐蚀性。

杨蓝蓝通过对甘肃地区进行实地调研,配制了符合甘肃地区典型的氯化物—硫酸盐型盐渍环境的标准腐蚀溶液,针对钢筋严重腐蚀现象提出了两种防腐措施,即添加钢筋除锈剂和阴极保护,基于电化学快速腐蚀试验对提出的两种防腐措施进行了评价,结果表明,两种方法均能在一定程度上提高钢筋的耐腐蚀性。进一步的研究中,乔红霞等人通过制备不同涂层的镁水泥钢筋混凝土试件来解决因钢筋腐蚀而造成镁水泥钢筋混凝土使用寿命较短的问题,试验结果表明,采用涂层技术可有效延长镁水泥钢筋混凝土构件的使用寿命,同时发现久美特涂层钢筋在这方面表现最佳。刘国建的研究表明,随着钢筋在碱性环境中钝化时间的延长,钢筋钝化膜逐渐形成和致密,且耐侵蚀能力逐渐增强。

除此之外,一些学者通过大量的试验研究,得出了以下有用信息,即钢筋体积损失与腐蚀诱导裂缝宽度之间存在很好的线性关系,与腐蚀产物体积之间存在良好的指数关系;相对动弹性模量评价参数可作为有效的耐久性评价指标;对于盐渍土环境中的混凝土结构,保护层厚度对钢筋的保护效果不够明显。

从以上研究可以看出,目前对盐渍土环境中钢筋腐蚀劣化方面的研究基本上都是仅考虑单一腐蚀溶液或双重腐蚀溶液,而在复杂溶液影响下的钢筋腐蚀劣化机理方面的研究较少,尤其是在盐渍土这种含有多种腐蚀性离子的环境中,因此对复杂溶液中钢筋的腐蚀劣化机理进行研究迫在眉睫。

1.6　腐蚀环境中钢筋混凝土柱抗震性能国内外研究现状

目前,国内的大部分桥梁均采用的是钢筋混凝土结构。众多研究表明,处于腐蚀环境中的钢筋混凝土桥墩柱均会受到大量 Cl^-、SO_4^{2-} 等离子的腐蚀。腐蚀会大大降低桥墩柱的强度、刚度、延性及耗能能力,而这些因素都会影响钢筋混凝土桥墩柱的抗震性能。因此,研究腐蚀环境中钢筋混凝土桥墩柱的抗震性能具有重要意义。

贡金鑫等人通过对 2 组 16 个腐蚀钢筋混凝土偏心受压构件的抗震性能进行研究,发现随着钢筋锈蚀率的增大,构件的屈服荷载和极限荷载逐渐降低,而且滞回曲线的丰满程度和滞回环的面积逐渐减小,刚度、延性和耗能能力也随之降低,当钢筋锈蚀率由 8% 增加到 19.8% 时,累积耗能由 11.5 kN·m 降低到了 1.5 kN·m,延性系数由 6.29 降低到了 3.96。张俊萌等人通过对 8 根锈蚀后的钢筋混凝土墩柱的抗震性能进行研究,得到了与贡金鑫等人类似的结论,即随着腐蚀率的增加,墩柱极限承载力降低,滞回曲线捏拢。杨淑雁的研究指出,钢筋混凝土柱中钢筋锈蚀后,钢筋横截面面积减小,钢材力学性能劣化,混凝土之间的黏结性能改变,因此会在一定程度上降低钢筋混凝土柱的抗震性能。

此外,Aquino 和 Hawkins 采用电化学快速锈蚀方法,对不同锈蚀率的大尺寸圆柱经反复荷载作用后的力学性能进行了研究分析,发现锈蚀会引起试件承载力降低,导致屈服位移及屈服荷载的减小。Berto 等人通过对腐蚀环境下钢筋混凝土结构的承载力进行研究分析,发现腐蚀会使钢筋的性能严重劣化,同时指出钢筋锈蚀是钢筋混凝土结构失效的根本原因。Šomodíková 等人提出了一种利用概率确定桥梁抗峰值荷载退化的理论计算方法,考虑了钢筋腐蚀对桥梁承载力的影响,并指出随着时间的推移,桥墩的峰值荷载逐渐下降。Roufaiel 和 Meyer 研究表明钢筋混凝土构件只有超过临界位移时,其承载力才退化得更明显。Saito 等人通过对锈蚀钢筋混凝土结构的抗震性能进行研究,发现锈蚀不仅会降低结构的强度,最主要会影响结构的延性。

以上这些研究虽然可为腐蚀环境下钢筋混凝土柱的抗震设计提供可靠的研究背景和理论基础,然而,这些研究基本上均是模拟海洋环境,所配制的标准腐蚀溶液并不符合盐渍土的环境特点。因此,所建立的理论模型存在一定的局限性。

1.7 腐蚀环境中钢筋混凝土构件地震损伤评估国内外研究现状

合理准确地评定腐蚀环境中钢筋混凝土柱在地震作用下的损伤程度是地震工程领域所研究的重要方向。目前开展的主要研究工作集中于建立一个能够准确反映构件地震损伤程度的定量表达式上。这类表达式建立的首要任务是确定损伤参数,国内外学者对已有的损伤参数进行了总结,主要有强度、刚度、变形、延性及累积滞回耗能和累积塑性变形等。

Sozen 和 Roufaiel 均利用刚度退化定义了构件的损伤。Colombo 和 Negro 提出了基于强度退化的损伤模型。Kratzig、Fajfar、Hindi 和 Sexsmith 利用累积滞回耗能定义了构件的损伤。Park 和 Ang 基于大量混凝土梁柱试验,提出了考虑最大位移和滞回耗能的线性双参数损伤模型。该模型由于考虑了最大破坏和累积破坏,因此广泛被工程界应用,但模型也存在一些问题,因此国内外学者对其进行了修正和改进。Kunnath 等人通过引入构件的屈服变形 δ_y,修正了 Park—Ang 模型位移项。傅剑平等人则分别在 Park—Ang 模型位移项和能量项引入指数函数形式的表达式进行了修正,使得修正后的模型中位移项对试件损伤指标的影响随位移的增大而增大,能量项对试件损伤指标的影响随位移的增大而减小,符合实际试验结果。

在进一步的研究中,苏佶智等人基于 40 组钢筋混凝土柱的试验结果,对国内外 7 种较具代表性的损伤模型进行了对比分析,结果表明,基于能量的损伤模型多表现为前期增长迅速后期增长缓慢的上凸趋势,而基于变形和能量组合形式的双参数损伤模型多表现出前期增长缓慢后期增长速度快的上凹趋势。虽然基于 Park—Ang 模型及其改进形式能够较好地反映构件的实际破坏过程,但由于未知参数太多,计算过程复杂,因此不利于整个结构的评估。陈星烨等人针对现有模型存在的诸多问题,提出了一种较为精细的基于刚度退化和考虑加载路径影响的滞回耗能的双参数损伤模型,通过与 Kunnath 的试验结果对比,发现所提模型具有较好的收敛性。此外,曹晓波等人为了研究钢筋混凝土墩柱损伤模型对实际损伤状态预测的有效性,对 72 个钢筋混凝土墩柱的低周反复试验结果中的 6 个有代表性的损伤模型进行了计算分析,考虑了钢筋混凝土墩柱的最大变形和累积耗能,结果显示,对于微小损伤状态和中等损伤的判断还需一定的经验积累。

从以上研究结果可以看出,目前对未锈蚀混凝土结构与构件的损伤评价准则研究已经比较成熟,而关于腐蚀和地震耦合作用下钢筋混凝土柱的地震损伤评估还不够成熟,尤其是对处于盐渍土环境中的钢筋混凝土桥墩柱。目前已存在的地震损伤理论模型不是太过简单,就是过于烦琐,这些不足会导致计算结果与实际不符或不确定或难以确定的因素过多。除此之外,损伤模型计算结果没有很好地与结构或构件所观察到的损伤现象对应起来。

1.8 主要研究内容

本书是在国家自然科学基金项目(51368040)和内蒙古自然科学基金项目(2015MS0505)的资助下,完成了盐渍土环境中混凝土与钢筋的腐蚀劣化机理研究工作,混凝土立方体抗压性能、劈裂抗拉性能、轴心抗压性能的研究工作,混凝土结构失效概率与寿命预测的研究工作,以及钢筋混凝土桥墩柱的地震损伤评定工作,通过整理所得的研究成果而完成的。主要内容包括:

(1)第1章,绪论。

(2)第2章,盐渍土环境中混凝土腐蚀劣化试验方法与机理研究。

(3)第3章,盐渍土环境中混凝土平行杆受力模型。

(4)第4章,盐渍土环境中混凝土立方体抗压强度试验研究与理论分析。

(5)第5章,盐渍土环境中混凝土劈裂抗拉强度试验研究与理论分析。

(6)第6章,盐渍土环境中混凝土轴心抗压强度试验研究与理论分析。

(7)第7章,盐渍土环境中钢筋锈蚀临界氯离子浓度试验研究与理论分析。

(8)第8章,盐渍土环境中混凝土结构失效概率与寿命预测。

(9)第9章,盐渍土环境中钢筋混凝土桥墩柱抗震性能试验研究。

(10)第10章,盐渍土环境中钢筋混凝土桥墩柱桁架－拱受力模型研究。

(11)第11章,盐渍土环境中钢筋混凝土桥墩柱时变可靠度与失效概率分析。

(12)第12章,盐渍土环境中钢筋混凝土桥墩柱滞回曲线理论计算。

(13)第13章,盐渍土环境中钢筋混凝土桥墩柱地震损伤评估。

第2章　盐渍土环境中混凝土腐蚀劣化试验方法与机理研究

本章通过混凝土腐蚀性试验得到了盐渍土溶液及4种对比试验溶液中氯离子和硫酸根离子在腐蚀混凝土中的分布,分析了不同干湿循环周期、离子种类、氯盐浓度3种因素对腐蚀性离子分布和结合能力的影响,最后通过微观结构分析了氯离子和硫酸根离子对混凝土微观形貌的影响。

结果表明,盐渍土溶液进入混凝土后使得混凝土内部表现出低氯离子、高硫酸根离子含量的特点;盐渍土溶液的氯离子结合能力和硫酸根离子的结合能力相比其他溶液更大;盐渍土溶液对混凝土造成破坏的腐蚀性离子主要是 Cl^-、SO_4^{2-} 和 Mg^{2+},腐蚀产物为 Friedel 盐、AFt、AFm、石膏、Mg—S—H 和 $Mg(OH)_2$,这些腐蚀产物是导致混凝土过早出现裂缝的主要原因。

2.1　试验概况

2.1.1　试验材料

本章所用试验材料包括水泥、细骨料、粗骨料及拌合水。其中,水泥采用呼和浩特市冀东水泥厂生产的 P.O 42.5R 型普通硅酸盐水泥,其化学成分见表2.1,各项性能指标见表2.2;细骨料选用河沙,等级为Ⅱ区中砂,表观密度为 2.6 g/cm³,细度模数为2.8,含泥量为 1.82%;粗骨料选用粒径为 5～25 mm 的连续级配的石灰岩破碎石,表观密度为 2.66 g/cm³,含泥量为 0.82%;混凝土拌合水采用实验室中的自然水,指标符合混凝土用水规范,其中的氯化物质量浓度≤0.25 g/L,硫酸盐质量浓度≤0.25 g/L。

表 2.1　水泥的化学成分

化学成分	CaO	SiO_2	Al_2O_3	Fe_2O_3	其他
质量分数/%	65.01	23.44	7.19	2.96	1.4

表 2.2　水泥的各项性能指标

类型	密度 /(kg·m⁻³)	表面积 /(m²·kg⁻¹)	凝结时间 /min 初凝	终凝	安定性	抗压强度/MPa 3 d	28 d	抗折强度/MPa 3 d	28 d
P.O 42.5R	315.8	384	240	390	良好	24.8	48.9	5.0	8.1

2.1.2　试验配合比

针对以西北部地区为代表的盐渍土环境,考虑在此环境中长期服役的混凝土的工程设计强度等级一般为 C25 或 C35 以上,因此本试验所用的混凝土强度等级选为 C35,混凝土中各成分的质量配合比见表 2.3,水胶比为 0.42。

表 2.3　混凝土质量配合比

原材料	水泥	细骨料	粗骨料	水
质量配合比/(kg·cm^{-3})	395	596	1 263	166

2.1.3　试件设计

试验采用尺寸为 100 mm×100 mm×100 mm 的混凝土试件,为了减小试件制作过程中浇筑不均匀或振捣不充分造成的误差,且保证 Cl$^-$ 为一维扩散,将试件的浇筑面和浇筑底面用防水胶密封,再随机选择两个相对面用防水胶密封,剩余两个相对面为氯离子侵蚀面,如图 2.1 所示。

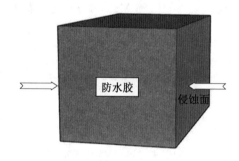

防水胶　　侵蚀面

图 2.1　试件设计效果图

2.1.4　试件制备

本章所研究试件均在内蒙古工业大学结构实验室制备,图 2.2、图 2.3 及图 2.4 分别为试验所用混凝土搅拌机、振动台和防水胶。制备过程如下:首先将水泥、粗骨料、细骨料等原材料按比例称重,倒入混凝土搅拌机,搅拌 2 min,再加水搅拌 3 min。然后将混凝土倒入相应形状的塑料模具中成型,并在振动台上进行振捣密实。将制备好的试件在实验室内静置 24 h 后拆模,在此期间用薄膜将其覆盖。然后将其移入温度为 20 ℃±1 ℃、相对湿度为 95% 以上的混凝土标准养护室内养护 28 d。

图 2.2　混凝土搅拌机

图 2.3　振动台

图 2.4　防水胶

2.1.5　腐蚀溶液配制

中国的盐渍土壤主要分布在西北地区,余红发调查发现距地表 0～30 cm 深度的土壤中含盐量最大,取此深度内的土壤进行化验,其主要化学成分与海水比较见表 2.4。由表 2.4 可以看出,盐渍土壤的化学成分中含有硫酸盐、氯盐、碳酸盐和镁盐等,其中对混凝土具有明显腐蚀破坏作用的 Cl^-、SO_4^{2-} 质量浓度分别是海水的 5.72 和 12.27 倍。

表 2.4　盐渍土与海水主要成分和质量浓度对比　　　　　　　　　　g/L

腐蚀条件	$\rho_阳$				$\rho_阴$				$\rho_总$
	Na^+	Mg^{2+}	K^+	Ca^{2+}	Cl^-	SO_4^{2-}	CO_3^{2-}	HCO_3^-	
海水	10.5	1.35	0.38	0.4	19	2.97	0.14	0.14	34.88
盐渍土	97.17	2.64	3.96	0.13	108.64	36.44	25.38	4.60	278.96
盐渍土/海水	9.25	1.96	10.42	0.33	5.72	12.27	181.29	32.86	8.00

基于表 2.4 的对比结果,本章模拟盐渍土环境的特点配制了标准腐蚀溶液 A,见表 2.5,其与盐渍土主要成分和质量浓度的对比见表 2.6。考虑到盐渍土成分中除了高浓度的 Cl^- 外,还包括 SO_4^{2-}、HCO_3^-、Mg^{2+} 等,为了对比这些离子对混凝土中腐蚀性离子扩散规律的影响,因此增加了 4 种对比溶液,试验溶液 B 含有 NaCl、Na_2SO_4 和 $MgSO_4$,试验溶液 C、D、E 只含有不同浓度的 NaCl,5 种溶液的化学成分和质量分数见表2.7。

表 2.5　腐蚀溶液 A 的成分及质量分数

溶液成分	NaCl	Na_2SO_4	$MgCl_2$	$MgSO_4$	$NaHCO_3$	KCl	总计
质量分数/%	15	3	2	2	0.5	0.5	23

表 2.6　盐渍土与盐渍土模拟液中的离子质量浓度对比　　　　　g/L

腐蚀条件	$\rho_{阳}$				$\rho_{阴}$				$\rho_{总}$
	Na^+	K^+	Mg^{2+}	Ca^{2+}	Cl^-	SO_4^{2-}	CO_3^{2-}	HCO_3^-	
腐蚀溶液 A	70.06	2.62	9.05	0	108.36	36.28	0.00	3.63	230
盐渍土	97.17	3.96	2.64	0.13	108.64	36.44	25.38	4.60	278.96

表 2.7　5 种试验溶液质量分数　　　　　%

试验溶液分类	NaCl	Na_2SO_4	$MgSO_4$	$MgCl_2$	$NaHCO_3$	KCl	共计
A	15	3	2	2	0.5	0.5	23
B	15	3	2	—	—	—	20
C	15	—	—	—	—	—	15
D	9	—	—	—	—	—	9
E	3	—	—	—	—	—	3

2.1.6　试件腐蚀

考虑到盐渍土对混凝土构件的实际腐蚀作用是一个漫长的过程,整个腐蚀时间长达数年,所以本章采用干湿循环全浸泡加速试验方法来研究混凝土材料的腐蚀问题,干湿比设定为 1∶1。我国规范中关于抗硫酸盐侵蚀试验标准流程为:将试件浸泡在质量分数为 5% 的 Na_2SO_4 溶液中 15 h,取出在室内环境下晾 1 h,然后放入 80 ℃±5 ℃的烘箱中烘 6 h,冷却 2 h,完成一个干湿循环,这样一次干湿循环总时长为 24 h。然而,有关学者研究发现硫酸盐与混凝土反应生成的钙矾石延迟膨胀与固化温度具有直接的关系,延迟膨胀存在一个临界固化温度,范围为 65~70 ℃,与钙矾石的分解温度相对应。所以按照规范对试块在烘箱中进行加热,会影响钙矾石的稳定性,这与混凝土材料所处的实际环境不符。因此本章选择将试件在各溶液中先浸泡 15 d,然后在自然条件下干燥 15 d,干湿循环时间设定为 6 个周期,分别为 0 个月、5 个月、8 个月、10 个月、15 个月及 20 个月。干湿循环完成后,试件在 HDM-500 型混凝土打磨机上磨粉取样,试验所用混凝土打磨机如图 2.5 所示。扩散深度在 2 cm 范围内,每 2 mm 进行磨粉取样,扩散深度超出 2 cm 后每 5 mm 磨粉取样,将磨好的样品装于自封袋内用于测定混凝土中自由氯离子含量与总氯离子含量。利用切割机将干湿循环时间为 5 个月、10 个月和 20 个月的混凝土试块切割取样,试验所用混凝土切割机如图 2.6 所示,剔除切割后样品中的粗骨料,做距混凝土表面 10~15 mm 处内部胶凝材料的微观形貌与能谱(SEM-EDS)分析,研究受腐蚀后混凝土内部结构的微观形貌与所含元素类型,该分析在 Sigma500 场发射扫描电镜上进行。

图 2.5　混凝土打磨机　　　　　　图 2.6　混凝土切割机

2.1.7　腐蚀离子含量测定方法

本章参照《水工混凝土试验规程》(SL 352—2020)对腐蚀性离子的含量进行测定,其中,自由氯离子含量测定采用莫尔法(Mohr 法),总氯离子含量采用佛尔哈德法(Volhard 法),自由硫酸根离子含量测定采用紫外分光光度计法,总硫酸根离子含量测定采用硫酸钡重量法,具体测定步骤如下。

1. 自由氯离子含量测定方法

(1)预先配制质量分数约为 5% 的 K_2CrO_4(铬酸钾)指示剂、质量分数约为 0.5% 的酚酞溶液、稀硫酸、0.02 mol/L 的标准 NaCl(氯化钠)溶液及浓度约为 0.02 mol/L 的 $AgNO_3$(硝酸银)溶液。并用体积为 V_1 mL 的标准 NaCl 溶液标定 V_2 mL 的 $AgNO_3$ 溶液,溶液浓度 C_{AgNO_3} 的计算公式为

$$C_{AgNO_3} = C_{NaCl} \times \frac{V_1}{V_2}　　　　　　　　　　(2.1)$$

(2)将混凝土样品置于烘干箱中烘干 2 h,烘干温度为 105 ℃±1 ℃,以保证样品中的水分充分挥发;将烘干后样品精确称量 2 g(记为 G),倒入三角烧杯中,并加入 50 mL(V_1)蒸馏水,塞紧瓶塞后剧烈摇晃 1~2 min,然后浸泡 24 h,浸泡 12 h 后再摇晃一次三角烧瓶,以保证样品中氯离子充分溶于蒸馏水。

(3)利用中性中速滤纸滤除浸泡液中的沉淀物,分别量取两份 20 mL(V_2)的滤液置于两个三角烧瓶中,在两个三角烧瓶中各加两滴酚酞溶液,再使用稀硫酸中和至无色,以保证滤液为中性,在三角烧瓶中加入铬酸钾指示剂 10 滴,然后立即用硝酸银溶液滴定至出现砖红色沉淀,记录消耗的硝酸银溶液体积 V_3(滴定时需剧烈摇晃三角烧瓶),自由氯离子含量的计算公式为

$$c_f = \frac{C_{AgNO_3} \times V_5 \times 0.035\,45}{G \times \frac{V_1}{V_2}} \times 100\%　　　　　　(2.2)$$

式中,c_f 为样品中自由氯离子含量(%),表示自由氯离子质量占混凝土样品质量的百分比;C_{AgNO_3} 为硝酸银溶液浓度(mol/L);G 为样品质量(g);V_1 为样品中所加蒸馏水体积(mL);V_2 为每次滴定所用滤液体积(mL);V_3 为滴定完成后消耗的硝酸银溶液体积(mL);0.035 45 为与 1 mL $AgNO_3$ 标准溶液相当的以克表示的氯的质量。(c_f 的最终测定值为两次测定结果的平均值)

2. 总氯离子含量测定方法

(1)预先配制 0.02 mol/L 氯化钠标准溶液、0.02 mol/L 硝酸银溶液、6 mol/L 硝酸溶液及 0.02 mol/L 硫氰酸钾标准溶液,并用已标定硝酸银溶液(浓度为 C_{AgNO_3})标定硫氰酸钾标准溶液的浓度 C_{KSCN}。另配制 0.5 mol/L 铁铵矾溶液,取代规范中的 10% 铁矾溶液,因铁矾(FeSO₄·7H₂O)配制的指示剂呈浅红色,即 Fe^{2+} 显色,滴定终点不明显。

(2)将混凝土样品置于烘干箱中烘干 2 h,烘干温度为 105 ℃±1 ℃,以保证样品中的水分充分挥发;将烘干后样品精确称量 5 g(记为 G),倒入三角烧瓶中,并加入 50 mL(V_1)稀硝酸(体积比为浓硝酸:蒸馏水=15 : 85),轻摇三角烧瓶,使样品与稀硝酸充分接触,盖上瓶塞,防止蒸发,然后浸泡 24 h,浸泡 12 h 后再摇晃一次三角烧瓶,以保证样品中氯离子充分溶于稀硝酸溶液。

(3)利用中性中速滤纸滤除浸泡液中的沉淀物,分别量取两份 20 mL(V_2)的滤液置于两个三角烧瓶中,在两个三角烧瓶中加入过量的硝酸银溶液(V_3),剧烈摇动使氯离子完全沉淀,再加入 2 mL 铁铵矾指示剂,然后用硫氰化钾溶液滴定,滴定时必须充分摇动溶液,滴定至砖红色能维持 5~10 s 不褪色即为终点,记录消耗的硫氰化钾溶液毫升数(V_4)。总氯离子含量的计算公式为

$$c_t = \frac{(C_{AgNO_3} \times V_3 - C_{KSCN} \times V_4) \times 0.035\ 45}{G \times \dfrac{V_2}{V_1}} \times 100\% \tag{2.3}$$

式中,c_t 为样品中总氯离子含量(%),表示总氯离子质量占混凝土样品质量的百分比;C_{AgNO_3} 为硝酸银溶液浓度(mol/L);C_{KSCN} 为硫氰酸钾溶液浓度(mol/L);G 为样品质量(g);V_1 为样品中所加稀硝酸溶液体积(mL);V_2 为每次滴定所用的滤液体积(mL);V_3 为加入滤液中过量的硝酸银溶液体积(mL);V_4 为滴定完成后消耗的硫氰酸钾溶液体积(mL);0.035 45 为与 1 mL AgNO₃ 标准溶液相当的以克表示的氯的质量。(c_t 最终测定值为两次测定结果的平均值)

3. 自由硫酸根离子含量测定方法

采用紫外分光光度计测量自由硫酸根离子含量,预先制备 BaCl₂－PVA(聚乙烯醇)混合液,然后称取 2.0 g 已经过 0.1 mm 筛的混凝土粉末样品,用 50 mL 蒸馏水浸泡,震荡 2 h 后浸泡 24 h 以上;用慢速滤纸对样品进行过滤,取 25 mL 滤液加入 50 mL 容量瓶中;先在容量瓶中加入 2.5 mL 的盐酸,再将 10 mL 混合均匀的 BaCl₂－PVA 混合液加入其中;用蒸馏水定容到 50 mL,用手震荡 2~3 次,待溶液浑浊度明显稳定时,静置 5 min 后利用紫外分光光度计进行测试。根据试验测得的 SO_4^{2-} 含量与吸光光度值的关系为

$$c_{fs} = 11.774\ 5 \times V_a^2 + 1.425\ 24 \times V_a + 0.132\ 81\ (R^2 = 0.992\ 1) \tag{2.4}$$

式中,c_{fs} 表示 50 mL 溶液中的硫酸根离子质量(mg),V_a 为分光光度计显示器上显示的吸光光度值。根据分光光度计测定出的吸光光度值 V_a,即可求出自由硫酸根离子含量。

4. 总硫酸根离子含量测定方法

(1)预先制备(1+1)的盐酸,质量分数为 10% 的 BaCl₂ 溶液,质量分数为 1% 的 AgNO₃ 溶液。

(2) 称取已通过 0.08 mm 筛的混凝土粉末样品 1 g,放于容量 300 mL 的烧杯中,再向其中加入 30~40 mL 的蒸馏水与 10 mL 的(1+1)的盐酸,于电炉上加热至微沸后,为使样品充分溶解需保持 5 min 的微沸时间,待样品全部溶解后将烧杯从电炉上取下,利用中速滤纸过滤并用温水洗涤 10~12 次,收集滤液;将滤液体积调整至 200 mL,于电炉上煮沸,在煮沸的条件下边搅拌边将 10 mL 的 10% $BaCl_2$ 溶液滴入其中,将溶液煮沸数分钟,待溶液浑浊度明显稳定时,将烧杯与溶液整体移至温热处静置 4 h 以上(此时溶液体积应保持在 200 mL),然后利用慢速滤纸过滤溶液,以温水洗至无氯离子反应(用 $AgNO_3$ 溶液检验),收集沉淀与滤纸;将沉淀与滤纸一并移入已灼烧恒重的瓷坩埚(m_1)中,于电炉上加热,发生灰化后在高温炉内灼烧 30 min,灼烧温度保持在 800 ℃。灼烧完成后取出坩埚,置于干燥器中冷至室温后进行称量,如此反复灼烧多次,直至恒重(m_2)。

总硫酸根离子含量(即酸溶性硫酸根离子含量,以 SO_3 计)的计算公式(精确至 0.01%)为

$$c_{ts} = \frac{(m_2 - m_1) \times 0.343}{m} \times 100\%　　　　(2.5)$$

式中,c_{ts} 为总硫酸根离子含量(%),表示总硫酸根离子质量占混凝土样品质量的百分比;m 为混凝土粉末样品的质量(g);m_1 为瓷坩埚的质量(g);m_2 为瓷坩埚质量和沉淀的质重量(g);0.343 为 $BaSO_4$ 换算为 SO_3 的系数。

最终的试验测定值为两次试验结果的算术平均值,若两次试验结果数值差大于 0.15%,则须重新进行试验。

2.1.8　微观结构观测方法

干湿循环侵蚀试验完成后,取相应的试件进行微观观测及腐蚀产物分析。首先对试件进行切割取样,取样深度为距离混凝土表面 5 mm 和 15 mm 处,测试取样完成后,用 200 目筛子剔除样品中的粗骨料后,进行喷碳处理,然后在场发射扫描电镜上进行 SEM-EDS 测试,混凝土 SEM 图像的放大倍数为 2 000 倍,最后通过测试结果对混凝土试件内部微观结构的变化情况进行分析;并通过 X Pert3 powder 型 X 射线衍射仪进行 EDS 分析,检测样品局部所含元素类型,研究受侵蚀后混凝土内部生成的腐蚀产物。XRD 测试条件为:Cu 靶;加速电压为 40 kV;电流为 40 mA;扫描范围为 5°~80°。

2.2　氯离子含量试验结果与结合能力分析

2.2.1　自由氯离子含量

图 2.7 所示为干湿循环周期对自由氯离子含量 c_f 扩散规律的影响。可以看出,对 5 种溶液来说,不同干湿循环周期下自由氯离子含量 c_f 随扩散深度的变化规律基本一致,呈逐渐降低的规律,这种变化规律符合因氯离子浓度差引起的扩散作用对混凝土内部氯离子分布起主导作用。在相同的扩散深度处,自由氯离子含量 c_f 随着干湿循环周期的增加而逐渐增大,说明干湿循环周期对混凝土自由氯离子的积累起了明显的作用。

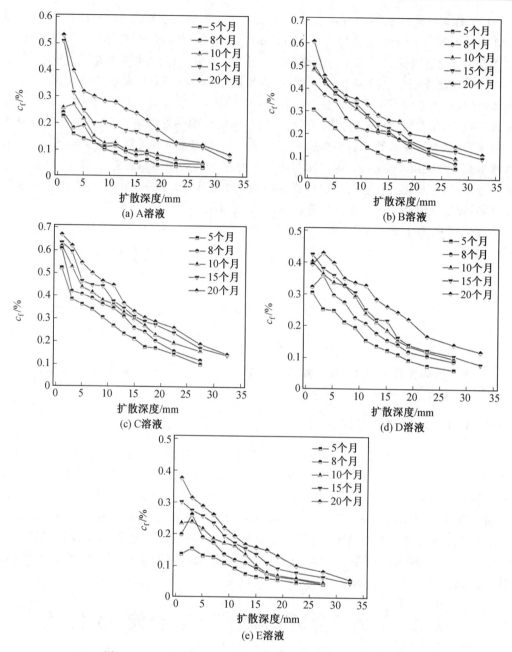

图 2.7　干湿循环周期对自由氯离子含量 c_f 扩散规律的影响

　　图 2.8 所示为离子种类对自由氯离子含量 c_f 扩散规律的影响。可以看出,尽管外部 A 溶液中自由氯离子含量 c_f 最高,但是 A 溶液中进入混凝土中的自由氯离子含量 c_f 均为最低,C 溶液进入混凝土中自由氯离子含量 c_f 最高,B 溶液进入混凝土中的自由氯离子含量 c_f 居中。通过对比 3 种溶液的离子组成,可知 C 溶液中只含氯离子,而 A、B 溶液中不仅含氯离子,还含有其他离子。由此可知,A、B 溶液中的其他离子阻碍了自由氯离子在混凝土中的扩散。B 溶液中的其他离子是 SO_4^{2-} 和 Mg^{2+},而现有学者研究表明 Mg^{2+} 在

后期对氯离子的扩散具有加速作用,Mg^{2+} 会替代氯离子与水泥水化产物反应,生成了没有黏聚力的 M－S－H,同时释放出氯离子,M－S－H 能够使混凝土结构变得松散,有利于氯离子在混凝土中的扩散。因此影响 B 溶液进入混凝土中自由氯离子扩散的是 SO_4^{2-},SO_4^{2-} 对自由氯离子扩散的阻碍作用非常明显,这与其他一些学者的研究结论相符。相比 B 溶液,A 溶液中除了含有与 B 溶液相同含量的 SO_4^{2-} 外,还有更高含量的 Mg^{2+},以及少量的 HCO_3^-;现有学者研究表明 HCO_3^- 对氯离子的扩散也具有加速作用,HCO_3^- 能够降低混凝土孔隙液 pH,导致氯离子与混凝土的反应产物 Friedel 盐分解,使得结合氯离子重新转换为自由氯离子,但是盐渍土中 HCO_3^- 含量非常少,对氯离子扩散性能的影响有限。由于 Mg^{2+} 在腐蚀早期会生成溶解度很低的 $Mg(OH)_2$,因此阻塞混凝土原有孔隙,阻碍氯离子的进入。通过对比,可以发现 A 溶液中 Mg^{2+} 含量高,导致其对自由氯离子的阻碍作用持续时间长。干湿循环 5 个月时,A 和 B 溶液进入混凝土中的自由氯离子含量 c_f 很接近,随着干湿循环周期的增加,A、B 之间的差距越来越大,而到了干湿循环 15 个月和 20 个月时,两者又更加接近。从这个过程可以很清楚地看出 Mg^{2+} 的作用是前期阻碍,后期加速自由氯离子的扩散。

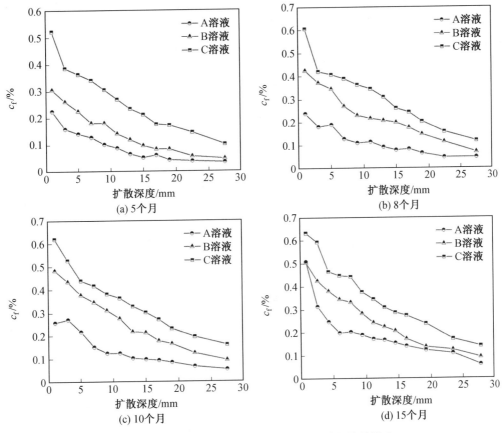

图 2.8　离子种类对自由氯离子含量 c_f 扩散规律的影响

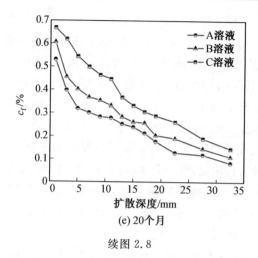

(e) 20个月

续图 2.8

图 2.9 所示为 NaCl 质量分数对自由氯离子含量 c_f 扩散规律的影响。可以看出,在所有的干湿循环周期,C 溶液进入混凝土的自由氯离子含量最高,D 溶液进入混凝土的自由氯离子含量 c_f 居中,E 溶液中进入混凝土的自由氯离子含量 c_f 最低。说明高氯盐质量分数对自由氯离子的扩散具有明显的积极效应,这种现象可以用氯离子进入混凝土的动力主要是扩散作用来解释。

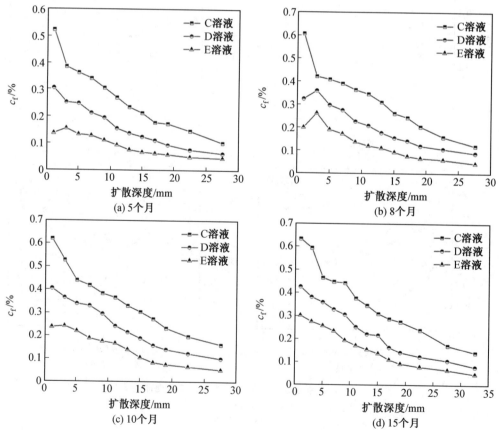

图 2.9 NaCl 质量分数对自由氯离子含量 c_f 扩散规律的影响

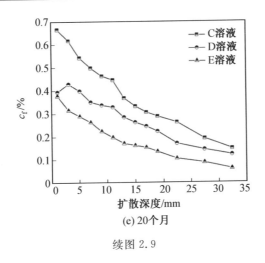

(e) 20个月

续图 2.9

2.2.2 总氯离子含量

图 2.10 所示为干湿循环周期对总氯离子含量 c_t 扩散规律的影响。由图可知,5 种溶液中的总氯离子含量随扩散深度的增加逐渐减小,随干湿循环时间的增加逐渐增加,其变化规律同自由氯离子含量。通过与图 2.7 中的自由氯离子含量相比,发现 5 种溶液中,相同的干湿循环周期时,总氯离子含量 c_t 高于自由氯离子含量 c_f,这一结果说明有一部分氯离子在混凝土内成为了结合氯离子。进一步对比可以发现,同等条件下,总氯离子含量中自由氯离子含量高于结合氯离子含量。

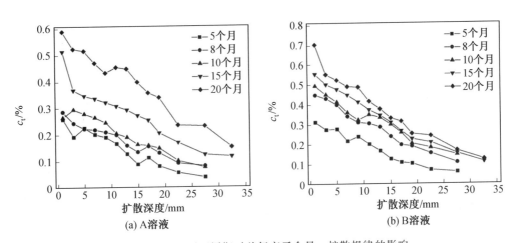

图 2.10 干湿循环周期对总氯离子含量 c_t 扩散规律的影响

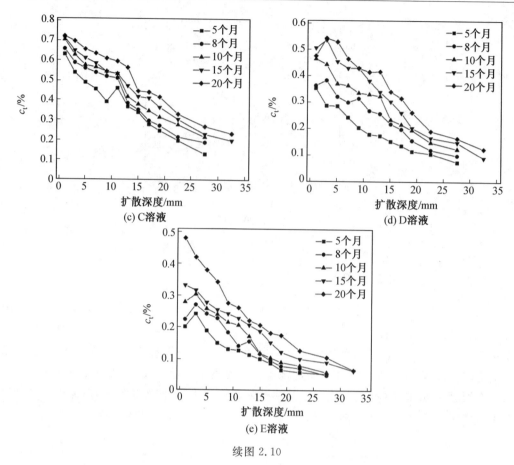

续图 2.10

图 2.11 所示为离子种类对总氯离子含量 c_t 扩散规律的影响。由图可知,离子种类对总氯离子含量的影响同对自由氯离子含量的影响。在干湿循环早期,A 和 B 溶液腐蚀作用下混凝土内部的总氯离子含量 c_t 与 C 溶液腐蚀作用下混凝土内部的总氯离子含量 c_t 相差较明显。随着干湿循环时间增加,混凝土内部的总氯离子浓度 c_t 的差距逐渐缩短,当干湿循环周期为 20 个月时,表现得更为明显。这一结果表明,在干湿循环早期,复合溶液 A 和 B 中由于各离子扩散时的相互制约作用,以及混凝土表面结晶对混凝土表面孔隙的填充、细化作用,使得氯盐扩散受到影响,累积量较小,随着干湿循环时间增加,复合溶液中混凝土内部生成体积膨胀物质,混凝土内部发生劣化,氯盐的扩散速度增大,总氯离子含量 c_t 逐渐增加。

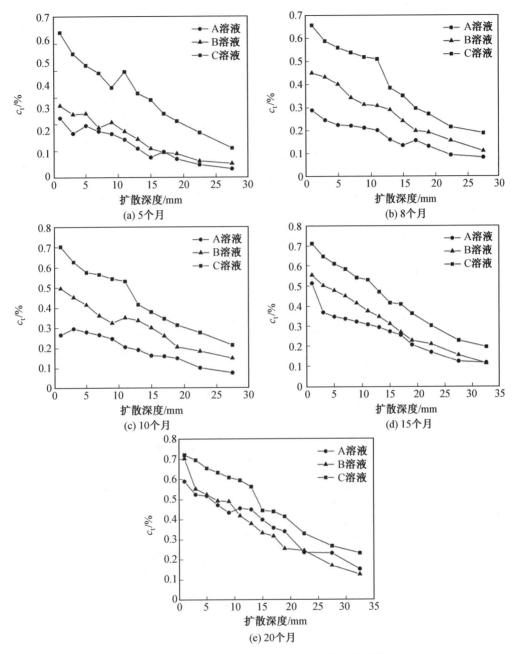

图 2.11　离子种类对总氯离子含量 c_t 扩散规律的影响

图 2.12 所示为 NaCl 质量分数对总氯离子含量 c_t 扩散规律的影响。由图可知,氯盐质量分数越高,混凝土内部的总氯离子含量 c_t 越高。因为氯离子在混凝土中扩散的动力主要由不同深度处氯离子的浓度梯度决定,外界环境中氯盐浓度增加,必然导致进入混凝土内部的氯离子含量增大。因此外界高氯盐浓度能够使混凝土内部具有较高的浓度梯度,导致混凝土内部的总氯离子含量 c_t 随着外界氯盐浓度的增大而增加。

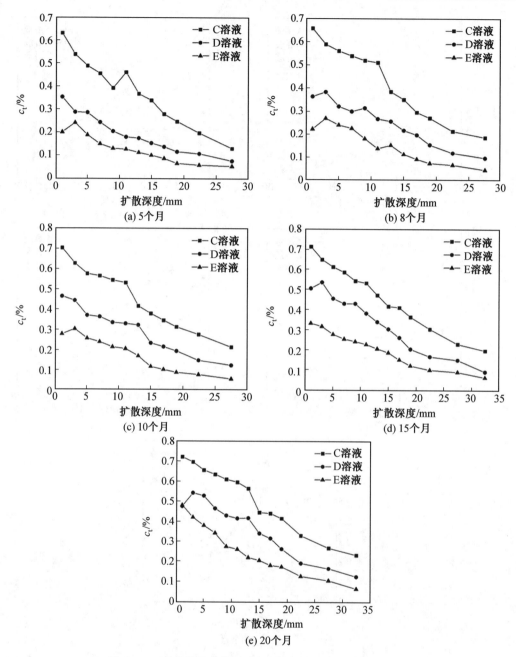

图 2.12　NaCl 质量分数对总氯离子含量 c_t 扩散规律的影响

2.2.3　氯离子结合能力

由前面的研究可知,混凝土受到氯盐侵蚀时会表现出一定的氯离子结合能力。有研究表明,当混凝土受到氯盐与硫酸盐耦合作用时,硫酸根会参与 Friedel 盐的分解,导致氯离子结合能力降低。氯离子的结合形式主要分为化学结合和物理吸附两种,化学结合指的是铝酸三钙 C_3A 与氯离子反应生成 Friedel 盐($3CaO \cdot Al_2O_3 \cdot CaCl_2 \cdot 10H_2O$)。物理吸附有两种形式：一种形式是 AFm 相物质表面活跃的电子层对氯离子的吸附，另一种形式是氯离子在扩散过程中被混凝土内部孔隙吸附在表面。物理吸附的稳定性较差，容易发生分解。定义结合氯离子含量计算公式为

$$c_b = c_t - c_f \tag{2.6}$$

式中，c_b 为结合氯离子含量；c_t 为总氯离子含量；c_f 为自由氯离子含量。

图 2.13 所示为干湿循环周期对结合氯离子 c_b 含量扩散规律的影响。由图可知，在相同的扩散深度处，5 种溶液腐蚀作用下混凝土内部的结合氯离子随着干湿循环周期的增加大体上呈现逐渐增加的规律。A、B 和 C 3 种溶液腐蚀作用下混凝土内部的结合氯离子变化规律较为复杂，有许多突变点，原因是 A 和 B 溶液中含有的 SO_4^{2-} 和 Mg^{2+} 参与了结合氯离子的分解，导致结合氯离子含量出现突变；而 C 溶液中含有的高浓度氯盐对混凝土微观结构的改变较大，使得结合氯离子不能一直稳定存在。另外可以看出，结合氯离子含量随着扩散深度的增加大体上呈现先增加后减小的规律，且在 5～15 mm 深度处达到最大值。原因分析：在 0～5 mm 深度处，氯离子具有很大的扩散势能，因此在混凝土内不能形成稳定的物理吸附；5～15 mm 深度范围内，随着扩散势能减小，氯离子在混凝土内形成了稳定的物理吸附和化学结合；超过 15 mm 深度后，由于扩散进入混凝土中的自由氯离子和总氯离子含量的减小，导致氯离子含量逐渐减小。

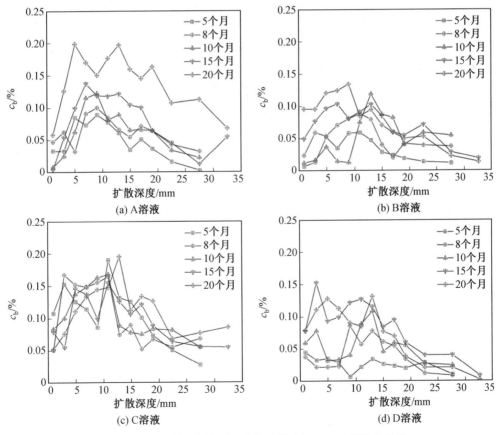

图 2.13　干湿循环周期对结合氯离子含量 c_b 扩散规律的影响

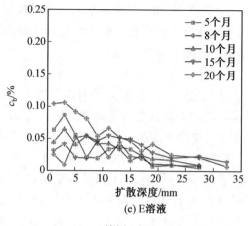

(e) E溶液

续图 2.13

图 2.14 所示为离子种类对结合氯离子含量 c_b 扩散规律的影响。由图可知,C 溶液腐蚀作用下混凝土内部的结合氯离子 c_b 含量最大,其次为 A 溶液,B 溶液腐蚀作用下混凝土内部的结合氯离子 c_b 含量最小。除此之外,可以发现 C 溶液与 A、B 溶液腐蚀作用下混凝土内部的结合氯离子 c_b 含量差距很大,A 和 B 溶液较为接近。但当干湿循环周期为 20 个月时,A 和 C 溶液腐蚀作用下混凝土内部的结合氯离子含量 c_b 接近,B 溶液与其余两种溶液差距较大。主要因为 A 和 B 溶液中含有的 SO_4^{2-} 和 Mg^{2+} 参与了结合氯离子的分解,使得 A 和 B 两种溶液腐蚀作用下混凝土内部的结合氯离子 c_b 含量低于 C 溶液。根据前文所述,SO_4^{2-} 和 Mg^{2+} 在腐蚀早期生成的产物阻塞了离子通道,使得后续离子不能进入混凝土,A 溶液中 NaCl 质量分数较高,使得早期扩散进混凝土中的氯离子含量较高,所以能够生成的结合氯离子含量稍高于 B 溶液。在腐蚀后期,由于 SO_4^{2-} 和 Mg^{2+} 的生成产物改变了混凝土的微观结构,使得混凝土更加疏松,有更多的离子通道使得后续离子持续进入混凝土中,也就能够生成更多的结合氯离子。这也是在干湿循环 20 个月时,A 溶液腐蚀作用下混凝土内部的结合氯离子含量 c_b 增加很多,与 C 溶液中的混凝土内部结合氯离子含量 c_b 很接近的原因。

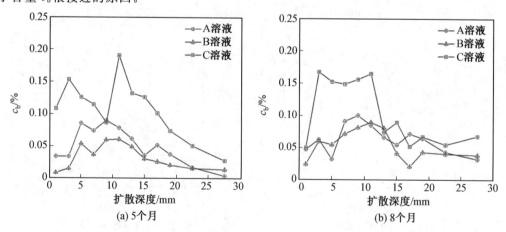

图 2.14　离子种类对结合氯离子含量 c_b 扩散规律的影响

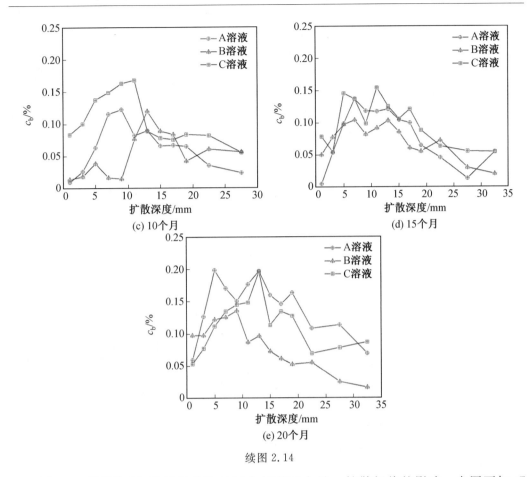

续图 2.14

图 2.15 所示为 NaCl 质量分数对结合氯离子含量 c_b 扩散规律的影响。由图可知,C 溶液腐蚀作用下混凝土内部的结合氯离子含量 c_b 最大,其次为 D 溶液,而 E 溶液腐蚀作用下混凝土内部的结合氯离子含量 c_b 最小。此外,C 溶液腐蚀作用下混凝土内部的结合氯离子含量 c_b 远大于 D 和 E 溶液。这一结果表明,NaCl 质量分数越高,结合氯离子含量越高。原因是进入混凝土中总氯离子含量的增多,增加了氯离子与混凝土结合的概率。

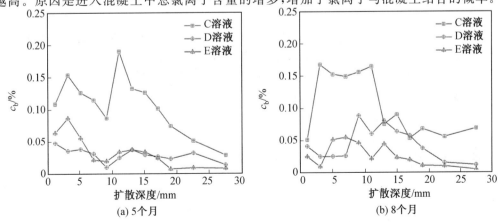

图 2.15　NaCl 质量分数对结合氯离子含量 c_b 扩散规律的影响

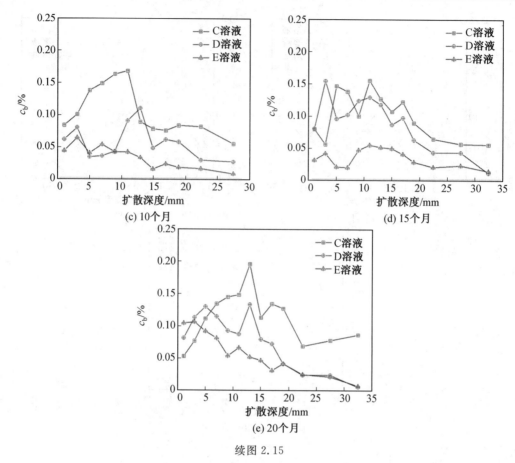

续图 2.15

Tuutti 的研究指出，混凝土内部的自由氯离子含量与结合氯离子含量之间满足线性规律，即

$$c_b = kc_f \tag{2.7}$$

式中，c_b 为结合氯离子含量；c_f 为自由氯离子含量；k 为线性结合系数。

联立式（2.6）和式（2.7），可得到总氯离子含量与自由氯离子含量的关系式

$$c_t = (k+1)c_f \tag{2.8}$$

图 2.16 所示为本章 5 种溶液腐蚀作用下混凝土内部自由氯离子含量 c_f 与总氯离子含量 c_t 之间的关系，由图可知，c_f 与 c_t 之间基本满足线性结合规律。

为了进一步研究 5 种溶液腐蚀作用下混凝土内部氯离子的结合能力，引入结合能力指标 R，混凝土对氯离子结合能力 R 的表达式为

$$R = \frac{\partial c_b}{\partial c_f} \tag{2.9}$$

将式（2.7）代入式（2.9），可得混凝土中氯离子的线性结合能力，即

$$R_{linear} = \frac{\partial c_b}{\partial c_f} = \frac{\partial k \, c_f}{\partial c_f} = k \tag{2.10}$$

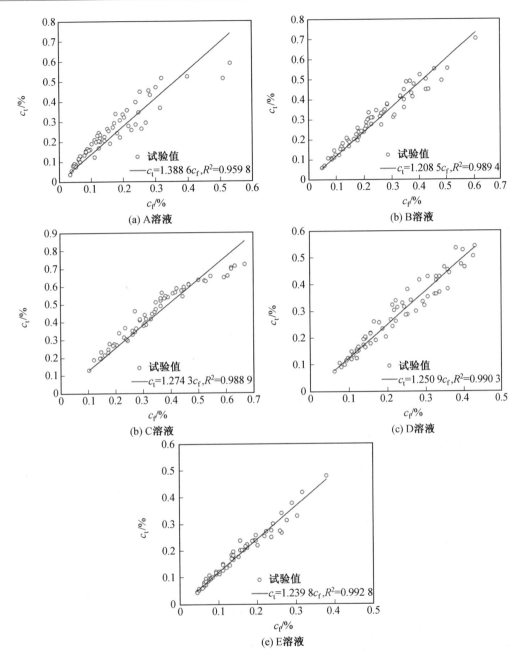

图 2.16　自由氯离子含量 c_f 与总氯离子含量 c_t 的关系

由式(2.10)可得到 A、B、C、D 和 E 5 种试验溶液中氯离子的结合能力,如图 2.17 所示。

通过对比不同离子种类溶液对混凝土内部氯离子结合能力的影响,可知 A 溶液中混凝土内部氯离子的结合能力最大,其次为 C 溶液,B 溶液中混凝土内部氯离子的结合能力最小。再次说明加入部分 SO_4^{2-} 阻碍了氯离子在混凝土中的结合,致使 B 溶液中混凝土内部氯离子结合能力最弱。A 溶液中除了 SO_4^{2-},还有 Mg^{2+} 的存在,已有研究表明,混凝

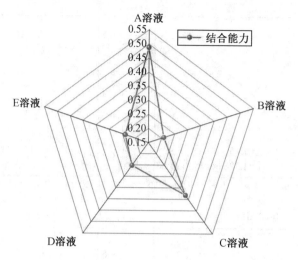

图 2.17　5 种试验溶液中氯离子的结合能力

土中的 $Ca(OH)_2$ 会与 Mg^{2+} 发生化学反应，生成难溶性的 $Mg(OH)_2$，该物质在侵蚀初期对混凝土内部孔隙起到填充和密实的作用，在一定程度上限制了氯离子的侵入；但随着侵蚀时间增加，混凝土结构由于 SO_4^{2-} 侵蚀而导致发生破坏仍无法避免，而且生成的 $Mg(OH)_2$ 会破坏混凝土结构内部的黏结性能，使混凝土结构更为松散。Mg^{2+} 在后期使得 A 溶液中氯离子更加容易进入混凝土内部，导致 A 溶液中氯离子的结合能力最大。由此可以看出，虽然盐渍土溶液进入混凝土中的自由氯离子和总氯离子含量最低，但是结合能力最强。

　　此外，通过对比氯盐浓度对氯离子结合能力的影响，可知 C 溶液中混凝土内部氯离子的结合能力最大，其次为 D 溶液，E 溶液中混凝土内部氯离子的结合能力最小。说明随着氯盐浓度的增大，氯离子结合能力逐渐增大。并且在较低浓度时，增加并不明显；在高浓度时，氯离子结合能力大幅度增大。原因是较低浓度的氯离子对混凝土内部微观结构的改变有限，氯离子在混凝土中的扩散和结合都受到限制；而高浓度的氯离子对混凝土内部微观结构的改变明显，致使混凝土内部的孔隙联通程度增大，引起了氯离子结合能力的增加。

　　Cheewaket 等人将不同粉煤灰掺量的混凝土在海水潮汐环境中进行长达 7 年的侵蚀试验，结果发现氯离子结合能力在 0.136 2～0.144 4 之间。孙丛涛将不同掺量粉煤灰混凝土放入 3.5% 的 NaCl 溶液中进行了 10 个干湿循环（干 7 d＋湿 7 d）的侵蚀试验，结果发现氯离子的最大结合能力为 0.153 7。吴庆令将普通混凝土放在渤海暴露站进行了长达两年的侵蚀试验，结果发现在大气区、水下区、潮汐区的氯离子结合能力分别为 0.31、0.26 和 0.21。通过对比发现，西部盐渍土中的氯离子结合能力远大于海洋环境和本章设置的其他对比溶液，这就导致了在盐渍土环境中的混凝土会在较短时间内破坏。

2.3　硫酸根离子含量试验结果与结合能力分析

2.3.1　自由硫酸根离子含量

图 2.18 所示为干湿循环周期对自由硫酸根离子含量 c_{fs} 扩散规律的影响。可以看出,与前面氯离子的分布规律类似,在相同的扩散深度处,自由硫酸根离子的含量随着干湿循环周期的增加而逐渐增大,说明干湿循环周期对混凝土硫酸根离子的积累起了明显的作用。在不同干湿循环周期下,两种溶液中自由硫酸根离子的含量随扩散深度逐渐降低。

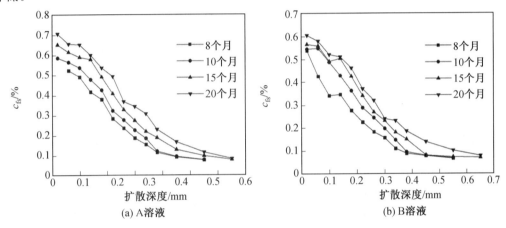

图 2.18　干湿循环周期对自由硫酸根离子含量 c_{fs} 扩散规律的影响

图 2.19 所示为离子种类对自由硫酸根离子含量 c_{fs} 扩散规律的影响。可以看出,在所有的干湿循环周期内,A 溶液中混凝土内部的硫酸根离子含量均高于 B 溶液中混凝土内部的硫酸根离子含量,但是随着扩散深度的增加,A 和 B 两种溶液中混凝土内部的硫酸根离子含量逐渐接近,最后基本一致。这说明,离子种类对氯离子的扩散具有明显的作用,A、B 溶液含有相同含量的硫酸根离子,但是 A 溶液具有更高质量分数的 Cl^- 和 Mg^{2+},另外还有 HCO_3^-,HCO_3^- 的含量非常少,对硫酸根扩散性能的影响较小。氯离子能够比硫酸根离子更快地进入混凝土中,孔隙液中的自由氯离子含量将会较快增加到一定值并生成 Friedel 盐,填充了混凝土的原有孔隙。另外 Mg^{2+} 的产物在早期也会填充混凝土孔隙使得后续的 SO_4^{2-} 更难进入混凝土中。后续随着 SO_4^{2-} 逐渐进入混凝土中,SO_4^{2-} 与 Cl^- 的相互作用开始体现,现有研究表明进入混凝土中的氯离子和硫酸根离子之间的作用非常复杂,一方面氯离子与 AFm 相物质发生反应,生成 Friedel 盐,并释放出一定的硫酸根离子;另一方面硫酸根离子的持续增加导致 Friedel 盐分解而释放出一定的氯离子,这是一个可逆的化学反应过程。而由于总体上 A 溶液浓度更高,具有更大的扩散势能,使得上述可逆反应能够释放出更多的 SO_4^{2-},造成 A 溶液进入混凝土中的 SO_4^{2-} 含量高于 B 溶液,随着腐蚀的进行,SO_4^{2-} 和 Mg^{2+} 对混凝土的破坏作用逐渐凸显,混凝土结构疏松,离子几乎可以自由出入,导致 A、B 两种溶液中硫酸根离子的含量逐渐趋于一致。

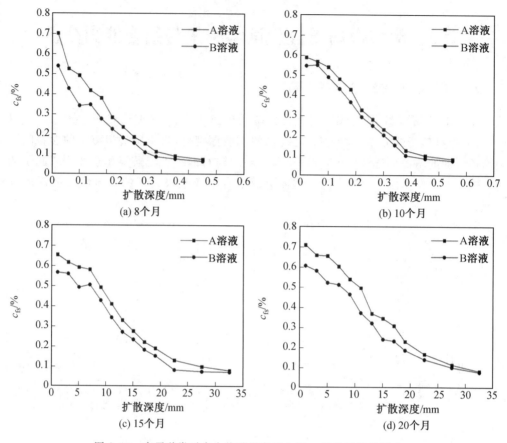

图 2.19　离子种类对自由硫酸根离子含量 c_{fs} 扩散规律的影响

2.3.2　总硫酸根离子含量

图 2.20 所示为干湿循环周期对总硫酸根离子含量 c_{ts} 扩散规律的影响。由图可知，随着干湿循环周期的增加，混凝土内部总硫酸根离子含量逐渐增加，尤其是在距混凝土表面 10～15 mm 处，表现得更为明显。此外，对比图 2.18，发现混凝土内部同一扩散深度处的总硫酸根离子含量 c_{ts} 高于自由硫酸根离子含量 c_{fs}，说明有一部分硫酸根离子转变成为了结合硫酸根离子。

图 2.21 所示为离子种类对总硫酸根离子含量 c_{fs} 扩散规律的影响。可以看出，A 溶液中混凝土内部的总硫酸根离子含量基本上均高于 B 溶液中混凝土内部总硫酸根离子的含量。但是随着扩散深度的增加，A 和 B 两种溶液中混凝土内部总硫酸根离子含量之间的差距逐渐减小。同时发现，A 和 B 溶液中混凝土内部的总硫酸根含量的随扩散深度近似呈指数分布。

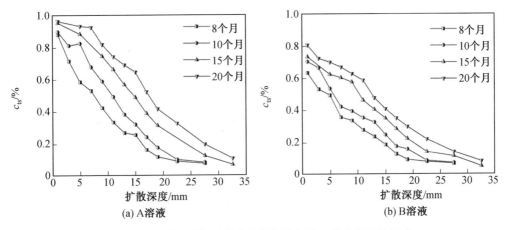

图 2.20　干湿循环周期对总硫酸根离子含量 c_{ts} 扩散规律的影响

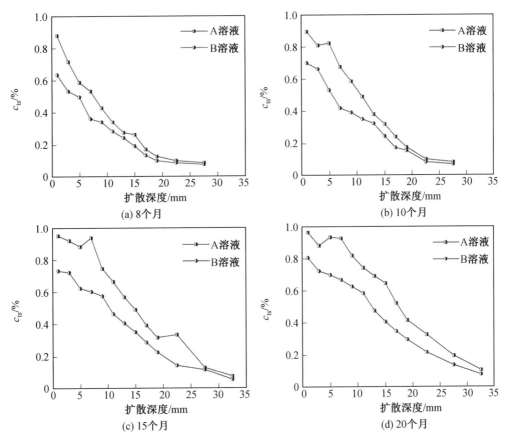

图 2.21　离子种类对总硫酸根离子含量 c_{ts} 扩散规律的影响

2.3.3 硫酸根离子结合能力

混凝土受到硫酸盐侵蚀时会表现出一定的硫酸根离子结合能力,硫酸盐离子的结合作用分为物理结合和化学结合两种。物理结合主要是 $Na_2SO_4 \cdot 10H_2O$ 晶体对硫酸根离子的固化作用;化学结合是硫酸根离子与水泥水化产物发生反应,膨胀产物主要包括钙矾石晶体和石膏等。图2.22所示为干湿循环周期对结合硫酸根离子含量 c_{bs} 扩散规律的影响,可以看出,同一扩散深度处,随着干湿循环周期的增加,A和B两种溶液中结合硫酸根离子含量都逐渐增加。

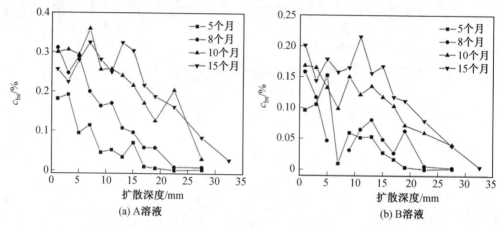

图 2.22　干湿循环周期对结合硫酸根离子含量 c_{bs} 扩散规律的影响

图2.23所示为离子种类对结合硫酸根离子含量 c_{bs} 扩散规律的影响。可以看出,不同干湿循环周期内,A溶液中混凝土内部结合硫酸根离子含量均比B溶液中混凝土内部结合硫酸根离子含量大,8个月时,两者较为接近,但是随着干湿循环周期的增加,它们之间的差值变得明显。并且随着扩散深度的增加,两者之间的差值逐渐减小,最后趋于一致。通过前面氯离子的分布规律可知,A溶液进入混凝土中氯离子含量比B溶液低,导致了氯离子对结合硫酸根离子的分解较少,并且A溶液中混凝土内部的自由硫酸根离子和总硫酸根离子含量均高于B溶液,结合硫酸根离子的含量主要还是取决于扩散进入混凝土的硫酸根离子含量,这就导致了A溶液中混凝土内部的结合硫酸根离子含量高于B溶液。

进一步地,参考氯离子结合能力的计算方法,同样采用线性规律描述了自由硫酸根离子含量和结合硫酸根离子含量之间的关系,线性关系斜率为 k_s,则回归分析结果如图2.24所示。A和B溶液中硫酸根离子结合能力 R_s 分别为0.4593和0.281。从前面分析可知,溶液A中自由 SO_4^{2-} 含量高于B溶液,所以A溶液中自由 SO_4^{2-} 有更大的概率与混凝土发生反应,导致其硫酸根离子结合能力更大。

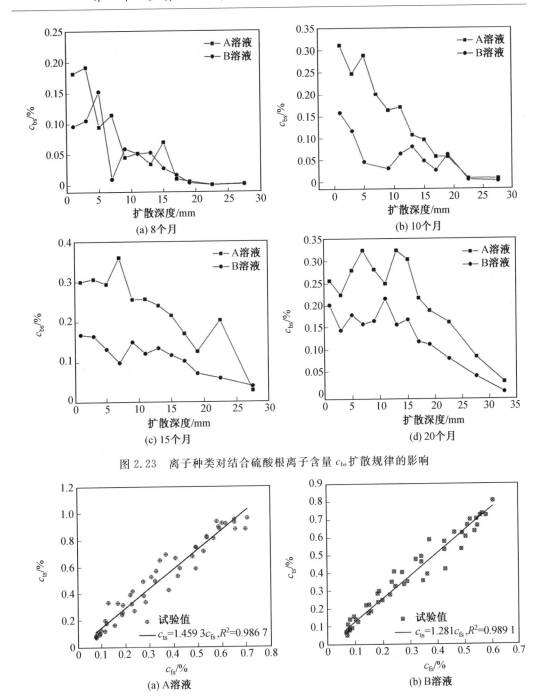

图 2.23   离子种类对结合硫酸根离子含量 c_{bs} 扩散规律的影响

图 2.24   自由硫酸根离子 c_{fs} 含量与总硫酸根离子 c_{ts} 含量的关系

2.4 基于微观形貌的混凝土腐蚀劣化机理研究

2.4.1 氯离子对混凝土微观形貌的影响

在距混凝土表面 10~15 mm 处,分别对干湿循环 5 个月、10 个月及 20 个月后的混凝土试件内部胶凝材料进行 SEM－EDS 分析,SEM 图像的放大倍数为 2 000 倍,对 SEM 图像方框位置处的 EDS 进行分析。图 2.25 所示为氯盐影响下干湿循环 5 个月后距混凝土表面 10~15 mm 处 SEM－EDS 谱图。通过对比 A、B 和 C 溶液中混凝土的内部微观结构,发现其微观形貌没有明显的差异,水化结构均较为完整,C 溶液中混凝土内部孔结构较为明显,A 溶液中混凝土内部孔隙数量明显低于 C 溶液,且孔结构直径较小,这是由于 A 溶液中各离子与混凝土中物质发生反应,在侵蚀初期对混凝土中孔结构具有填充和细化作用,B 溶液中混凝土内部微观形貌与 C 溶液相似。从 EDS 分析结果中所含元素推测,C 溶液中方框位置的物质为 C－S－H 和 Friedel 盐;A 溶液 EDS 分析结果中存在 S 元素,方框位置的物质除了 C－S－H 和 Friedel 盐外,还有 AFm 相物质;B 溶液的 EDS 分析结果中存在 Mg 元素,方框位置的物质包括 C－S－H、Friedel 盐、AFm 及 Mg－S－H 和 Mg(OH)$_2$。Mg－S－H 是由 Mg 置换 C－S－H 中的 Ca 生成的,C－S－H 是混凝土中水泥水化的主要产物,具有较强的黏结作用,对混凝土抗渗透性和强度都有重要影响。Mg－S－H 结构松散,黏结性能差,会造成混凝土强度损失。Mg(OH)$_2$ 的生成过程表示为

$$MgSO_4 + Ca(OH)_2 \longrightarrow CaSO_4 \cdot 2H_2O(二水石膏) + Mg(OH)_2 \tag{2.11}$$

Mg(OH)$_2$ 的黏结性较差,碱度较低,会破坏混凝土的强度及内部碱性环境,且 CaSO$_4$·2H$_2$O 具有膨胀性,是混凝土内部孔结构劣化的主要原因之一。

同时通过对比 C、D、E 溶液腐蚀作用下混凝土内部微观结构可知,C、D、E 溶液腐蚀后混凝土微观结构整体较为松散,存在明显裂缝和孔洞,整体灰度均匀,颜色较为明亮。C 溶液腐蚀后混凝土微观结构明显更为密实;D 溶液腐蚀后混凝土中微观结构下部较为致密,中部和上部存在明显裂缝和孔隙;E 溶液腐蚀后混凝土微观结构由大块物质层叠而成,最为松散,布满孔洞。从 EDS 分析结果中所含元素推测,三种溶液混凝土中都含有 Na$^+$ 和 Cl$^-$,说明氯离子进入了混凝土内部,使得混凝土微观结构的密实度改变。其余元素,如 Ca、Al、O、Si、S 等均来源于混凝土的组成成分水泥。C 溶液腐蚀后混凝土 EDS 分析结果表明生成物质为絮状 Friedel 盐和 C－S－H;D 和 E 溶液腐蚀后混凝土 EDS 分析结果表明生成物质为 C－S－H、Friedel 及 AFm 相物质。

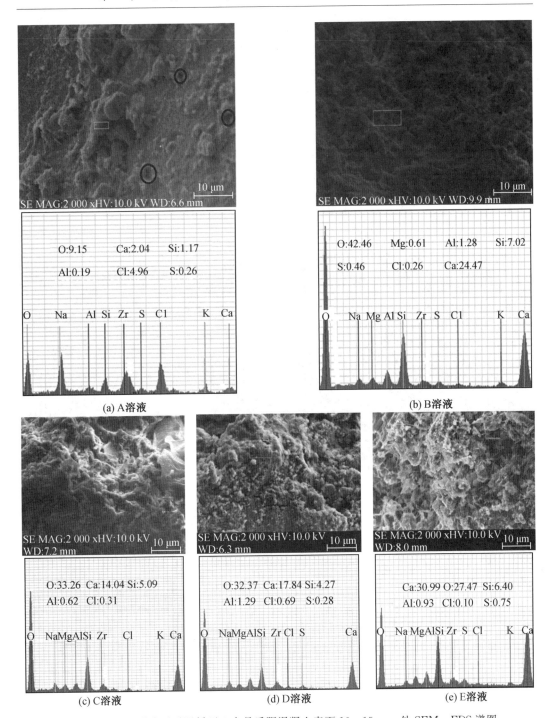

图 2.25　氯盐影响下干湿循环 5 个月后距混凝土表面 10～15 mm 处 SEM－EDS 谱图

图 2.26 所示为氯盐影响下干湿循环 10 个月后距混凝土表面 10～15 mm 处 SEM－EDS 谱图。可以看出,C 溶液中混凝土内部的孔隙与干湿循环 5 个月相比明显减少,这是由于水泥的持续水化作用改善了混凝土内部的孔结构;干湿循环 10 个月后,A 溶液中混凝土内部存在较多细小孔洞,这是由于 A 溶液中离子与混凝土中物质反应生成具有膨胀

性的物质,如石膏、钙矾石,对混凝土孔结构有细化、填充作用。对比图 2.25(b)与图 2.26 (b)的 SEM 谱图发现,干湿循环 300 d 后,B 溶液中混凝土内部孔结构数量减少。从 EDS 分析结果中所含元素推测,C 溶液中方框位置的物质为 C—S—H,D 溶液方框位置的物质为 C—S—H、Friedel 盐和 AFm,B 溶液方框位置的物质为 C—S—H 和 AFm。

同理,相比干湿循环 5 个月的 SEM 图像,C、D、E 溶液腐蚀后混凝土的微观结构都变得致密,亮白色圆形、絮状物质增多,填充了混凝土的内部孔隙,针状物质变少;且 C 溶液腐蚀后混凝土微观结构最致密,孔隙填充效果明显优于 D 溶液和 E 溶液,E 溶液腐蚀后混凝土的微观结构最为稀疏。从 EDS 分析结果推测,C 溶液进入混凝土后的生成物质为 C—S—H;D 溶液为 C—S—H 和 Friedel 盐;E 溶液为 C—S—H、Friedel 盐及 AFm 相物质。

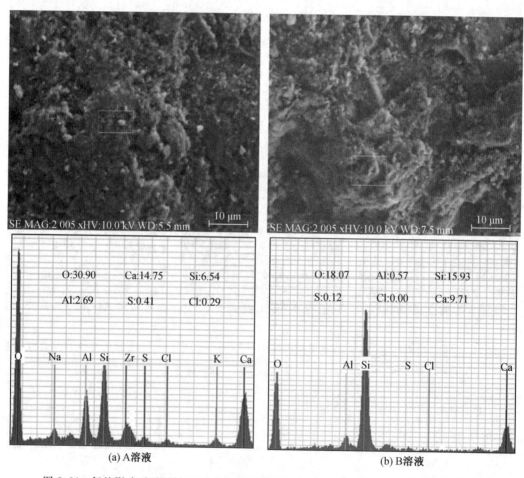

图 2.26　氯盐影响下干湿循环 10 个月后距混凝土表面 10~15 mm 处 SEM—EDS 谱图

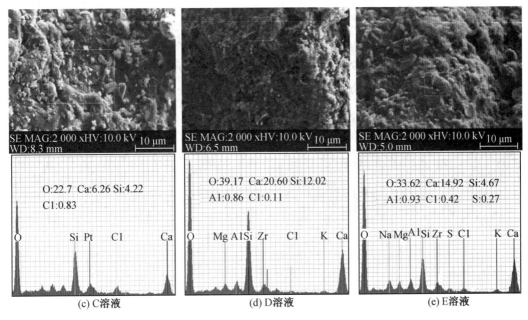

续图 2.26

图 2.27 所示为氯盐影响下干湿循环 15 个月后距混凝土表面 10～15 mm 处 SEM－EDS 谱图。从图 2.27 的 SEM 谱图可以看出,干湿循环 15 个月后,C 溶液中混凝土内部微观形貌较为平整,几乎不存在孔隙;对比图 2.26(a)与图 2.27(a)的 SEM 图像可以发现,干湿循环 15 个月后,A 溶液中混凝土内部孔结构发生严重劣化,出现大量直径较大的孔洞,这是由 A 溶液中混凝土内部生成的膨胀物质造成的,与 C 溶液相比,A 溶液对混凝土的破坏过程存在滞后效应,但破坏较为严重。对比图 2.26(b)与图 2.27(b)的 SEM 图像可以发现,干湿循环 15 个月后,B 溶液中混凝土内部出现一条较长裂缝,与 A 溶液相同,同样是膨胀物质产生的胀裂,混凝土内部结构发生严重劣化。从 EDS 分析结果中所含元素推测,C 溶液中方框位置的物质为 C－S－H、Friedel 盐和 AFm,A 和 B 溶液方框位置的物质为 C－S－H、Friedel 盐、AFm 及 Mg－S－H 和 Mg(OH)$_2$。

从不同氯盐浓度作用下混凝土内部的 SEM 图像可以看出,相比干湿循环 10 个月的 SEM 图像,C 和 D 溶液腐蚀后混凝土的微观结构都变得更为致密;C 溶液腐蚀后混凝土微观形貌较为平整,几乎没有孔隙存在;D 溶液腐蚀后混凝土微观结构中出现一条明显裂缝;E 溶液腐蚀后混凝土的微观结构改变不大。从 EDS 分析结果推测,C 溶液进入混凝土后的生成物质为 C－S－H 或 Friedel 盐;D 溶液为 C－S－H、Friedel 盐和 AFm 相物质;E 溶液为 C－S－H 和 Friedel 盐。

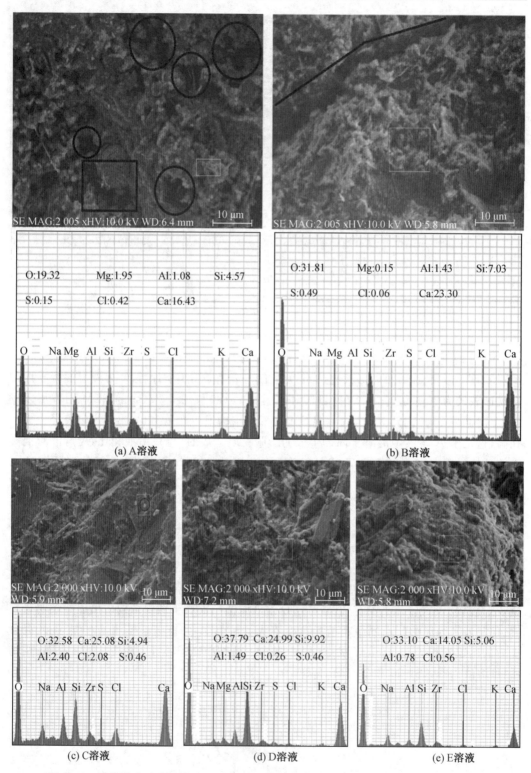

图 2.27　氯盐影响下干湿循环 15 个月后距混凝土表面 10～15 mm 处 SEM－EDS 谱图

从上面微观结构的分析可知,侵蚀初期,A 和 B 溶液中的离子与混凝土中所含物质发生反应,生成具有膨胀性的产物,如石膏、钙矾石,对混凝土孔隙具有细化、填充作用,使得混凝土内部微观结构较为良好。随着干湿循环时间增加,由于孔隙中膨胀物质的作用,混凝土内部出现直径较大的孔洞和胀裂裂缝,导致混凝土内部结构发生严重劣化,A 和 B 溶液中混凝土内部所含物质及腐蚀产物主要包括 C—S—H、Friedel 盐、AFm 及导致混凝土内部结构发生劣化的 Mg—S—H 和 $Mg(OH)_2$。C 溶液中混凝土内部微观结构随着干湿循环时间增加逐渐趋于平整,所含物质及腐蚀产物主要包括 C—S—H、Friedel 盐、AFm。此外,从前面 2.2 节可知,自由氯离子含量和总氯离子含量均随着外界氯盐质量分数的升高而增加,这就增大了氯离子与 C_3A 发生结合的概率,增强了氯离子结合能力,也导致了 Friedel 盐生成量的增加,使得 Friedel 盐对混凝土的孔隙结构填充效果更好。

2.4.2　硫酸根离子对混凝土微观形貌的影响

同理,在距混凝土表面 10～15 mm 处,对不同干湿循环 5 个月、10 个月、20 个月后的混凝土试件内部胶凝材料进行 SEM—EDS 分析,SEM 图像的放大倍数为 2 000 倍,并对 SEM 图像方框位置进行 EDS 分析,分析结果分别如图 2.28～2.30 所示。

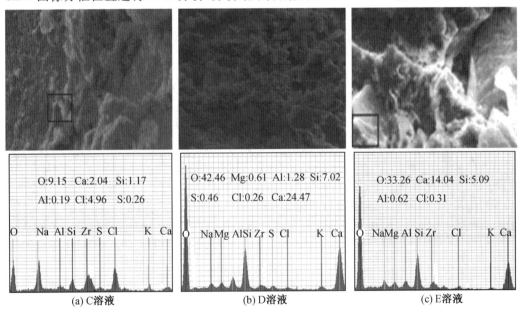

图 2.28　硫酸盐影响下干湿循环 5 个月后距混凝土表面 10～15 mm 处 SEM—EDS 谱图

从图 2.28 所示的 SEM 图像可以看出,A、B 和 C 溶液腐蚀后混凝土内部微观结构较为完整;A 溶液腐蚀后混凝土微观结构最为密实,孔隙最少;B 溶液腐蚀后混凝土微观结构密实程度较 A 差,较 C 好,孔隙数量明显低于 C 溶液,孔结构直径较小;C 溶液腐蚀后混凝土内部孔隙结构最明显,密实度最差。原因是溶液进入混凝土后的物质对微观结构中孔隙具有填充和细化作用。B 溶液进入混凝土的腐蚀性离子含量较 A 溶液少,腐蚀产物对混凝土孔隙结构的填充效果没有 A 溶液好,C 溶液中只含有氯离子,对混凝土孔隙结构的填充作用最差。从 EDS 分析结果中所含元素推测,C 溶液中生成物质为 C—S—

H 和 Friedel 盐，C—S—H 是混凝土水泥水化产物，不是腐蚀性离子产物；A 溶液生成物质除了 C—S—H 和 Friedel 盐外，还有 AFt（钙矾石）和 AFm 相物质，AFt（钙矾石）和 AFm 相物质是进入混凝土中的 SO_4^{2-} 与水泥发生反应的产物；B 溶液生成物质包括 C—S—H、Friedel 盐、AFt、AFm 及水化硅酸镁凝胶（Mg—S—H）和 $Mg(OH)_2$。Mg—S—H 是 Mg^{2+} 置换 C—S—H 中的 Ca 生成的，C—S—H 具有较强的黏结作用，对混凝土抗渗透性和强度都有重要影响，而 Mg—S—H 结构松散，黏结性能差，会造成混凝土强度损失。$Mg(OH)_2$ 的黏结性较差，碱度较低，会破坏混凝土的强度及内部碱性环境。

从图 2.29 所示的 SEM 图像可以看出，与干湿循环 5 个月时相比，A 溶液腐蚀后混凝土微观结构密实度开始降低，内部开始出现细小孔洞，这是由于石膏、钙矾石具有明显的膨胀性，腐蚀初期对混凝土内部孔隙具有细化、填充作用；而随着腐蚀的进行，孔隙被完全填充后，膨胀性晶体数量的继续增多，又会对孔隙内壁产生膨胀压力，导致新的孔隙和裂缝的生成。与干湿循环 5 个月时相比，B 溶液腐蚀后混凝土微观结构变得密实，内部孔隙数量减少，这是由于 B 溶液进入混凝土中的腐蚀性离子数量较少，还处于对孔隙进行填充和细化的阶段。与干湿循环 5 个月时相比，C 溶液腐蚀后混凝土微观结构的密实度得到明显提高，孔隙数量明显减少，这是由于水泥的持续水化及 Cl^- 的腐蚀产物对孔隙的填充作用。从 EDS 分析结果中所含元素推测，A 溶液进入混凝土的腐蚀物质为 C—S—H、Friedel 盐、AFt 和 AFm；B 溶液为 C—S—H、AFt 和 AFm；C 溶液为 C—S—H 和 Friedel 盐。

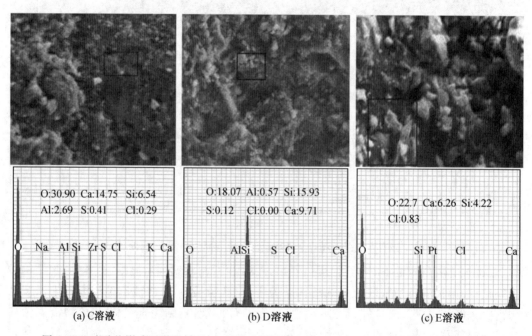

(a) C 溶液　　　　　　(b) D 溶液　　　　　　(c) E 溶液

图 2.29　硫酸盐影响下干湿循环 10 个月后距混凝土表面 10～15 mm 处 SEM—EDS 谱图

从图 2.30 所示的 SEM 图像可以看出,与干湿循环 10 个月时相比,A 溶液腐蚀后混凝土微观结构的密实度明显下降,微观结构发生严重劣化,出现了大量较大空洞,这是腐蚀产物对孔隙产生持续的膨胀内压力的结果。与干湿循环 10 个月时相比,B 溶液中混凝土微观结构也发生严重劣化,内部出现一条较长裂缝,原因同样是腐蚀产物的膨胀内压力。与干湿循环 10 个月时相比,C 溶液腐蚀后混凝土微观结构的密实度得到明显提高,形貌较为平整,几乎不存在孔隙,这是由于 Friedel 盐对孔隙的填充作用。从 EDS 分析结果中所含元素推测,A、B 溶液进入混凝土的腐蚀产物为 C—S—H、Friedel 盐、AFt、AFm 相物质、Mg—S—H 和 Mg(OH)$_2$;C 溶液为 C—S—H、Friedel 盐及少量的 AFt 和 AFm。

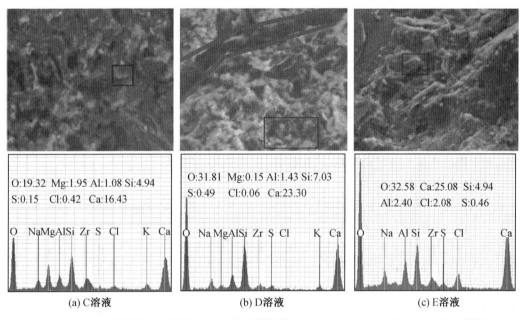

图 2.30　硫酸盐影响下干湿循环 15 个月后距混凝土表面 10～15 mm 处 SEM—EDS 谱图

总的来说,A 和 B 溶液进入混凝土中的 Cl$^-$、SO$_4^{2-}$ 和 Mg^{2+} 生成了 Friedel 盐、AFt、AFm、石膏、Mg—S—H 和 Mg(OH)$_2$ 等晶体,这些腐蚀产物对混凝土微观结构产生了明显的影响。由于 A 溶液进入混凝土的 SO$_4^{2-}$ 含量高,导致 A 溶液腐蚀后混凝土的微观结构从致密到疏松,再到出现裂缝这个过程的时间要早于 B 溶液。

第3章　盐渍土环境中混凝土平行杆受力模型

本章从腐蚀后混凝土的表观特征、损伤深度、腐蚀后混凝土微观形貌和孔隙率等方面研究了腐蚀混凝土的损伤特征及损伤的演化机理。采用不同性质的杆单元量化了混凝土不同深度处的腐蚀效应，建立了考虑腐蚀效应的混凝土平行杆受力模型，并给出了模型中腐蚀损伤深度和扩散深度的计算公式。

结果显示，腐蚀后混凝土表面出现了物理性损伤，Ca^{2+} 从混凝土内部析出，混凝土表面出现 $NaCl$ 和 Na_2SO_4 结晶。随着腐蚀时间的增加，杆单元的损伤由表层逐渐向内部发展。此外，腐蚀产物在混凝土不同深度处表现为不同的作用：深度较深时（盐类含量较低处），腐蚀产物会填充混凝土内部孔隙，使得混凝土内部结构致密，杆单元性质得到增强；深度较浅时（盐类含量较高处），腐蚀产物在填充完混凝土原有内部孔后，晶体继续生成使得混凝土内部产生膨胀内应力，对混凝土起破坏作用，杆单元性质劣化。相对应的，混凝土孔隙率随着干湿循环时间的增加呈现先减小后增大的规律。

3.1　盐渍土环境中混凝土平行杆受力模型构想

图 3.1 所示为平行杆模型的建立过程，绪论介绍了盐渍土环境中混凝土结构的破坏程度远大于其他的腐蚀环境，从图 3.1（a）可以看出，盐渍土环境中混凝土柱的破坏非常严重，混凝土剥落，粗骨料外露，实际工程中的柱上端承受外部荷载，而与盐渍土壤接触的根部易受腐蚀性离子的侵蚀，腐蚀性离子的侵蚀造成了根部混凝土外层的破坏，也就是柱的根部四周遭受了腐蚀性离子的侵蚀，如图 3.1（b）所示。因此，可以将混凝土根部易受盐类侵蚀的部分等效为一个混凝土试块，如图 3.1（c）所示。混凝土材料一般被认为是各项同性均质材料，因此可以将混凝土试块分割为 n 个平行杆单元，各单元性质完全相同，当外部盐渍土中的腐蚀离子进入混凝土后，这些离子会与混凝土发生物理和化学的结合，改变混凝土的微观结构，进而引起混凝土材料的腐蚀劣化。体现在平行杆模型上就是与腐蚀性离子接触的杆单元性质的改变，这些与腐蚀性离子接触的杆单元构成了腐蚀后混凝土试块的腐蚀破坏部分，如图 3.1（d）所示。显然腐蚀性离子在混凝土中的扩散性能影响了杆单元的性质和数量。因此，为了准确测量混凝土内部腐蚀性离子在混凝土中的分布，需要保证外界溶液中离子在混凝土中的扩散为一维扩散，因此将试件的 4 个侧面用中性硅酮防霉耐候密封胶进行密封处理，剩余两个相对面作为离子在混凝土中扩散的侵蚀面，如图 3.1（e）所示。

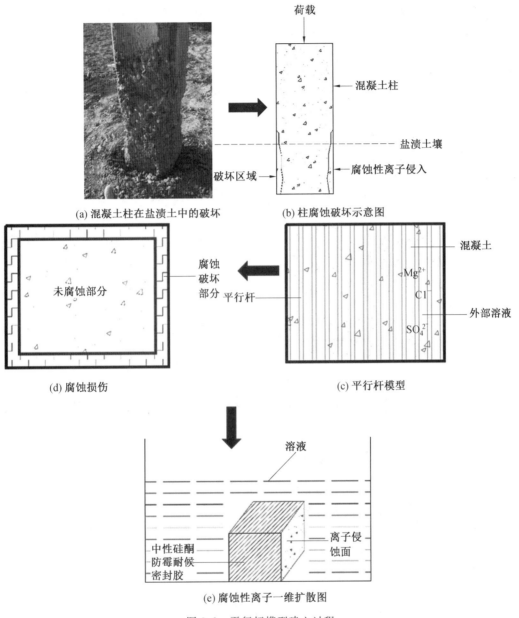

(a) 混凝土柱在盐渍土中的破坏　　　　(b) 柱腐蚀破坏示意图

(d) 腐蚀损伤　　　　　　　　　(c) 平行杆模型

(e) 腐蚀性离子一维扩散图

图 3.1　平行杆模型建立过程

3.2　盐渍土环境中腐蚀性离子对杆单元性质的改变

　　图 3.2 所示为离子扩散对平行杆单元性质的改变,结合第 2 章的微观分析可知,混凝土主要是由水泥的水化产物 C－S－H 凝胶包裹粗骨料和细骨料共同组成的复合各项同性材料,由于 C－S－H 凝胶具有极强的黏结能力,使得粗骨料和细骨料能够承受很大的外力而不破坏。当外界的腐蚀离子进入混凝土后,改变了混凝土微观结构,导致这部分杆

单元的性质发生改变。Cl^- 的腐蚀产物 Friedel 盐可以填充混凝土内部孔隙,使得混凝土内部结构致密,这部分杆单元性能得到增强;但是同时会导致 $C-S-H$ 凝胶数量的减少,使得杆单元性能下降。SO_4^{2-} 的腐蚀产物为 AFt、AFm 和石膏,这些腐蚀产物也可以填充混凝土内部孔隙,使杆单元性能得到增强;但是这些腐蚀产物又都有明显的膨胀性,又会引起混凝土内部产生新的裂缝和孔隙,使杆单元性能下降。Mg^{2+} 的腐蚀产物为 $Mg-S-H$ 和 $Mg(OH)_2$,同样会对杆单元的性质产生明显的影响。总的来说,根据前面氯离子和硫酸根离子含量的分布特点,可知离子含量沿混凝土外部到内部逐渐降低,导致外部腐蚀产物多,内部腐蚀产物少,也就是说腐蚀性离子使得外部杆单元性质劣化,内部杆单元性质增强。

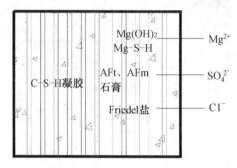

图 3.2　离子扩散对平行杆单元性质的改变

3.3　腐蚀作用后混凝土表观形态与损伤深度

3.3.1　腐蚀作用后混凝土表观形态

图 3.3 所示为混凝土在盐渍土溶液 A 中腐蚀后的表观形态,可以看出,腐蚀 5 个月时,试件表面并无明显变化,只有部分区域出现白色结晶物质,是"盐析"现象,如图 3.3(a)所示。腐蚀性离子进入混凝土内部后,除了与混凝土发生化学反应生成腐蚀产物外,还伴随物理侵蚀的发生。试件处于干燥状态时,混凝土表面盐溶液中的水分会迅速蒸发,当其浓度达到过饱和状态后,就会以结晶体的形式在混凝土表面沉淀析出,也就出现了"盐析"现象。随着干湿循环周期的增加,混凝土表面盐溶液浓度越来越高,"盐析"现象也就越来越严重,最后这种白色结晶物质几乎覆盖试件整个表面,如图 3.3(b)所示。干湿循环 20 个月后,去除白色结晶物质,混凝土试件的表面特征如图 3.3(c)所示,可以看到,混凝土表面粗糙,存在大量孔洞,部分棱角缺失,原因是腐蚀使得混凝土表面出现"砂化"现象,表现为水泥被溶解及露出砂子和石子。以上的"盐析"和"砂化"现象,说明随着干湿循环腐蚀时间的增加,盐渍土溶液对混凝土表层造成的损伤越来越严重,表层平行杆性质严重劣化。

将混凝土表面白色结晶物质取样进行 XRD 分析,如图 3.4 所示。结果表明,白色结晶物质中的主要成分为 $NaCl$、$CaCO_3$ 与 Na_2SO_4。A 溶液中并无 Ca^{2+},因此可以推断出 Ca^{2+} 是从混凝土内部析出的。原因是 A 溶液中腐蚀性离子进入混凝土后与 $Ca(OH)_2$、

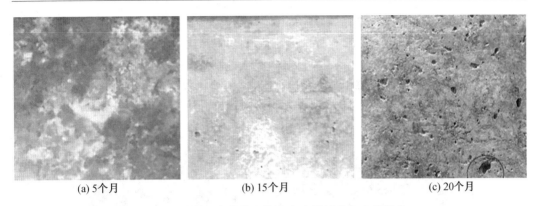

(a) 5个月　　　　　　　(b) 15个月　　　　　　　(c) 20个月

图 3.3　混凝土在盐渍土溶液 A 中腐蚀后的表观形态

C−S−H反应,生成了可溶性含钙物质,当达到饱和状态后,就以 $CaCO_3$ 的形式从混凝土内部析出。Ca^{2+} 析出使得混凝土内部 $Ca(OH)_2$、C−S−H 的含量降低,导致混凝土表面严重损伤。另外,NaCl 和 Na_2SO_4 结晶的生成则是由于干湿循环过程中氯离子、硫酸根离子在混凝土表面逐渐积累直至达到饱和,从混凝土表面以结晶形式析出。

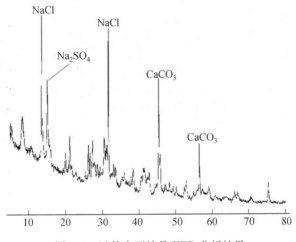

图 3.4　试件表面结晶 XRD 分析结果

3.3.2　腐蚀作用后混凝土损伤深度

可以采用 $AgNO_3$ 显色法测定混凝土试件中氯离子的损伤深度,因为 A 溶液中的 Cl^-、SO_4^{2-}、Mg^{2+} 等腐蚀性离子一同进入混凝土内部,对混凝土内部微观结构会造成损伤,所以可以采用氯离子的扩散深度来表示损伤深度。首先将相应试件从中间部分切割开,选择两剖开截面作为测试面。然后将 $0.1\ mol/L$ 的 $AgNO_3$ 溶液均匀喷洒在混凝土的断面上,在氯离子浓度大于某一临界值的区域内,氯离子与银离子反应生成白色的 AgCl 沉淀;当氯离子浓度低于一定值时,氢氧根离子与银离子反应生成 $Ag(OH)_2$,接着氧化成棕色的 AgO_2 沉淀,两种不同颜色的区域交接处形成了一条明显的颜色交界线即显色痕。最后用游标卡尺分段测量试件截面显色区域的深度,通常将测量渗透面到变色边界的平均宽度作为氯离子的平均侵蚀深度。

图 3.5 所示为不同干湿循环周期混凝土在溶液 A 中腐蚀后的损伤深度,从图 3.5(a)看出,随着干湿循环时间的增加,白色区域面积越来越大,颜色交界线越来越深;这可以表明随着腐蚀时间的增加,氯离子由外向内逐渐进入混凝土内部,劣化是由表层逐渐向混凝土内部发展的。体现在平行杆模型上,杆单元性质的劣化也是由外向内逐渐进行的。经过回归分析发现,氯离子损伤深度随着干湿循环时间平方根的增加呈现线性增加的规律,与 Fick 第二定律(扩散定律)中扩散深度和时间的关系一致。

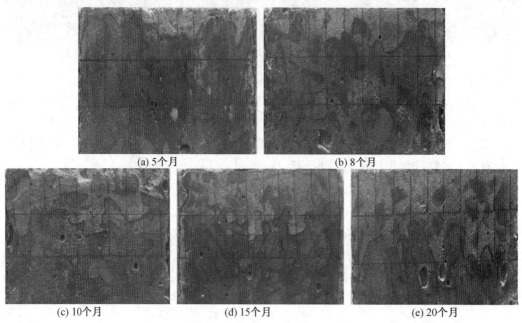

(a) 5个月　　　　　　　　　　(b) 8个月

(c) 10个月　　　　　　(d) 15个月　　　　　　(e) 20个月

图 3.5　不同干湿循环周期混凝土在溶液 A 中腐蚀后的损伤深度

3.4　腐蚀作用后混凝土微观形貌与孔隙率

3.4.1　腐蚀作用后混凝土微观形貌

由于氯离子和硫酸根离子在混凝土不同深度处的含量不同,导致了混凝土不同深度处微观结构的不同,因此需要对此进行研究。本章通过对未进行干湿循环的试件和在 A 溶液中干湿循环了 5 个月、10 个月及 20 个月的试件,在距离混凝土表面 5 mm 和 15 mm 处混凝土进行取样,并进行 SEM-EDS 测试,分析不同深度处微观结构的变化及腐蚀产物的类型。SEM 图像放大倍数为 2 000 倍,EDS 元素分析选自 SEM 图像中标出的方框位置,XRD 取样深度距离混凝土表面 5 mm。图 3.6 所示为不同干湿循环周期下试件的 XRD 分析结果。从分析结果可知,这些腐蚀产物主要为钙矾石、石膏、碳酸钙、Mg-S-H 及 Friedel 盐等。

图 3.7 所示为未进行干湿循环混凝土的 SEM-EDS 图像。可以看出,混凝土的微观结构主要是大小不同的球状和颗粒状物质,表现为亮白色,另外还有许多孔隙存在,表现

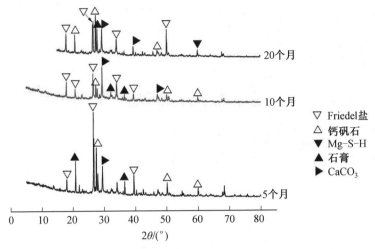

图 3.6 不同干湿循环周期下试件的 XRD 分析结果

为灰色整体结构松散。从 EDS 分析结果可知,其主要元素构成为:Ca、O、Si、S、Al、Na 等,分析为水泥的水化产物水化硅酸钙凝胶(C−S−H)。

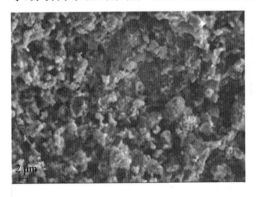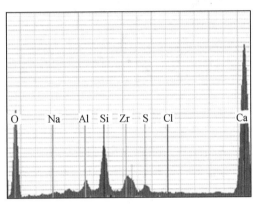

图 3.7 未进行干湿循环混凝土的 SEM−EDS 图像

图 3.8 所示为干湿循环 5 个月时混凝土的 SEM−EDS 和 XRD 图像。从图 3.8(a) 可以看出,原先的球状结构开始减少,微观结构表面光滑,部分突起开始呈现出锥状的尖锐棱角,且突起部分变得细碎,这是由于溶出性侵蚀的发生,水化硅酸钙和水化铝酸钙失稳水解,导致混凝土中 C−S−H 数量明显变少。同时,硫酸根离子与混凝土发生反应,生成的膨胀性晶体填充了混凝土内部孔隙。从图 3.8(b)可以看出,微观结构也变得密实,孔隙数量减少。但是相比 3.8(a),光滑区域较少,微观结构被更琐碎的物质覆盖。从相对应的 EDS 分析结果可以看出,主要的构成元素有 O、Ca、Si、Cl、Al、Na、S 等,结合图 3.6 的 XRD 分析结果,可知腐蚀产物包括钙矾石(Ettringite)、石膏(Gypsum)、Friedel 盐及碳酸钙等。这些物质填充了混凝土内部的一些孔隙,使得混凝土内部孔隙孔径减小,孔隙率降低,整体密实度提高。

图 3.9 所示为干湿循环 10 个月时混凝土的 SEM−EDS 和 XRD 图像。从图 3.9(a) 可以看出,微小颗粒物质增多,整个微观结构变得粗糙,边缘分层,出现较大晶体和较深空

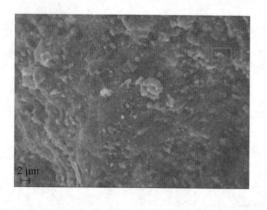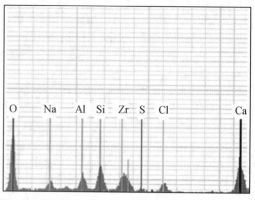

(a) 5 mm

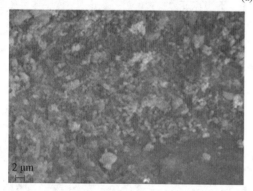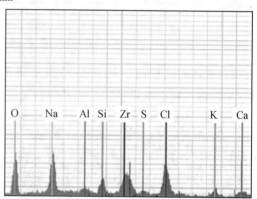

(b) 15 mm

图 3.8　干湿循环 5 个月时混凝土的 SEM－EDS 和 XRD 图像

洞。从图 3.9(b)可以看出，微观结构由大块结晶体组成，出现明显孔隙与微裂缝，且存在一定数量的针状与絮状物质附着在大块结晶体上和孔隙中。从相应的 EDS 及 XRD 分析可知，这些腐蚀产物为钙矾石、石膏、碳酸钙及 Friedel 盐等。

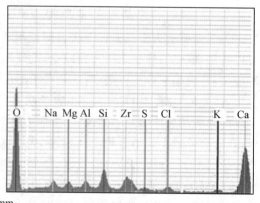

(a) 5 mm

图 3.9　干湿循环 10 个月时混凝土的 SEM－EDS 和 XRD 图像

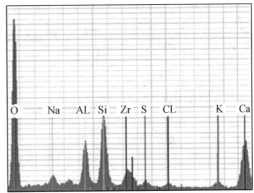

(b) 15 mm

续图 3.9

图 3.10 所示为干湿循环 20 个月时混凝土的 SEM－EDS 和 XRD 图像。从图 3.10
(a)可以看出,混凝土微观结构由几块更大的结晶体组成,边缘尖锐,结构疏松,结晶体结
合处是更深的孔隙和裂缝。从图 3.10(b)可以看出,混凝土微观结构由较小的晶体组成,
出现大量孔洞与微裂缝。从相应的 EDS 及 XRD 分析可知,腐蚀产物包括钙矾石、石膏、
碳酸钙、Friedel 盐及 Mg－S－H 等。主要反应方程式为

$$2Cl^- + Ca(OH)_2 \longrightarrow CaCl_2 + 2(OH^-) \tag{3.1}$$

$$Ca(OH)_2 + Na_2SO_4 + 2H_2O \longrightarrow CaSO_4 \cdot 2H_2O + 2NaOH \tag{3.2}$$

$$3(CaSO_4 \cdot 2H_2O) + 4Ca \cdot Al_2O_3 \cdot 12H_2O + 14H_2O \longrightarrow$$

$$3CaO \cdot Al_2O_3 \cdot 3CaSO_4 \cdot 31H_2O + Ca(OH)_2 \tag{3.3}$$

$$C_3A + CaCl_2 + 10H_2O \longrightarrow C_3A \cdot CaCl_2 \cdot 10H_2O \tag{3.4}$$

$$2Mg(OH)_2 + 2H_2SiO_3 \longrightarrow 2MgO \cdot 2SiO_2 \cdot 3H_2O + H_2O \tag{3.5}$$

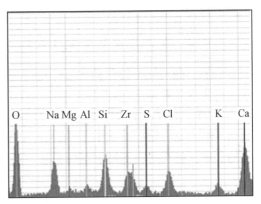

(a) 5 mm

图 3.10　干湿循环 20 个月时混凝土的 SEM－EDS 和 XRD 图像

 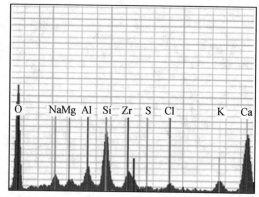

(b) 15 mm

续图 3.10

从以上微观分析可知,腐蚀性离子对不同深度处混凝土内部微观结构的改变不同,基本上混凝土外层微观结构的改变要比内层更早,但是生成的腐蚀产物基本相同。腐蚀产物具有两方面的作用:一方面会填充混凝土内部孔隙,使得混凝土内部结构致密;另一方面,当混凝土内部原有孔隙被填充后,膨胀性晶体继续增多,会对孔隙内壁产生膨胀内压力,当这种膨胀内压力大于混凝土的抗拉强度时,就会产生新的孔隙和裂缝。

分析腐蚀产物的膨胀性发现,Friedel盐和$Mg-S-H$是离子与$C-S-H$反应的产物,Friedel盐和$Mg-S-H$都具有无膨胀性和黏结性的特点,这会导致混凝土内部黏结力下降、强度降低。另外,碳酸钙也会从混凝土中析出,导致混凝土强度降低,其破坏性并不体现在膨胀性上。石膏(Gypsum)的生成使混凝土体积增加到原来的2.2倍;CSH_2、C_4AH_{13}和C_3A会与SO_4^{2-}反应生成不同晶体结构的钙矾石,这个过程中的体积膨胀率分别为0.48%、0.55%和1.31%。通过比较可知,混凝土内部孔隙结构的变化主要是由于石膏晶体的生成。

3.4.2 腐蚀作用后混凝土孔隙率

从上面微观结构的分析结果可知,腐蚀性离子对混凝土内部微观结构的改变主要体现在密实度和孔隙率上,混凝土内部的孔隙率一直随着干湿循环时间变化而变化。因此,对A溶液中的混凝土试件进行了孔隙率测量,测量方法采用压汞法,取样范围距混凝土表面8~15 mm处。图3.11所示为孔隙率随干湿循环时间的变化规律。可以看出,孔隙率随着干湿循环时间的增加呈现先减小后增大的规律,10个月时孔隙率最小。回归分析结果为

$$\varphi(t)=0.003\ 8\ t^2-0.065\ 7t+0.764\ 6 \tag{3.6}$$

式中,$\varphi(t)$为混凝土总的孔隙率(%);$t=0.017$为腐蚀时间,单位为月。

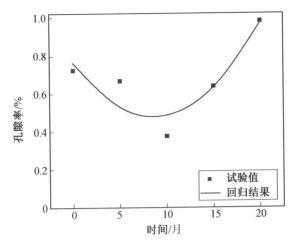

图 3.11　孔隙率随干湿循环时间的变化规律

3.5　考虑腐蚀损伤效应的平行杆模型与损伤深度的计算

3.5.1　考虑损伤效应的混凝土平行杆模型的建立

由前面的微观结构分析可知,盐渍土环境对混凝土造成的腐蚀效应对混凝土内部孔隙起填充还是破坏作用,主要取决于腐蚀产物的含量与混凝土内部孔隙率的关系。因此,腐蚀效应的量化也分为两方面:一方面是腐蚀产物填充混凝土内部孔隙,增强混凝土性能;另一方面是腐蚀产物填充完混凝土内部孔隙后,腐蚀产物继续增多使得混凝土出现新的孔隙和裂缝,降低混凝土性能。图 3.12 所示为考虑腐蚀效应的混凝土受力平行杆模型。从 3.12(a)可知损伤机理如下:腐蚀溶液在混凝土内部的扩散深度距离混凝土表面为 $x_c(t)$,在扩散深度 $x_c(t)$ 范围内引起了混凝土结构的变化,假定混凝土内部孔隙均匀分布,则由于离子的扩散作用,导致离子在混凝土外侧比内侧含量高,因此外侧生成的腐蚀产物也越多。在混凝土表面到腐蚀损伤深度 $x_d(t)$ 范围内,腐蚀产物能够完全填充混凝土内部孔隙,并且腐蚀产物的持续生成会对孔隙产生膨胀内应力,导致这部分混凝土出现微裂缝和结构劣化,这部分就称为腐蚀劣化部分。在 $x_c(t) \sim x_d(t)$ 范围内,生成的腐蚀产物含量少,只能够填充混凝土内部原有孔隙,导致这部分混凝土力学性能提高,这部分就称为腐蚀增强部分。大于 $x_c(t)$ 部分为未腐蚀部分,该部分的混凝土性质未发生改变。

以上过程可以用不同杆单元的性质来量化,将混凝土截面等效为 N 个完全相同的平行杆体系,如图 3.12(b)所示。假定混凝土试件承受的外部应力为 f_{cu},每根平行杆的横截面积都为 S,断裂应力都为 σ,则未腐蚀混凝土试件的初始横截面积 A 与 N 和 S 的关系为

$$A = S \times N \tag{3.7}$$

则未腐蚀混凝土的力学性能可以由式(3.8)来计算,即

$$f_{cu}(0) = \sigma \times N \tag{3.8}$$

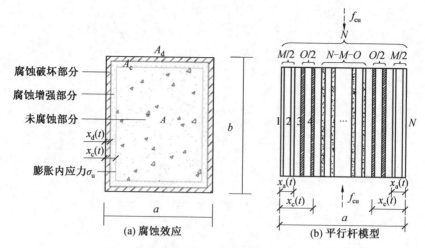

图 3.12 考虑腐蚀效应的混凝土受力平行杆模型

在腐蚀破坏部分内共有 M 根杆产生损伤,假定这些损伤的杆单元能够承受相同的应力 σ_d,$\sigma_d = \gamma_d \cdot \sigma$,$\gamma_d$ 定义为腐蚀劣化系数,$\gamma_d \in [0,1]$,则腐蚀破坏部分的横截面积 A_d 可表示为

$$A_d = S \times M \tag{3.9}$$

在腐蚀增强部分内共有 O 根杆得到增强,假定这些杆单元能够承受相同的应力 σ_c,$\sigma_c = \gamma_c \cdot \sigma$,$\gamma_c$ 定义为腐蚀增强系数,则腐蚀增强部分的横截面积 A_c 可表示为

$$A_c = S \times O \tag{3.10}$$

因此,腐蚀混凝土的力学性能可表示为以上三部分平行杆单元所受的合力,即

$$f_{cu}(t) = (N-M-O)\sigma \cdot + M \cdot \sigma_d + O \cdot \sigma_c \tag{3.11}$$

联立式(3.7)~(3.10),可得盐渍土环境中混凝土的力学性能表达式

$$f_{cu}(t) = \left(\frac{N-M-O}{N} + \gamma_d \cdot \frac{M}{N} + \gamma_c \cdot \frac{O}{N} \right) \cdot f_{cu}(0) = \left[1 - (1-\gamma_d) \cdot \frac{A_d}{A} - (1-\gamma_c)\frac{A_c}{A} \right] \cdot f_{cu}(0)$$

$$= \left\{ \begin{array}{l} 1 - (1-\gamma_d) \cdot \dfrac{ab - (a-2\,x_d(t))(b-2\,x_d(t))}{ab} - \\ (1-\gamma_d) \cdot \dfrac{(a-2\,x_d(t))(b-2\,x_d(t)) - (a-2\,x_c(t))(b-2\,x_c(t))}{ab} \end{array} \right\} \cdot f_{cu}(0)$$

$$\tag{3.12}$$

式中,$f_{cu}(t)$ 是干湿循环腐蚀时间为 t 时,腐蚀混凝土的力学性能;$f_{cu}(0)$ 是未腐蚀混凝土的力学性能;$A_d(t)$、$A_c(t)$ 分别为腐蚀破坏部分、腐蚀增强部分的截面面积;A 为混凝土试件的总截面面积;a 为试块横截面长度;b 为试块横截面高度;$x_d(t)$ 为腐蚀损伤深度;$x_c(t)$ 为扩散深度。

3.5.2 以氯离子表征的损伤深度

根据第 2 章内容,可知混凝土内外离子的浓度差是离子在混凝土内扩散的主要动力,所以氯离子在混凝土中的扩散行为可以用 Fick 定律来描述。Fick 第二定律(Fick 扩散定律)在边界条件恒定及半无限介质的假定基础上的一维解析解可表示为

$$c_\mathrm{f}(x,t)=c_0+(c_\mathrm{s}-c_0)\cdot\mathrm{erfc}\left(\frac{x}{2\sqrt{D\cdot t}}\right) \tag{3.13}$$

式中，x 为距离混凝土表面的距离（mm）；t 为时间（s）；c_f 为混凝土中自由氯离子含量（％）；c_s 为混凝土表面自由氯离子含量（％）；c_0 为混凝土中初始的氯离子含量（％）；erfc 为误差余函数，$\mathrm{erf}=1-\mathrm{erfc}(u)$；$D$ 为氯离子扩散系数（$\mathrm{mm^2/s}$）。

设定初始条件：$c(x,0)=c_0$，边界条件：$c(0,t)=c_\mathrm{s}$，$c(\infty,t)=c_0$。本章中取 $c_0=0$，则 Fick 扩散定律又可以表示为

$$c_\mathrm{f}(x,t)=c_\mathrm{s}\cdot\mathrm{erfc}\left(\frac{x}{2\sqrt{D\cdot t}}\right) \tag{3.14}$$

通过反解上式即可得到深度 $x(t)$ 的表达式

$$x(t)=2\sqrt{D\cdot t}\cdot\mathrm{erf}^{-1}\left(1-\frac{c_\mathrm{f}(x(t),t)}{c_\mathrm{s}}\right) \tag{3.15}$$

式中，$x(t)$ 为腐蚀时间为 t 时的扩散深度（mm）；$c_\mathrm{f}(x(t),t)$ 为混凝土中氯离子质量分数（％）；c_s 为与环境接触的表层混凝土中的氯离子质量分数（％）；c_0 为混凝土中初始的氯离子质量分数（％）；D 为饱和混凝土中氯离子表观扩散系数（$\mathrm{mm^2/s}$）；$\mathrm{erf}^{-1}(u)$ 为高斯误差函数的反函数。

由式（3.15）可知，根据 Fick 扩散定律，自由氯离子从混凝土表面扩散到混凝土内部，氯离子含量越来越低。在腐蚀破坏深度 $x_\mathrm{d}(t)$ 内，氯离子含量高，生成的腐蚀产物破坏了混凝土的微观结构，破坏深度 $x_\mathrm{d}(t)$ 对应一个自由离子含量 c_fd，因此只要定义这一自由离子含量 c_fd 即可得到损伤深度 $x_\mathrm{d}(t)$。同理，只要定义某一自由离子含量 c_fc 即可得到扩散深度 $x_\mathrm{c}(t)$。

同时从式（3.15）可知，深度 $x(t)$ 还与混凝土表面自由氯离子含量 c_s 和离子扩散系数 D 有关。c_s 表示氯离子在混凝土表面的积累，反映了氯离子在混凝土内的扩散动力；除了与外界溶液浓度有关外，还与混凝土材料的性质相关，例如水灰比、胶凝材料种类、温度、孔隙率等。c_s 只是一个理论值，并不能直接由试验测定，通常可根据混凝土中自由离子的分布规律拟合得到。D 表示氯离子在混凝土中扩散的快慢程度，代表了混凝土抵抗氯离子侵蚀性能的优劣。这个系数同样受到混凝土的组成、内部空隙结构的影响，例如，水灰比、胶凝材料种类、温度等；氯离子的扩散系数同样需要根据混凝土中自由氯离子的分布规律进行回归分析得到。

用 Fick 第二定律对 5 种试验溶液腐蚀后混凝土中自由氯离子含量分布规律进行回归分析，如图 3.13 所示，可以看出，拟合结果与实际值基本一致，再次表明溶液中氯离子进入混凝土的主要动力就是浓度差引起的扩散作用。同时说明采用 Fick 第二定律用来预测混凝土氯离子的分布规律是可行的。回归分析结果中氯离子扩散系数 D 和混凝土表面自由氯离子含量 c_s 的参数见表 3.1。

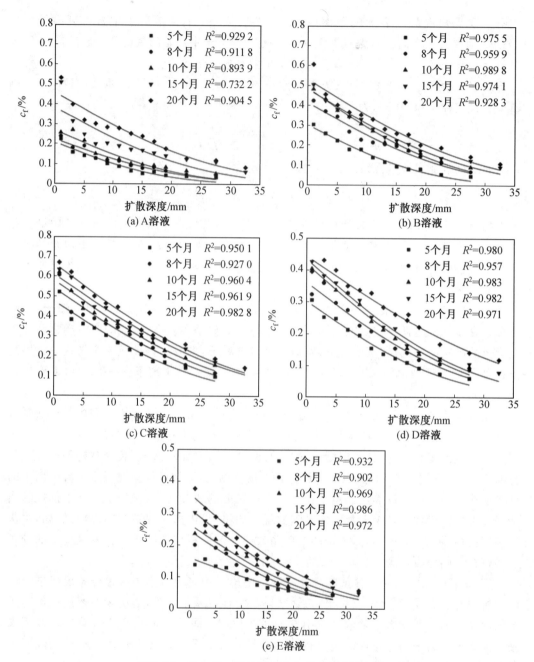

图 3.13　Fick 第二定律拟合自由氯离子分布规律

表 3.1　5 种溶液中氯离子 D 和 c_s 拟合值

参数	溶液种类	时间/月				
		5	8	10	15	20
$D/$ $(\times 10^{-6}\ mm^2 \cdot s^{-1})$	A	8.054 7	7.167 9	5.439 4	4.766 8	4.608 8
	B	9.901 8	9.265 0	7.025 7	5.923 9	5.042 0
	C	15.355 4	11.246 3	9.946 2	7.673 8	5.751 7
	D	13.423 7	9.952 9	8.030 6	5.792 4	7.641 5
	E	17.483 8	7.618 6	6.805 6	4.953 7	4.004 1
$c_s/\%$	A	0.208 4	0.223 7	0.268 6	0.382 4	0.457 7
	B	0.304 6	0.416 3	0.489 0	0.483 8	0.532 6
	C	0.478 7	0.543 3	0.582 9	0.612 2	0.665 5
	D	0.304 1	0.362 9	0.420 1	0.435 2	0.444 2
	E	0.158 6	0.243 6	0.264 3	0.312 5	0.360 2

图 3.14 所示为离子种类对氯离子 c_s 和 D 的变化规律的影响,从图 3.14(a)可以看出,随着干湿循环侵蚀时间的增加,3 种溶液的 c_s 都逐渐增大;C 溶液氯离子的扩散动力最大,B 溶液次之,A 溶液最小。C 溶液中 Cl^- 含量和 B 溶液中 Cl^- 含量相同,但是 C 溶液中仅含有 Cl^-,而 B 溶液中还含有 SO_4^{2-}。因此,SO_4^{2-} 对 Cl^- 的扩散具有阻碍作用同样体现在混凝土表面氯离子的积累上。A 溶液中更高浓度的 Mg^{2+} 对表面氯离子积累的阻碍作用在腐蚀早期也很明显。随着腐蚀的进行,SO_4^{2-} 和 Mg^{2+} 对混凝土微观结构的破坏逐渐明显,使得 Cl^- 在干湿循环侵蚀后期更加容易进入混凝土中,这也是图 3.14 (a)中 A 溶液 c_s 在后期比 B 和 C 溶液增加更迅速的原因。从图 3.14(b)可以看出,随着干湿循环侵蚀时间的增加,3 种溶液的 D 都逐渐减小,并且最后逐渐趋同;C 溶液中氯离子的扩散速度最快,B 溶液次之,A 溶液最小;原因与 c_s 变化原因相同,不再赘述。

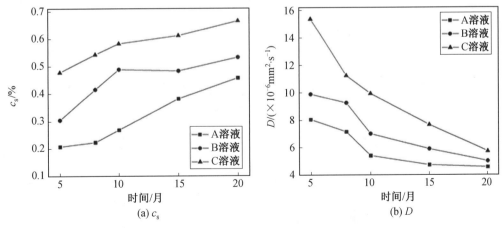

图 3.14　离子种类对氯离子 c_s、D 的变化规律的影响

图 3.15 所示为 NaCl 质量分数对氯离子 c_s 和 D 变化规律的影响,可以看出,随着干湿循环侵蚀时间的增加,3 种溶液的 c_s 都逐渐增大,D 逐渐减小;不管是 c_s 还是 D 的变化规律,都是 C 溶液最大,D 溶液居中,E 溶液最小。说明氯盐浓度对 c_s 和 D 产生了影响,浓度越高,氯离子在混凝土中的扩散动力越大,扩散速度越快。

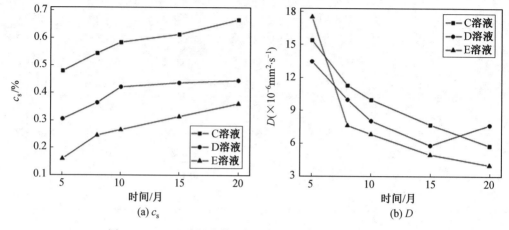

图 3.15　NaCl 质量分数对氯离子 c_s、D 的变化规律的影响

3.5.3　以硫酸根离子表征的损伤深度

与前面氯离子的分析过程一样,参照式(3.15)可以得到用硫酸根计算损伤深度的公式,即

$$x = 2\sqrt{D_s t} \cdot \mathrm{erf}^{-1}(1 - \frac{c_{fs}(x,t)}{c_{ss}}) \tag{3.16}$$

式中,x 为距离混凝土表面的距离(mm);t 为时间(s);$c_{fs}(x,t)$ 为混凝土中自由硫酸根离子质量分数(%);c_{ss} 为与环境接触的表层混凝土中的硫酸根离子含量(%);erf 为高斯误差函数;D_s 为硫酸根离子扩散系数(mm²/s)。

图 3.16 所示为采用 Fick 第二定律对 5 种试验溶液腐蚀后混凝土中自由硫酸根离子

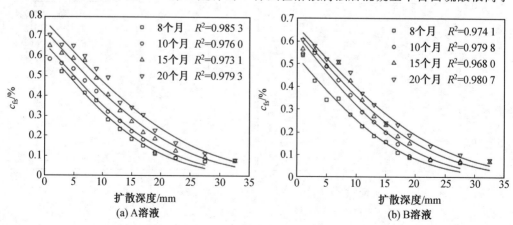

图 3.16　Fick 第二定律拟合自由硫酸根离子 c_{fs} 分布规律

含量分布规律的回归结果,可以看出,回归分析结果与试验值具有较高的一致性,说明 Fick 第二定律用来预测混凝土硫酸根离子的分布规律也是可行的。拟合结果中混凝土表面自由硫酸根离子含量 c_{ss} 和硫酸根离子扩散系数 D_s 的参数见表 3.2。

表 3.2　A 和 B 两种溶液中硫酸根离子 D_s、c_{ss} 拟合值

参数	溶液种类	时间/月			
		8	10	15	20
D_s/	A	5.289 4	4.986 4	4.085 0	3.694 8
($\times 10^{-6}$ mm$^2 \cdot$ s^{-1})	B	4.801 2	4.406 9	3.674 9	3.348 5
c_{ss}/%	A	0.647 0	0.669 6	0.734 5	0.782 5
	B	0.531 0	0.627 6	0.646 5	0.665 4

图 3.17 所示为 A 和 B 溶液中 c_{ss} 和 D_s 随时间的变化规律,从图 3.17(a)可以看出,与氯离子 c_s 和 D 的变化规律相似,随着干湿循环侵蚀时间的增加,两种溶液中的 c_{ss} 都逐渐增大,D_s 都逐渐减小。同时发现,A 溶液中 c_{ss} 和 D_s 大于 B 溶液,因为溶液 A 中自由 SO_4^{2-} 含量高于 B 溶液,A 溶液相对 B 溶液有更大的扩散性能。

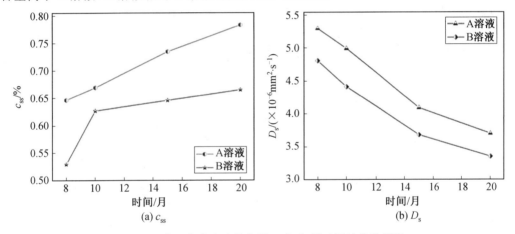

图 3.17　表面自由硫酸根离子 c_{ss} 和 D_s 随时间的变化规律

第4章 盐渍土环境中混凝土立方体 抗压强度试验研究与理论分析

本章对平行杆模型在混凝土立方体抗压强度上的适用性进行研究,考虑到腐蚀周期对混凝土立方体抗压强度的影响,腐蚀溶液采用 A 溶液。首先对平行杆模型受压破坏特征进行佐证,随后建立平行杆抗压强度理论模型,对模型计算结果和试验结果进行对比。对比结果显示,平行杆抗压强度模型计算结果与试验结果吻合度较高,验证了考虑腐蚀效应平行杆模型在混凝土立方体抗压强度上的适用性。

此外,基于 GM(1,1) 模型对混凝土立方体抗压强度进行了预测,结果表明,GM(1,1)模型可以较好地反映出混凝土立方体抗压强度随干湿循环周期的变化规律。因此,该模型可有效预测混凝土在一定干湿循环周期内的立方体抗压强度。

4.1 试验概况

4.1.1 试件设计与制作

试验设计混凝土的强度等级为 C35,本章所用原材料同 2.1 节所述。其中,水泥的化学成分见表 2.1,各项性能指标见表 2.2,混凝土质量配合比见表 2.3。立方体抗压试件的尺寸为 $100\ mm \times 100\ mm \times 100\ mm$,每组 3 个试件,共 18 个试件。试件的具体制备过程同本书第 2.1.4 节所述。

4.1.2 腐蚀试验

根据余红发、孙红尧、胥聪敏等人对西部盐渍土环境中混凝土结构腐蚀情况的调查与研究,同时考虑到混凝土的强度劣化是一个复杂且漫长的过程,因此试验采用高浓度腐蚀盐溶液加速混凝土的腐蚀。并进行现场试配,最终确定试验溶液浓度如表 2.7 中的 A 溶液所示。腐蚀试验以 15 d 浸泡与 15 d 干燥为一个干湿循环周期。干湿循环周期共设定为 6 种,分别为 0 个月、5 个月、8 个月、10 个月、15 个月和 20 个月。图 4.1 所示为立方体试件腐蚀试验现场图。

图 4.1　立方体试件腐蚀试验现场图

4.1.3　试验方法

立方体抗压试验仪器采用济南天辰试验机制造有限公司生产的 WAW-1000 型电液伺服万能试验机,如图 4.2(a)所示,量程为 1 000 kN。控制系统采用都利公司推出的EDC222 型控制系统,如图 4.2(b)所示,数据由计算机自动采集。本章依据《普通混凝土力学性能试验方法标准》(GB/T 50081—2016),立方体抗压强度测定时加载速度为0.5 MPa/s。立方体抗压强度试验结果按式(4.1)计算。

$$f_{cc} = \frac{F}{A} \tag{4.1}$$

式中,f_{cc}为混凝土立方体试件抗压强度(MPa);F 为试件破坏荷载(N);A 为试件承压面积(mm^2)。

(a) WAW-1000型万能试验机

(b) EDC222型控制系统

图 4.2　试验所用仪器

4.2　试验结果与分析

将试验所得有效抗压强度值取平均值,并乘以尺寸换算系数 0.95,作为不同干湿循环周期混凝土抗压强度代表值。图 4.3 所示为不同干湿循环周期混凝土的立方体抗压强度试验值。

从图 4.3 可以看出,试件在标准养护条件下,28 d 的抗压强度均值为 47.35 MPa。随干湿循环周期的增加,混凝土立方体抗压强度总体呈先增加后降低趋势,在 5 个月时强度

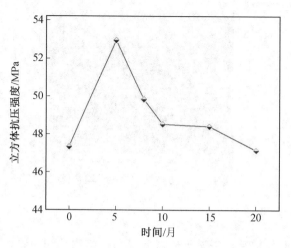

图 4.3 不同干湿循环周期混凝土的立方体抗压强度试验值

达到峰值,强度均值约为 52.97 MPa。与未腐蚀混凝土的抗压强度相比,干湿循环 5 个月时混凝土抗压强度提高了约 10％～12％。5 个月后,随着干湿循环周期的增加,混凝土的立方体抗压强度逐渐下降,第 8 个月时立方体抗压强度均值约为 49.85 MPa,较第 5 个月时下降 5％～6％,第 10 个月较第 8 个月下降 2％～3％,第 10 个月和 15 个月强度变化不大。干湿循环 20 个月后,混凝土立方体抗压强度均值为 47.16 MPa,较第 15 个月时有明显下降,大约下降了 3％。

4.3 盐渍土环境中基于平行杆模型的立方体抗压强度理论分析

4.3.1 平行杆模型在立方体抗压强度上的佐证

为了进一步说明平行杆模型在盐渍土环境中混凝土立方体抗压强度上的适用性,对不同干湿循环周期后混凝土的受压破坏形态进行分析。图 4.4 所示为盐渍土腐蚀溶液 A 作用不同干湿循环时间后混凝土的受压破坏形态。由图可知,不同干湿循环时间的腐蚀混凝土立方体试件单轴受压试验时,破坏过程与未腐蚀混凝土基本相同。在荷载达到峰值前,试件表面未出现可见裂缝;当荷载达到峰值时,试件表面相继形成多条不连续的纵向裂缝,平行于受力方向。如果将试件分割成几部分,则相当于若干个平行杆。随着荷载持续加载,纵向裂缝发展迅速并贯穿整个试件。不同干湿循环腐蚀后,试件最后的破坏形态不同,干湿循环 5 个月时试件破坏相对较完整,沿竖向裂缝分为四块,平行杆破坏不严重,如图 4.4(a)所示。靠近边缘破坏部分的中间两块没有破坏,而中间部分出现主裂缝,说明靠近边缘地区的中间部分平行杆得到了加强。干湿循环 10 个月时,试件破坏时只有中间部分相对完整,边缘部分破坏严重,相当于边缘部分平行杆破坏严重,中间部分平行杆得到增强,如图 4.4(b)所示,说明腐蚀从外向内逐渐破坏了试件的平行杆单元。干湿循环 20 个月时,除了中间残留的竖芯部分,试件四周已经完全裂为小块,散落在底座周围,说明除了中间部分,其余部分的平行杆单元被完全破坏,腐蚀对试件造成了严重的损伤。总的来说,盐渍土溶液沿混凝土表面逐渐腐蚀混凝土内部,造成了混凝土的脆裂;混凝土四周破坏较为严重,这部分的平行杆单元破坏严重,这也说明第 3 章中将试件划分为损伤劣化部分、损伤增强部分和未腐蚀部分是合理的。

(a) 干湿循环5个月   (b) 干湿循环10个月   (c) 干湿循环20个月

图 4.4 不同干湿循环时间混凝土的受压破坏形态

4.3.2 平行杆立方体抗压强度模型的建立

根据第 3 章建立的考虑腐蚀效应的平行杆力学性能模型,立方体抗压强度理论模型可以表示为

$$f_{cu}(t) = \left[1 - (1-\gamma_d) \cdot \frac{a^2 - (a-2\,x_d(t))^2}{a^2} - \right.$$
$$\left. (1-\gamma_d) \cdot \frac{(a-2\,x_d(t))^2 - (a-2\,x_c(t))^2}{a^2} \right] \cdot f_{cu}(0) \qquad (4.2)$$

式中, $f_{cu}(t)$ 为干湿循环腐蚀时间为 t 时腐蚀混凝土的抗压强度; $f_{cu}(0)$ 为未腐蚀混凝土的抗压强度; $A_d(t)$、$A_c(t)$ 分别为腐蚀破坏部分、腐蚀增强部分的截面面积; A 为混凝土试件的总截面面积; a 为立方体试块横截面边长。

从式(4.2)可知,只要知道腐蚀劣化系数 γ_d、腐蚀增强系数 γ_c、腐蚀损伤深度 $x_d(t)$ 和扩散深度 $x_c(t)$ 这 4 个参数,就可求解混凝土立方体抗压强度。

目前,已有学者对腐蚀环境中混凝土抗压强度的腐蚀劣化问题展开了相关研究,并取得了一些成果。其中,马孝轩等人的一项研究显示,1959 年期间,在中国西部盐渍土地区的敦煌站埋设了各种钢筋混凝土试件,这些构件于 1995 年被进行了开挖实测,开挖结果显示试件已经完全被腐蚀性离子侵入,经过对开挖后的混凝土抗压强度进行实测,发现普通硅酸盐水泥混凝土试件的抗压强度较原始强度大约降低了 10%。另外,Kwon 等人通过将普通混凝土试件放在印度 OPMEC 平台,并进行长达 10 年的暴露试验,结果显示在淹没区和飞溅区中的混凝土抗压强度都降低了大约 10%。因此,本章中的 γ_d 取值为 0.9。

第 3 章的分析结果已表明,SO_4^{2-} 的腐蚀产物为 AFt、AFm 和石膏,这些腐蚀产物可以填充混凝土内部孔隙,使杆单元性能得到增强。因此,混凝土立方体抗压强度的腐蚀增强系数与自身的孔隙有密切的关系。Rakesh 和 Bhattacharjee 根据试验数据建立了孔隙率、平均分布孔径与立方体混凝土强度之间的关系,即

$$f_c(t) = 1.749 \cdot \omega \cdot \frac{1-\varphi(t)}{\sqrt{r_m}} \qquad (4.3)$$

式中,$f_c(t)$为孔隙率为$\varphi(t)$时混凝土的抗压强度;ω为混凝土水泥含量(以百分数含量表示);r_m为平均分布孔径,本书实测的不同腐蚀时间的平均分布孔径r_m为20.4 nm;$\varphi(t)$为混凝土孔隙率,孔隙率随时间的变化规律采用第3章式(3.6)。

由此可知,混凝土立方体抗压强度的腐蚀增强系数γ_c可以表示为

$$r_c = \frac{f_c(t)}{f_{cu}(0)} = \frac{1.749 \cdot \omega \cdot \dfrac{1-\varphi(t)}{\sqrt{r_m}}}{f_{cu}(0)} \approx 1.35 \tag{4.4}$$

假定所有离子在相同的腐蚀时间内,具有相同的扩散深度,选择A溶液中的氯离子在混凝土中的分布规律来进行损伤深度和腐蚀深度的计算,如图4.5所示。可以看出,0.15%的水平线和氯离子含量曲线相交的横坐标即为腐蚀损伤深度,这个值和第3章中显色法实测的损伤深度值相符。Sirivivantnanon等人研究发现,$AgNO_3$显色法中变色边界处Cl^-含量为胶凝材料质量0.84%～1.69%,为本书混凝土质量的0.14%～0.28%;Andrade等人研究发现变色边界处Cl^-量随胶凝材料的不同而变化,其范围是水泥质量的$1.13\%\pm1.40\%$或者混凝土质量的$0.18\%\pm0.20\%$。因此,本章取$c_{fd}(x(t),t)=0.15\%$来求解腐蚀损伤深度$x_d(t)$。

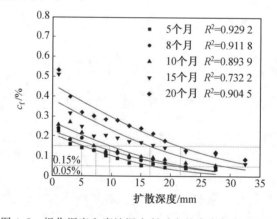

图4.5 损伤深度和腐蚀深度所对应的自由氯离子含量

Carlos通过调查在不同海洋环境中侵蚀超过50年的实际混凝土结构,发现所有结构中氯离子的最低含量为0.05%;Costa根据试验取氯离子质量分数为0.05%时,求得了氯离子的腐蚀深度。因此,本章取$c_{fc}(x(t),t)=0.05\%$来求解扩散深度$x_c(t)$。从图4.5可以看出,氯离子含量为0.05%的横向虚线与不同腐蚀时间的氯离子含量分布曲线交于不同的点,横向虚线以下,氯离子含量分布曲线下降极其缓慢,基本不再变化,有理由表明本章取$c_{fc}(x(t),t)=0.05\%$是合理的。

4.3.3 立方体抗压强度计算值与试验值对比分析

由以上分析可知,将$c_{fd}(x(t),t)=0.15\%$、$c_{fc}(x(t),t)=0.05\%$及第3章中表3.1中A溶液的c_s、D代入第3章中式(3.15),即可分别得到不同干湿循环腐蚀时间下混凝土试件的腐蚀损伤深度$x_d(t)$和扩散深度$x_c(t)$。之后将参数损伤深度$x_d(t)$、腐蚀深度$x_c(t)$、腐蚀损伤系数γ_d和腐蚀增强系数γ_c代入式(4.1),即可得到不同干湿循环腐蚀时间的混

凝土立方体抗压强度计算值。图 4.6 所示为混凝土立方体抗压强度计算值与试验值对比结果。

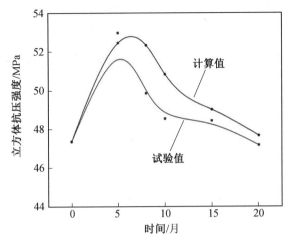

图 4.6 混凝土立方体抗压强度试验值与计算值对比

由图 4.6 可以看出,混凝土抗压强度计算值与试验值之间具有相同的变化趋势,即随着干湿循环时间增长,其抗压强度呈先上升后下降的变化趋势。在 5 个月时,混凝土的立方体抗压强度达到最大,较未腐蚀混凝土试件提高 10%~12%。此后,从第 5 个月到第 10 个月,抗压强度迅速减小;从第 10 个月开始,抗压强度逐渐减小;到第 20 个月时,其抗压强度略小于未腐蚀试件的抗压强度。同时,通过对比计算值与试验值之间的误差,发现最大误差不超过 5%。表明本章提出的平行杆模型可以用来计算盐渍土溶液腐蚀后混凝土的立方体抗压强度。

4.4 基于 GM(1,1) 的立方体抗压强度预测

4.4.1 GM(1,1) 模型

在灰色理论的众多模型中,GM(1,1) 是最基本的模型,模型中的变量只有一个,灰色微分方程为一阶,通过对已有数据的分析,预测未来数据的变化规律。GM(1,1) 模型的特点是对已知数据的规模要求不高,且不需要确定已知数据的概率分布特征,其具体计算过程如下。

将原始数据用数列表示为

$$X^{(0)} = \left[x^{(0)}(1), x^{(0)}(2), \cdots, x^{(0)}(n) \right] \tag{4.5}$$

利用式(4.6)和式(4.7)检验原始数列的光滑性。

$$0 \leqslant \rho(k) = \frac{x^0(k)}{x^0(k-1)} < 0.5 \quad (k = 3, 4, \cdots, n) \tag{4.6}$$

$$\frac{\rho(k+1)}{\rho(k)} < 1 \quad (k = 2, 3, \cdots, n) \tag{4.7}$$

若原始数据满足上述条件,则可以认为原始数列为准光滑数列。对原始数列进行累

加变换，$x^{(1)} = \sum_{i=1}^{k} x^0(i)$ $(k=1,2,\cdots n)$，生成 1-GAO 数列，即

$$X^{(1)} = \left[x^{(1)}(1), x^{(1)}(2), \cdots, x^{(1)}(n) \right] \tag{4.8}$$

对 $X^{(1)}$ 进行准指数规律检验，即

$$\sigma^{(1)}(k) = \frac{x^{(1)}(k)}{x^{(1)}(k-1)} \quad (k=2,3,\cdots,n) \tag{4.9}$$

若 $1 \leqslant \sigma^{(1)}(k) \leqslant 1.5$，则判定 $X^{(1)}$ 具有准指数规律，则可以建立 GM(1,1) 模型。

构造均值数列 $Z^{(1)}$，即

$$Z^{(1)}(k) = \frac{1}{2} \left[x^{(1)}(k) + x^{(1)}(k-1) \right] \quad (k=2,3,\cdots,n) \tag{4.10}$$

建立参数求解方程，即

$$\hat{a} = [a,b]^{\mathrm{T}} = (\boldsymbol{B}^{\mathrm{T}} \boldsymbol{B})^{-1} \boldsymbol{B}^{\mathrm{T}} \boldsymbol{Y} \tag{4.11}$$

将 $\boldsymbol{Y} = \begin{bmatrix} x^{(0)}(2) \\ x^{(0)}(3) \\ \vdots \\ x^{(0)}(n) \end{bmatrix}$ 和 $\boldsymbol{B} = \begin{bmatrix} -z^{(1)}(2) & 1 \\ -z^{(1)}(3) & 1 \\ \vdots & \vdots \\ -z^{(1)}(n) & 1 \end{bmatrix}$ 代入方程(4.11)，运用最小二乘法求解参数

a、b。参数 a、b 分别定义为发展系数与驱动系数。白化方程为

$$\frac{\mathrm{d}\, x^{(1)}(t)}{\mathrm{d}t} + a\, x^{(1)}(t) = b \tag{4.12}$$

求解出时间响应函数，即

$$x^{(1)}(t) = \left[x^{(1)}(1) - \frac{b}{a} \right] \mathrm{e}^{-at} + \frac{b}{a} \tag{4.13}$$

由此得到模型的基本形式，即

$$\hat{x}^{(1)}(k) = \left[x^{(1)}(1) - \frac{b}{a} \right] \mathrm{e}^{-a(k-1)} + \frac{b}{a} \quad (k=2,3,\cdots,n) \tag{4.14}$$

通过式(4.14)计算出累加数列的模拟值，并通过式(4.15)还原出原始数列的模拟值，即

$$\hat{x}^{(0)}(k+1) = (1-\mathrm{e}^a) \left[x^{(0)}(1) - \frac{b}{a} \right] \mathrm{e}^{-ak} \quad (k=2,3,\cdots,n) \tag{4.15}$$

对模型误差进行检验，残差表达式为

$$\varepsilon(i) = \left| x^{(0)}(i) - \hat{x}^{(0)}(i) \right| \tag{4.16}$$

相对误差表示为

$$q = \frac{\varepsilon(i)}{x^{(0)}(i)} \times 100\% \tag{4.17}$$

记原始数据 $x^{(0)}$ 与残差 $\varepsilon(i)$ 的方差分别为 S_1^2 和 S_2^2，即

$$S_1^2 = \frac{1}{N} \sum_{i=1}^{N} \left[\left| x^{(0)}(i) - \overline{x^{(0)}} \right| \right]^2 \tag{4.18}$$

$$S_2^2 = \frac{1}{N} \sum_{i=1}^{N} \left[\left| \varepsilon(i) - \overline{\varepsilon} \right| \right]^2 \tag{4.19}$$

记方差比为

$$C = \frac{S_2}{S_1} \tag{4.20}$$

小误差概率 P 为

$$P = \{ | \varepsilon^{(0)}(i) - \bar{\varepsilon} | < 0.6745\, S_1 \} \tag{4.21}$$

则由 P、C 值可以表征模型精度,如表 4.1 所示。

表 4.1　精度等级标准

评价指标	精度			
	优	良	一般	差
P	>0.95	>0.80	>0.70	≤0.70
C	<0.35	<0.50	<0.65	≥0.65

4.4.2　基于 GM(1,1)的立方体抗压强度预测模型

本章为了分析混凝土立方体抗压强度随干湿循环周期的变化规律,试验数据采集分别以干湿循环第 0、5、10、15、20 个月为时间点,时间间隔为 5 个月,利用 GM(1,1)模型,对混凝土立方体抗压强度随干湿循环时间的变化规律做出了预测。

立方体抗压强度的原始数列表示为

$$X^{(0)} = [47.353\,7, 52.967\,9, 48.540\,8, 48.423\,1, 47.163\,7] \tag{4.22}$$

对原始数列进行累加可得结果为

$$X^{(1)} = [47.353\,7, 100.321\,6, 148.852\,3, 197.275\,4, 244.439\,1] \tag{4.23}$$

由累加数列 $X^{(1)}$ 可求出紧邻均值数列,即

$$Z^{(1)} = [47.353\,7, 73.837\,7, 124.587\,0, 173.063\,9, 220.867\,3] \tag{4.24}$$

由参数方程(4.11)和矩阵 $\mathbf{Y}$、$\mathbf{B}$,用最小二乘法得到 a 为 0.036 0、b 为 54.604 7,其中矩阵 $\mathbf{Y}$ 和 $\mathbf{B}$ 表示为

$$\mathbf{Y} = \begin{bmatrix} 52.967\,9 \\ 48.540\,8 \\ 48.423\,1 \\ 47.163\,7 \end{bmatrix} \quad \mathbf{B} = \begin{bmatrix} -73.837\,7 & 1 \\ -148.852\,3 & 1 \\ -197.275\,4 & 1 \\ -244.439\,1 & 1 \end{bmatrix} \tag{4.25}$$

由白化方程式(4.12)可得出混凝土立方体抗压强度 GM(1,1)的预测模型为

$$\hat{x}^{(1)}(k) = \left[x^{(1)}(1) - \frac{54.604\,7}{0.036\,0} \right] e^{-0.036\,0(k-1)} + \frac{54.604\,7}{0.036\,0} \quad (k=2,3,\cdots,n) \tag{4.26}$$

式中,时间变量 k 表示混凝土干湿循环周期,间隔为 5 个月。

4.4.3　模型精度检验与分析

由模型解得混凝土立方体抗压强度预测值,如图 4.7 所示。由图 4.7 可知,预测值与试验值具有较高的吻合度,因此该模型可有效预测不同干湿循环时间所对应的混凝土立

方体抗压强度。

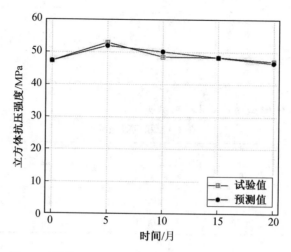

图 4.7　混凝土立方体抗压强度预测值与试验值对比

基于图 4.7,可得到残差,即

$$\varepsilon(i)=[0.000\ 0,1.009\ 9,1.589\ 2,0.076\ 0,0.536\ 8] \tag{4.27}$$

残差数列均值 $\bar{\varepsilon}=0.642\ 4$,相对误差为

$$q=[0.000\ 0\%,1.906\ 6\%,3.274\ 7\%,0.157\ 0\%,1.117\ 1\%] \tag{4.28}$$

平均相对误差为 $\bar{q}=1.613\ 8\%$,数列 $x^{(0)}$ 均值为 $\bar{x}^{(0)}=48.889\ 8$,方差比 $C=S_2/S_1=0.29<0.35$,其中,S_1^2 和 S_2^2 分别为 4.462 2 和 0.375 2。

由此可得到小误差概率为

$$P=\{|\varepsilon^{(0)}(i)-\bar{\varepsilon}|<0.674\ 5\ S_1\}=1>0.95 \tag{4.29}$$

由表 4.1 可知该模型的预测精度等级为"优"。

第 5 章　盐渍土环境中混凝土劈裂抗拉强度试验研究与理论分析

本章对平行杆模型在混凝土劈裂抗拉强度上的适用性进行了研究,考虑了腐蚀作用对混凝土劈裂抗拉强度的影响,腐蚀溶液采用 A 溶液,腐蚀周期设定为 0 个月、5 个月、8 个月、10 个月、15 个月和 20 个月。首先分析了平行杆模型在劈裂受拉破坏特征上的佐证,随后建立了平行杆劈裂抗拉强度理论模型,对模型计算结果和试验结果进行了对比。此外,基于 GM(1,1)模型对混凝土劈裂抗拉强度进行了预测。

结果表明,平行杆劈裂抗拉强度模型计算结果与试验结果吻合度较高,GM(1,1)模型可以良好地反映出混凝土劈裂抗拉强度随干湿循环周期的变化规律。

5.1　试验概况

5.1.1　试件设计与制作

试验设计混凝土的强度等级为 C35,所用原材料、试验配合比及试件尺寸同混凝土立方体抗压试件。每组 3 个试件,共 18 个试件。试件的具体制作过程同本书 2.1.4 节所述。

5.1.2　腐蚀试验

混凝土劈裂抗拉试件的腐蚀方法及腐蚀溶液配制同混凝土立方体抗压试件。

5.1.3　试验方法

本章根据《普通混凝土力学性能试验方法标准》(GB/T 50081—2002)执行混凝土的劈裂抗拉强度试验。首先,将试件从养护地点取出后,将其表面与上下承压板面擦干净。随后,采用记号笔标记出试件上、下面的中心线,将试件放在试验机下压板的中心位置,劈裂承压面和劈裂面应与试件成型时的顶面垂直,在上、下压板与试件之间垫以圆弧形垫块及垫条各一条,垫块与垫条应与试件上、下面的中心线对准并与成型时的顶面垂直。最后,对试件进行加载,加载速度为 0.05 MPa/s。混凝土劈裂抗拉强度计算式为

$$f_{ts} = \frac{2F}{\pi A} = 0.637 \frac{F}{A} \tag{5.1}$$

式中,f_{ts} 为混凝土劈裂抗拉强度(MPa);F 为试件破坏荷载(N);A 为试件劈裂面面积(mm)。

5.2　试验结果及分析

考虑到尺寸效应,本章将混凝土劈裂抗拉强度所得试验值乘以尺寸换算系数 0.85 作为每个干湿循环周期混凝土劈裂抗拉强度代表值,图 5.1 所示为不同干湿循环周期混凝土的劈裂抗拉强度试验值。

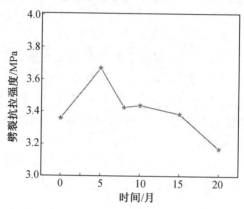

图 5.1　不同干湿循环周期混凝土的劈裂抗拉强度试验值

从图 5.1 可以看出,混凝土的劈裂抗拉强度和其立方体抗压强度随干湿循环周期的变化规律基本一致,表现为随干湿循环周期的逐渐增长,混凝土的劈裂抗拉强度呈先上升后下降的趋势变化。当干湿循环周期为 5 个月时,混凝土的劈裂抗拉强度达到最大,约为 3.67 MPa,较未腐蚀混凝土的劈裂抗拉强度提高了 9%～10%。此后,在干湿循环 8 个月至 15 个月时,混凝土的劈裂抗拉强度处于稳定期,变化幅度为 1%～2%。干湿循环 15 个月之后,混凝土的劈裂抗拉强度出现了第二次明显下降,第 20 个月时较第 15 个月时下降了 6%～7%。

5.3　盐渍土环境中基于平行杆模型的劈裂抗拉强度理论分析

5.3.1　平行杆模型在劈裂抗拉强度上的佐证

图 5.2 所示为不同干湿循环周期混凝土的劈裂抗拉破坏形态。通过观察并记录试件在整个加载过程中的破坏形态,发现在加载初期,混凝土表面没有裂缝产生。随着荷载的增加,混凝土试件表面中间逐渐出现一条与荷载作用方向一致的主裂缝,如图 5.2(a)所示。接着裂缝迅速发展,并贯通整个试件,在主裂缝发展过程中,有少量次裂缝产生;试件沿主裂缝破坏后分成两个相对完整的部分,并且有少量混凝土碎块散落。从图 5.2(b)可以看出,与干湿循环 5 个月相比,主裂缝发展速度较缓慢,但次裂缝数量较多,并且次裂缝靠近试件边缘部分。试件破坏后,分成两个相对独立的部分,并且伴随着许多小裂块散落在四周,压碎现象较明显,也就是说只有靠近边缘的杆单元被破坏,没有出现杆单元性能增强的特征。总的来说,劈裂抗拉的破坏机制是外部竖向荷载引起了混凝土内部与裂缝

方向垂直的拉应力及拉应变,当拉应力或者拉应变达到混凝土极限拉应力或者拉应变时,混凝土开裂直至破坏。

(a) 干湿循环5个月　　　　　　　　(b) 干湿循环20个月

图 5.2　不同干湿循环周期混凝土的劈裂抗拉破坏形态

5.3.2　平行杆劈裂抗拉强度模型的建立

根据混凝土的劈裂抗拉强度劣化规律可知,混凝土受劈裂拉伸荷载时,没有腐蚀增强部分,只有腐蚀劣化部分。这个过程同样可以采用平行杆模型来计算,如图 5.3 所示。

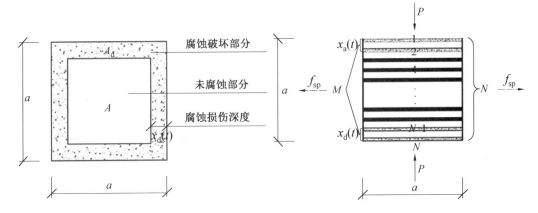

图 5.3　考虑腐蚀效应的混凝土平行杆劈裂抗拉模型

当对混凝土试块施加大小为 P 的竖向荷载时,根据弹性力学可知混凝土内部产生的水平拉力为 f_{sp}。参照第 3 章建立的考虑腐蚀效应的平行杆力学性能模型,则劈裂抗拉强度计算公式为

$$f_{sp}(t) = \left[1 - (1 - \gamma_d) \cdot \frac{a^2 - (a - 2\,x_d(t))^2}{a^2} \right] \cdot f_{sp}(0) \qquad (5.2)$$

式中,$f_{sp}(t)$ 是干湿循环侵蚀时间为 t 时腐蚀混凝土的劈裂抗拉强度;$f_{sp}(0)$ 是未腐蚀混凝土的劈裂抗拉强度;γ_d 为腐蚀损伤系数,$x_d(t)$ 为腐蚀损伤深度;a 为混凝土立方体试块边长。

王海龙等人研究发现,在干湿交替条件下,普通混凝土浸泡在 10% 的 Na_2SO_4 溶液中 360 d 后,其劈裂抗拉强度下降到未侵蚀试件的 0.73 倍,因此,本章取劈裂抗拉强度的腐蚀损伤系数为 0.73。参照前面抗压强度中腐蚀损伤深度 $x_d(t)$ 的定义方式,劈裂抗拉强

度计算中同样采取 $c_{fd}(x(t),t)=0.15\%$ 来求解腐蚀损伤深度 $x_d(t)$。

5.3.3 劈裂抗拉强度计算值与试验值对比分析

为了验证平行杆模型在混凝土劈裂抗拉强度上的适用性,对比了不同干湿循环周期混凝土劈裂抗拉强度的计算值和试验值,结果如图5.4所示。从图5.4可以看出,计算值与试验值之间具有较高的一致性,其最大误差小于 10%,表明本章提出的平行杆模型可以用来预测盐渍土溶液腐蚀后混凝土的劈裂抗拉强度。

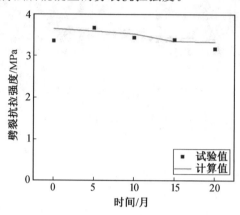

图 5.4　腐蚀混凝土劈裂抗拉强度计算值与试验值对比

5.4　基于 GM(1,1) 的劈裂抗拉强度预测

5.4.1 基于 GM(1,1) 的劈裂抗拉强度预测模型

同第4章,本章分别以干湿循环第0个月、5个月、10个月、15个月及20个月为时间点,时间间隔为5个月,利用GM(1,1)模型,对混凝土劈裂抗拉强度随干湿循环时间的变化规律做出了预测。

混凝土劈裂抗拉强度原始数列为

$$X^{(0)}=[3.359\ 0,\ 3.670\ 7,\ 3.438\ 4,\ 3.385\ 1,\ 3.171\ 0] \tag{5.3}$$

生成的累加数列为

$$X^{(1)}=[3.359\ 0,\ 7.029\ 7,\ 10.468\ 1,\ 13.853\ 2,\ 17.024\ 2] \tag{5.4}$$

由 1-GAO 生成数列可得出 $X^{(1)}$ 紧邻均值数列,即

$$Z^{(1)}=[3.359\ 0,\ 5.224\ 4,\ 8.748\ 9,\ 12.160\ 7,\ 15.438\ 7] \tag{5.5}$$

由参数方程(4.11)和矩阵 Y 和 B,用最小二乘法得到 a 为 0.045 和 b 为 3.889,其中矩阵 Y 和 B 表示为

$$Y=\begin{bmatrix}3.670\ 7\\3.438\ 3\\3.385\ 1\\3.171\ 9\end{bmatrix}\quad B=\begin{bmatrix}-5.224\ 4 & 1\\3.438\ 3 & 1\\3.385\ 1 & 1\\3.171\ 9 & 1\end{bmatrix} \tag{5.6}$$

由方程(4.14)可得出混凝土劈裂抗拉强度 GM(1,1)预测模型,即

$$\hat{x}^{(1)}(k)=\left[x^{(1)}(1)-\frac{3.889}{0.045}\right]e^{-0.045(k-1)}+\frac{3.889}{0.045}(k=2,3,\cdots,n) \tag{5.7}$$

5.4.2　模型精度检验与分析

混凝土劈裂抗拉强度模拟值预测结果如图 5.5 所示,精度检验过程与抗压强度相同,其中平均相对误差$\bar{q}=0.795\ 3\%$;原始数列均值$\overline{x^{(0)}}=3.404\ 8$;方差 $S_1^2=0.025\ 8$,方差 $S_2^2=0.000\ 4$;方差比 $C=S_2/S_1=0.13<0.35$;残差数列均值$\bar{\varepsilon}=0.027\ 1$,小误差概率 $P=\{|\varepsilon^{(0)}(i)-\bar{\varepsilon}|<0.674\ 5\ S_1\}=1>0.95$,由表 4.1 可知,混凝土劈裂抗拉强度预测模型预测精度等级为"优"。

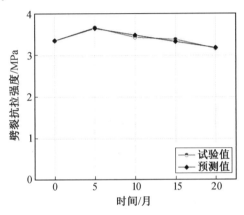

图 5.5　混凝土劈裂抗拉强度预测值与试验值对比

第6章 盐渍土环境中混凝土轴心抗压强度试验研究与理论分析

本章对平行杆模型在盐渍土溶液 A 侵蚀后的混凝土轴心抗压和本构关系上的应用进行了研究,分析了平行杆模型在腐蚀混凝土轴心受压破坏特征上的佐证,结合离子扩散、化学膨胀作用定义了膨胀内应力在腐蚀效应中的作用,给出了损伤深度的计算公式,建立了腐蚀混凝土平行杆轴心受压模型,对模型计算结果中的应力－应变曲线和峰值荷载与试验值进行了对比。结果表明,采用考虑腐蚀效应的平行杆轴心抗压模型进行腐蚀混凝土的应力－应变曲线计算是合理的,计算曲线与试验曲线大体上符合较好,峰值荷载变化趋势计算值和试验值吻合较好。

6.1 试验概况

6.1.1 试件设计与制作

试验设计混凝土的强度等级为 C35,所用原材料、试验配合比同混凝土立方体抗压试件和劈裂抗拉试件。不同的是,用于混凝土轴心抗压强度测试的试件尺寸为 150 mm×150 mm×300 mm,每组 3 个试件,共 18 个试件。试件的具体制作过程同本书 2.1.4 节所述。

6.1.2 腐蚀试验

混凝土轴心抗压强度试件同样采用干湿循环的方式对其进行腐蚀作用,即 15 d 浸泡和 15 d 干燥,干湿循环周期分别为 0 个月、5 个月、8 个月、10 个月、15 个月及 20 个月。图 6.1 所示为棱柱体试件腐蚀试验现场图。

图 6.1　棱柱体试件腐蚀试验现场图

6.1.3　试验方法

本章根据《普通混凝土力学性能试验方法标准》(GB/T 50081—2002)进行混凝土的轴心抗压强度试验。试件的轴心抗压强度按式(6.1)计算。

$$f_{cp} = \frac{F}{A} \tag{6.1}$$

式中,f_{cp} 为混凝土轴心抗压强度(MPa);F 为试件破坏荷载(N);A 为试件承压面积(mm)。

6.2　试验结果及分析

6.2.1　应力—应变曲线试验结果

图 6.2 所示为混凝土不同干湿循环周期应力—应变曲线,由图 6.2 可知,混凝土的应力—应变曲线大致可分为上升段和下降段两个阶段。其中,腐蚀试件的应力峰值点出现时所对应的应变均滞后于未腐蚀试件。造成这一现象的主要原因是在外界腐蚀溶液作用下,混凝土内部由于腐蚀产物的膨胀作用产生了很多微裂缝,且随着腐蚀进行微裂缝的数量在逐渐增加,进而导致在相同应力水平下,随着干湿循环时间增加,混凝土在受压密实过程中需要经历的距离逐渐增大,具体表现为混凝土应变逐渐增大。此外,在混凝土应力—应变曲线的弹性阶段,直线斜率可以近似表征混凝土的抗变形能力,与未腐蚀的混凝土相比,干湿循环 5 个月的直线斜率明显有所增加。

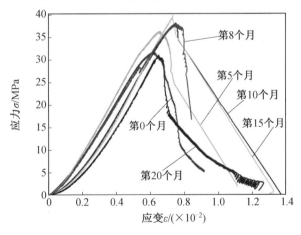

图 6.2　混凝土不同干湿循环周期应力—应变曲线

6.2.2　弹性模量

弹性模量是反映材料应力—应变关系的重要指标,是结构设计时必须充分考虑的参数之一。因此研究腐蚀环境中混凝土弹性模量随干湿循环周期的变化规律对混凝土结构设计具有重要意义。均质材料的弹性模量可由密度求出,对于混凝土这种非均质材料,影响弹性模量的因素众多,其中孔隙率是影响混凝土弹性模量最重要的因素,其大小反映混凝土整体的平均密度,孔隙率越低,骨料越密实,弹性模量越高。水胶比的大小既影响混凝土的强度,同时也对弹性模量影响很大。水胶比越小混凝土越密实,弹性模量越大。过度的增加水胶比会带来诸多不利因素,因此工程中常用较小水胶比。

混凝土受压过程中泊松比逐渐增大,如果采用应变片法测量弹性模量,其横向变形对试验结果影响很大,因此常采用静压法测试混凝土弹性模量,正式加载前先进行预压,预压最大应力为轴心抗压强度的 0.4 倍,至少预压三次,经过预压后的混凝土应力-应变曲线在应力为 0.4 倍轴心抗压强度前趋近于直线,将该直线斜率作为混凝土弹性模量。

由于本章需要分析混凝土力学性能随干湿循环周期变化规律,不能进行预压。根据《混凝土结构设计规范》(GB 50010—2010)中混凝土弹性模量计算方法,将 0.4 倍峰值应力点处的应力与应变之比,即该点与原点的割线模量作为弹性模量,如图 6.3(a)所示为弹性模量试验结果,图 6.3(b)所示为弹性模量随干湿循环周期的变化规律。

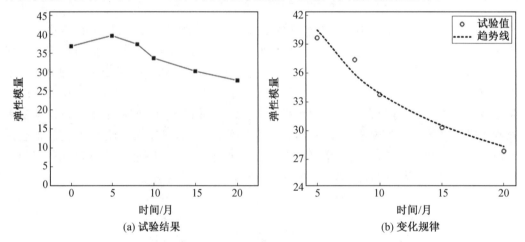

图 6.3 混凝土弹性模量试验结果及随干湿循环周期的变化规律

从图 6.3(a)中可以看出,弹性模量随干湿循环周期呈先上升后下降趋势变化,表明混凝土抵抗变形的能力随干湿循环周期增加呈先升高后降低的趋势。以干湿循环第 5 个月混凝土的弹性模量为起点,对弹性模量随干湿循环周期变化规律进行了回归分析,如图 6.3(b)所示,其中,相关系数 $R^2 = 0.9539$。

6.2.3 峰值应力与应变

应力-应变曲线中的峰值应力与峰值应变可在一定程度上表征混凝土的抗压力学性能。如图 6.4 所示为峰值应力与峰值应变随干湿循环周期增加的变化规律。从图 6.4 可以看出,混凝土棱柱体应力-应变曲线峰值应力随干湿循环周期增加总体呈先增加后减小趋势,在干湿循环第 10 个月达到最大值,较未腐蚀混凝土有较大提高,并且在干湿循环第 10 个月至 15 个月之间缓慢下降,第 15 个月至 20 个月出现大幅度下降。试验结果表明,在侵蚀初期外界溶液与混凝土反应生成的腐蚀产物对混凝土中孔隙具有填充作用,且腐蚀产物如石膏、钙矾石等也有利于提升混凝土的强度,此外混凝土中水泥的水化反应,以及外界环境的碳化作用同样可以提高混凝土的强度。缓慢下降阶段表明混凝土抗压强度随干湿循环时间增加在逐渐发生退化,但混凝土内部结构还未发生严重劣化,因此强度下降的幅度并不是很大。到干湿循环第 20 个月时,混凝土内部生成的膨胀物质使混凝土发生胀裂,同时由于镁离子的侵入使混凝土内部生成黏结能力较差的物质,内部结构变得较为松散,导致强度发生大幅度退化。从图 6.4 可以看出,峰值应变随干湿循环时间增加的变化趋势与峰值应力基本相同,同样呈先增长后下降的变化趋势。

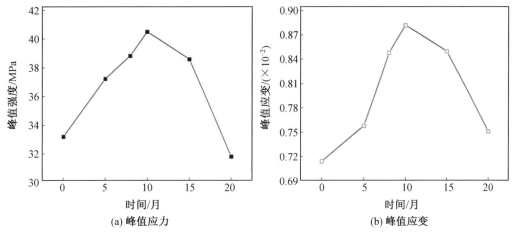

图 6.4　混凝土不同干湿循环周期峰值应力与峰值应变

6.3　盐渍土环境中基于平行杆模型的轴心抗压理论分析

6.3.1　平行杆模型在轴心抗压强度上的佐证

图 6.5 所示为不同干湿循环周期混凝土棱柱体单轴受压破坏形态,从图 6.5(a)中可以看出:加载过程中,试件表面逐渐出现多条竖向裂缝,裂缝发展速度缓慢,裂缝将试件分为了几部分,相当于若干个平行杆,且平行杆破坏缓慢。随着继续加载,竖向裂缝开始贯穿于整个试件,裂缝宽度逐渐增大,几条竖向裂缝发展为主裂缝,试件沿主裂缝方向破坏,没有混凝土剥落,较为完整。与图 6.5(a)相比,加载过程中,竖向裂缝逐渐发展为斜裂缝,出现大量次裂缝,裂缝发展迅速,将试件划分为了更多的小部分,平行杆特点更加明显。且靠近边缘地方平行杆破坏严重,紧邻边缘部分和中间部分破坏不明显,尤其是紧邻边缘部分破坏最轻;破坏时,试件沿斜裂缝破坏,局部压碎脱落,结构松散,说明边缘部分平行杆遭到严重损伤。因此,可以将腐蚀混凝土轴心抗压试件分为腐蚀劣化部分、腐蚀增强部分和未腐蚀部分。

(a) 未腐蚀　　　　　　　　　　　　　　　(b) 干湿循环20个月

图 6.5　不同干湿循环周期混凝土棱柱体单轴受压破坏形态

6.3.2　未腐蚀混凝土的本构模型

本章采用 Krajcinovic 和 Fanella 建立的理想弹脆性平行杆模型来计算未腐蚀混凝土的本构关系,如图 6.6 所示。首先,将混凝土试件等效为 N 个具有随机断裂强度 σ_{Ri} 的平行杆体系,其相应的断裂应变为 ε_{Ri}。则断裂强度的概率密度函数 $\rho(\sigma_{Ri})$ 和断裂应变的概率密度函数 $\rho(\varepsilon_{Ri})$ 可分别表示为

$$\int_0^{\sigma_{Rmax}} \rho(\sigma_R)\,d\sigma_R = 1 \tag{6.2}$$

$$\int_0^{\sigma_{Rmax}} \rho(\varepsilon_R)\,d\sigma_R = 1 \tag{6.3}$$

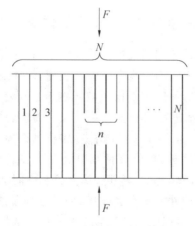

图 6.6　未腐蚀混凝土平行杆模型

当混凝土受压应变为 ε 时,平行杆体系中 n 个杆单元随机断裂导致了试件实际有效受力面积减小,则受力过程中的损伤值 K_s 可表示为

$$K_s(\varepsilon) = 1 - \frac{n}{N} = \frac{A_s(\varepsilon)}{A} = \frac{1}{A}\Big(\sum_{i=1}^N H(\varepsilon - \delta_i)\,dA_i\Big)$$

$$= \int_0^\sigma P(\sigma_R) \, \mathrm{d}\sigma_R = \int_0^\varepsilon P(\sigma_R) \, \mathrm{d}\varepsilon = 1 - exp\left[-\left(\frac{\varepsilon}{\varepsilon_0}\right)^m\right] \tag{6.4}$$

式中，A 是初始横截面积；A_s 是受力过程中损失的面积；δ_i 为第 i 个杆断裂时的极限应变；d_{Ai} 为第 i 个杆的截面面积；$H(x)$ 为单位阶跃函数；$\rho(\varepsilon)$ 为杆单元极限应变服从的 Weibull 概率密度分布函数；ε_0 和 m 为表征材料破坏应变分布特征的参数。

由以上分析可得未腐蚀弹脆性混凝土本构关系为

$$\sigma(\varepsilon) = E\varepsilon(1 - K_s(\varepsilon)) = E\varepsilon \exp\left[-\left(\frac{\varepsilon}{\varepsilon_0}\right)^m\right] \tag{6.5}$$

$$m = \left[\ln(E\varepsilon_p)/\sigma_p\right]^{-1} \tag{6.6}$$

$$\varepsilon_0 = \frac{\varepsilon_p}{\left(\frac{1}{m}\right)^{\frac{1}{m}}} \tag{6.7}$$

根据未腐蚀混凝土单轴受压本构试验得到的应力—应变曲线，可得到试件弹性模量 E、峰值应力 σ_p 和峰值应变 ε_p（即破坏应变 ε_R），将其代入式(6.5)～(6.7)可以计算得到参数 ε_0 和 m。混凝土弹性模量是由应力—应变曲线的上升段斜率确定的，本章取上升段最大割线模量 $E_{\max}$ 作为混凝土弹性模量。

6.3.3　考虑腐蚀效应的混凝土平行杆轴心抗压模型

参照第 3 章建立的盐渍土腐蚀混凝土平行杆轴心抗压模型，腐蚀效应中的膨胀内应力如图 6.7 所示。腐蚀产物产生的膨胀内应力对腐蚀效应的机理分析如下：距离混凝土表面越近，腐蚀性离子含量越高，生成的腐蚀产物越多，当腐蚀产物完全填充混凝土内部原有孔隙以后，腐蚀产物的继续生成会对混凝土孔隙壁产生膨胀内应力 σ_u，相应的膨胀内应变为 ε_u。当 ε_u 等于混凝土的极限拉应变 ε_k 时，发生胀裂破坏。由于腐蚀增强部分混凝土包围未腐蚀混凝土部分，相当于对未腐蚀部分混凝土进行了约束，约束力即为膨胀内应力 σ_u。因此可以采用约束混凝土的理论对腐蚀破坏部分的作用进行量化。

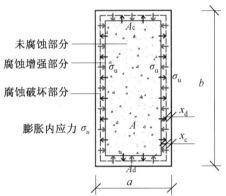

图 6.7　腐蚀效应中的膨胀内应力

（1）腐蚀增强部分的计算。

Mander 建立的约束混凝土的峰值应力模型为

$$f_{cc} = f_{co}\left(-1.254 + 2.254\sqrt{1 + \frac{7.94\,f_{le}}{f_{co}}} - 2\frac{f_{le}}{f_{co}}\right) \tag{6.8}$$

式中，f_{cc} 为约束混凝土峰值应力；f_{co} 为非约束混凝土的峰值应力；f_{le} 为等效横向约束应力。

因此，本章将腐蚀增强部分对混凝土约束作用提高系数 K 表示为

$$K = -1.254 + 2.254\sqrt{1 + \frac{7.94\,\sigma_u}{\sigma_p}} - 2\frac{\sigma_u}{\sigma_p} \tag{6.9}$$

式中，σ_p 为未腐蚀混凝土应力－应变曲线峰值应力；σ_u 为膨胀内应力。

其中，膨胀内应力表示为

$$\sigma_u = B\varepsilon_k \tag{6.10}$$

式中，B 为体积模量；ε_k 为混凝土的极限拉应变。

体积模量 B 和弹性模量 E、泊松比 μ 之间的关系可表示为

$$B = \frac{E}{3(1-2\mu)} \tag{6.11}$$

（2）腐蚀劣化部分的计算。

根据第 3 章内容，定义腐蚀破坏部分对混凝土的损伤作用采用劣化系数 D_{ds} 来表示，即

$$D_{ds} = \frac{A_d}{A} = \frac{a \cdot b - (a - 2\,x_d(t)) \cdot (b - 2\,x_d(t))}{a \cdot b} \tag{6.12}$$

式中，A_d 为腐蚀破坏部分的横向截面面积；A 为混凝土试件初始横向截面积；$x_d(t)$ 为损伤深度；a 和 b 分别为混凝土试件横向截面的长和宽。

因此，通过 D_{ds} 和 K 两个参数即可定义腐蚀作用对混凝土造成的影响，则盐渍土环境中考虑腐蚀效应的混凝土平行杆轴心受压模型如式（6.13）所示。

$$\sigma_c(\varepsilon) = K(1 - D_{ds})\sigma(q) = k(1 - D_{ds})E \cdot \varepsilon \cdot \exp\left[-\left(\frac{\varepsilon}{\varepsilon_0}\right)^m\right] \tag{6.13}$$

式中，$\sigma_c(\varepsilon)$ 为腐蚀混凝土的本构模型；D_{ds} 为腐蚀破坏部分对混凝土造成的劣化作用；K 为腐蚀增强部分对混凝土的增强系数；$\sigma(\varepsilon)$ 为未腐蚀混凝土的本构模型。

6.3.4　损伤深度的计算

根据第 3 章分析可知，对混凝土内部孔隙产生膨胀压力的主要是石膏晶体，也就是硫酸根离子的破坏作用。因此采用第 3 章式（3.16）中硫酸根离子的扩散深度表示方式，只要得知损伤破坏时的自由硫酸根离子含量，就能得到损伤深度 $x_d(t)$。根据第 3 章中硫酸根离子的结合能力 R_s，A 溶液中自由硫酸根离子和结合硫酸根离子含量的关系可表示为

$$c_{bs}(x_d, t) = 0.459\,3\,c_{fs}(x_d, t) \tag{6.14}$$

由以上表达式可知，只要知道结合硫酸根离子含量 $c_{bs}(x_d, t)$，就可得到损伤深度 x_d。

腐蚀产物中的膨胀性晶体的生长会产生膨胀应变，从混凝土内部取出体积为 V 的微元，腐蚀膨胀后体积为 $V + \Delta V$，则该微元的体积应变表示为

$$\varepsilon_{es} = \frac{\Delta V}{V} - f \cdot \varphi(t) = \sum_{i=1}^{n} k_i\,\eta_i - f\varphi(t) \tag{6.15}$$

式中，ε_{es}为混凝土平均膨胀体积应变；k_i为引起混凝土体积膨胀的第i种腐蚀性物质在混凝土中的体积分数；η_i为第i种腐蚀性物质引起的混凝土膨胀率；f为折减系数，取 0.3～0.4；φ为混凝土总孔隙率，孔隙率随时间的变化规律参照第 3 章式(3.6)。

k_i与c_i之间的转换关系为

$$k_i = \frac{c_i}{\rho_{mi}} \tag{6.16}$$

式中，c_i为与k_i对应的质量百分含量；ρ_{mi}为第i种腐蚀性物质的密度。

假定混凝土各向同性，则由于体积膨胀引起的各个方向膨胀内应变相同，横向应变可表示为

$$\varepsilon_u = \frac{1}{3}\varepsilon_{es} \tag{6.17}$$

式中，ε_t为混凝土的极限拉应变，对于 C35 混凝土，一般取为 0.000 1。当$\varepsilon_u < \varepsilon_t$时，石膏晶体填充混凝土内部原有孔隙，使混凝土孔隙率变小；当$\varepsilon_u = \varepsilon_t$时，石膏晶体恰好完全填充混凝土内部原有孔隙混凝土；$\varepsilon_u > \varepsilon_t$时，石膏晶体完全填充混凝土内部原有孔隙后继续膨胀，混凝土内部产生新裂缝，使混凝土孔隙率又变大。

将式(6.16)和式(6.17)代入式(6.15)，即可得到临界结合硫酸根离子含量$c_{bs}(x_d,t)$的计算公式，即

$$c_{bs}(x_d,t) = (3\varepsilon_t + f\varphi(t)) \cdot \frac{\rho_{ms}}{\eta_s} \tag{6.18}$$

式中，$c_{bs}(x_d,t)$为临界结合硫酸根离子含量；ε_t为混凝土极限拉应变；$\varphi(t)$为混凝土总的孔隙率(%)；f为折减系数，取 0.25；ρ_{ms}为石膏晶体的密度；η_s为石膏晶体引起的混凝土膨胀率。

将式(6.14)和式(6.18)的计算结果代入第 3 章式(3.16)即可得到损伤深度x_d。

6.4　轴心抗压计算结果与试验结果对比分析

6.4.1　应力—应变曲线对比结果

本章得到的单轴受压混凝土应力—应变计算结果与试验结果的对比如图 6.8 所示。从试验应力—应变曲线上可以看出，应变小于 0.2 时，随着腐蚀时间的增大，应力—应变曲线逐渐变缓，原因是在外界腐蚀溶液作用下，混凝土内部产生很多微裂缝，且随着腐蚀进行微裂缝的数量在逐渐增多，在加载初期，这些微裂缝沿加载方向闭合，宏观上表现为应力变化较小，应变变化较大，且随干湿循环周期的增大，这种现象越明显。未腐蚀混凝土与腐蚀 5 个月混凝土试件应力—应变曲线下降段缓慢，有一定的后期变形能力，但是随着腐蚀周期的增大，混凝土应力—应变曲线下降段逐渐变陡，变成了典型的脆性破坏。

从试验值曲线与计算值曲线对比来看，两者整体上吻合度较好，未腐蚀混凝土与干湿循环 5 个月混凝土计算值曲线和试验值曲线下降段差距较大，试验值曲线下降段较为缓慢，有一定的变形能力，而计算值曲线下降段曲线迅速破坏，是典型的脆性破坏。干湿循环 5 个月之后的混凝土计算值曲线和试验值曲线下降段吻合度较好，都是峰值应力过后

试件立即破坏的脆性破坏。原因是腐蚀前期,结合硫酸根离子含量较少,对混凝土内部 C—S—H 凝胶结构破坏较小,混凝土还有一定的胶凝能力,随着腐蚀时间的增加,混凝土 C—H—S 凝胶结构破坏严重,混凝土失去胶凝能力。但是应力—应变曲线下降段对实际工程的意义并不大,不作为应力—应变曲线的重点。

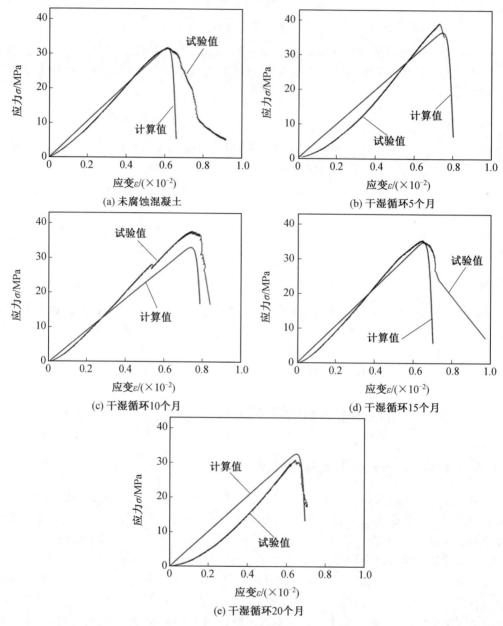

图 6.8　应力—应变计算结果与试验结果对比图

6.4.2　峰值应力对比结果

混凝土轴心受压峰值应力计算值与试验值对比结果如图 6.9 所示,可以看出,不同干湿循环周期下的计算值与试验值具有较高的一致性,都呈现先增大后减小的规律,并且都在腐蚀周期为 10 个月时达到最大值。干湿循环为 0 个月和 5 个月时,计算值和试验值基本完全吻合,之后随着干湿循环时间的增加,计算曲线和试验曲线峰值荷载之间的差距开始增大,但是误差均在 10％之内,这是由于西部盐渍土中为腐蚀性盐的混合溶液,腐蚀机理非常复杂,在干湿循环环境下,也会有物理性析出盐晶体的产生,为了计算的可行性,本章采用的考虑腐蚀效应的平行杆模型并未考虑这一点。

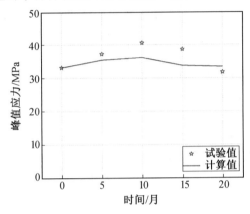

图 6.9　峰值应力计算值与试验值对比结果

第7章 盐渍土环境中钢筋锈蚀临界氯离子浓度试验研究与理论分析

本章采用交流阻抗谱(EIS)法得到了盐渍土溶液腐蚀后钢筋脱钝临界氯离子含量和钢筋脱钝时间,通过电阻变化及钢筋－混凝土界面区的混凝土微观结构,分析了盐渍土溶液中硫酸根离子及其他离子对临界氯离子含量和脱钝时间的影响,并建立了钢筋脱钝时间预测模型。

结果显示,本章建立的盐渍土环境下混凝土中钢筋锈蚀临界氯离子预测模型与实际吻合较好,可以为工程设计提供参考。增加保护层厚度可以明显增加脱钝时间,但是对于盐渍土溶液的保护作用相比其他溶液更小,因此需要增加其他保护措施来延长混凝土结构中钢筋在盐渍土环境中的脱钝时间。

7.1 试验概况

7.1.1 试件设计与制作

试验所用原材料及配合比同本书第 2.1.2 节所述,其中,水泥的化学成分及基本性能同表 2.1 和表 2.2。混凝土试件尺寸为 150 mm×150 mm×300 mm,内置直径为 16 mm 的 HRB400 级带肋螺纹钢筋,保护层厚度为 10 mm。采用 HJW－60 型混凝土搅拌机制作试件,具体制作过程如下。

(1)首先,将切割成 20 cm 长的钢筋用稀硫酸进行化学除锈,再用钢丝刷对钢筋进行物理除锈,然后,将导线与除锈后的钢筋进行绑扎固定,并用焊锡丝焊接,之后用医用纱布结合环氧树脂密封导线与钢筋焊接处,在干燥环境中晾晒 1 d。

(2)将制作好的钢筋试件固定在木板模具中,放置于模具中准备浇筑,如图 7.1(a)所示。

(3)将称量好的水泥、细骨料、粗骨料一起倒入混凝土搅拌机,搅拌 2 min 后,加水搅拌 4 min。

(4)将搅拌均匀的混凝土倒入模具中振捣成型。

(5)将养护 28 d 后的钢筋混凝土试件用中性硅酮防霉耐候密封胶进行密封处理,只留有保护层一侧作为工作面,密封后的混凝土试件如图 7.1(b)所示。

用于钢筋电极的试件采用直径为 16 mm 的 HRB400 级螺纹钢筋,加工去肋后,再将钢筋分段切割成 4 cm 长的小试件,然后将制好的钢筋电极套在直径为 18 mm、长为 5 cm 的 PVC 管内,钢筋与 PVC 之间采用环氧树脂密封,预留钢筋表面一端作为工作面,钢筋表面经 600、800、1 000、1 200 及 1 500 号砂纸进行打磨,再经抛光机抛光、蒸馏水清洗、丙酮去脂。电极试件如图 7.2 所示。

(a)　　　　　　　　　　　　　　　　(b)

图 7.1　钢筋混凝土试件制备

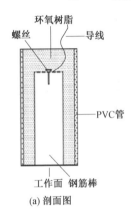 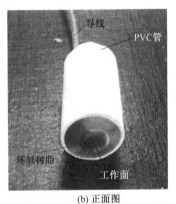

(a) 剖面图　　　　　　　　　(b) 正面图

图 7.2　电极试件

7.1.2　腐蚀溶液配制

本章中的试件同样采用干湿循环的方式腐蚀,其中 15 d 浸泡、15 d 干燥为一个干湿循环周期。根据电化学交流阻抗谱和腐蚀电位测试结果,直到钢筋开始锈蚀试验停止。腐蚀溶液组分见表 2.7 中的 A、B 和 C 溶液。试件腐蚀现场图如图 7.3 所示。

图 7.3　试件腐蚀现场图

7.1.3　试验方法

在对钢筋混凝土试件进行干湿循环试验中,采用电化学手段测定了全过程中的钢筋腐蚀电流密度信息。腐蚀电流密度直接反映钢筋腐蚀速率的快慢,能够判定钢筋是否开始脱钝。电化学测试仪器采用某厂生产的电化学工作站,为三电极系统,电化学测试示意图如图 7.4 所示,RE、WE 和 AE 分别为参比电极、工作电极和辅助电极,参比电极采用饱和甘汞电极,辅助电极为不锈钢板。测试时,在开路电位下,正弦电位扰动为 5 mV,测试频率为 0.01 Hz～100 kHz。将电化学测试得到的电化学阻抗谱运用 Zview 阻抗分析软件进行拟合分析,根据选定的拟合电路得到钢筋脱钝过程中极化电阻 R_p。

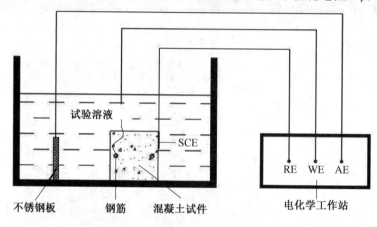

图 7.4　电化学测试示意图

本章选定的电化学等效电路图如图 7.5 所示,其中 R_s 为溶液电阻,C_f、R_f 为高频区溶液/混凝土双电层电容及混凝土电阻;C_{dl}、R_p 为低频区钢筋/混凝土界面的传递电阻及双电层电容。然后将极化电阻 R_p 引入 Stern－Geary 公式计算腐蚀电流密度 I_{corr}。Stern－Geary 公式为 $I_{corr} = B/R_p$,其中 B 为 Stern－Geary 常数,假设为 26 mV。最后参考 Millard 等人给出的判断标准对钢筋脱钝状态进行判断,见表 7.1。若钢筋未脱钝,则继续进行干湿循环试验;若钢筋开始脱钝,则此组试验停止,进行钢筋脱钝临界氯离子含量测试。

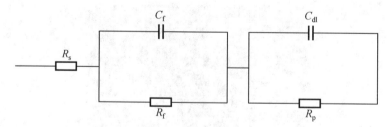

图 7.5　电化学等效电路图

表 7.1 混凝土中钢筋的典型腐蚀速率

腐蚀速率	极化电阻 $R_p/(\Omega \cdot cm^2)$	腐蚀电流密度 $i_{corr}/(\mu A \cdot cm^{-2})$
非常高	$2.5 \sim 0.25$	$10-100$
高	$25 \sim 2.5$	$1-10$
低/中	$250-25$	$0.1-1$
钝化	>250	<0.1

7.2 基于交流阻抗谱的试验结果及分析

7.2.1 交流阻抗谱特征与分析

图 7.6 所示为采用 EIS 法测得的试件的 Nyquist 图随干湿循环次数的变化规律，$A-i$ 表示试件经过 i 次干湿循环后测得的 Nyquist 图，图中横坐标为阻抗实部 $N=N_1+N_2$；纵坐标为阻抗虚部 $M_u = F_{1,st}\left(\dfrac{h}{2}-a_{1s}\right) + F_{2,st}\left(\dfrac{h}{2}-a_{2s}\right) + \beta_1\alpha_1 f_c b x_u + F_{2,sc}\left(\dfrac{h}{2}-a'_{2s}\right) + F_{1,sc}\left(\dfrac{h}{2}-a'_{1s}\right)$。图中的每个点代表不同的频率，左侧的频率高，称为高频区，右侧的频率低；称为低频区。高频处曲线表征的是混凝土和钢筋界面处的特征，高频区弧线与低频区弧线交点的位置可以反映出离子通过混凝土传到钢筋表面的阻力。可以看出，A、B 及 C 3 种溶液中试件的电化学交流阻抗谱拓扑结构变化规律大体相同，都是随着干湿循环次数的增加，高频部分的拓扑结构由原来直径较小的半圆逐渐变成直径较大的半圆，低频部分的拓扑结构由圆弧变为上扬的直线，再由上扬的直线逐渐变成一段压扁的圆弧，因此可以分析出混凝土中钢筋表面的钝化、脱钝与锈蚀等情况。采用图 7.6 中的等效电路图对 A、B 及 C 溶液的 Nyquist 图进行拟合，得到的溶液电阻 R_s、高频区溶液和混凝土双电层电容 C_f、混凝土电阻 R_f、低频区钢筋/混凝土界面的双电层电容 C_{dl}、极化电阻 R_p 和腐蚀电流密度 i_{corr} 等值来判断钢筋是否脱钝。结合 Nyquist 图和等效电路图得到的各参数对钢筋的脱钝过程进行分析，具体过程如下。

（1）从图 7.6(a) 中 A1-1 到 A1-6，图 7.6(b) 中 B1-1 到 B1-6，图(c)中 C1-1 到 C1-4 的 Nyquist 图可以看出，高频区半圆的半径均有不同幅度的增加，说明混凝土电阻逐渐增大，如图 7.6(a) 所示。低频区由圆弧逐渐变为上扬的直线，并且圆弧直径逐渐增大，说明极化电阻逐渐增大，钢筋表面钝化膜逐渐形成，钢筋处于钝化状态。

（2）从图 7.6(a) 中 A1-8 到 A1-16，图 7.6(b) 中 B1-8 到 B1-12，图 7.6(c) 中 C1-6 到 C1-10 的 Nyquist 图中，可以看出，高频区的圆弧半径逐渐增大，向阻抗实部 $M_u = F_{1,st}\left(\dfrac{h}{2}-a_{1s}\right) + F_{2,st}\left(\dfrac{h}{2}-a_{2s}\right) + \beta_1\alpha_1 f_c b x_u + F_{1,sc}\left(\dfrac{h}{2}-a'_{1s}\right) - F_{3,st}\left(a_{3s}-\dfrac{h}{2}\right)$ 轴正向移动，说明混凝土电阻逐渐增大。低频区直线逐渐演变为圆弧，圆弧曲率逐渐增加，说明此过程钢筋表面的电荷转移阻力变小，钢筋的钝化膜开始处于腐蚀活化状态，腐蚀倾向有所

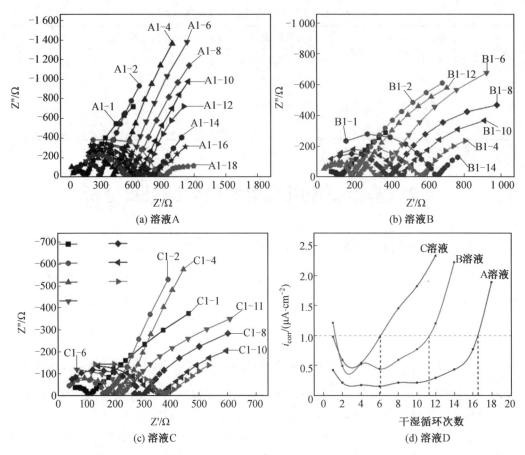

图 7.6　EIS 法测得的试件的 Nyquist 图随干湿循环次数的变化规律

注：Z' 为阻抗的实部；Z'' 为阻抗的虚部。

增加。拟合电路结果显示，此过程中 A1－1、B1－1 及 C1－1 的极化电阻 R_p 都大于 250 $\Omega\cdot cm^2$，如图 7.6(a)所示，根据表 7.1，可以判定此时混凝土中的钢筋并没有脱钝。

（3）由图 7.6(a)中 A1－18，图 7.6(b)中 B1－14，图 7.6(c)中 C1－11 的 Nyquist 图中，可以看出，其拓扑结构由两段圆弧组成，其中高频区圆弧占主导，低频区圆弧是压扁小圆的一部分。说明此时混凝土电阻很大，极化电阻明显减小，钢筋已经脱钝。等效电路拟合结果显示，A1－1、B1－1、C1－1 的极化电阻 R_p 分别为 249 $\Omega\cdot cm^2$、212 $\Omega\cdot cm^2$、203 $\Omega\cdot cm^2$，均小于 250 $\Omega\cdot cm^2$，如图 7.6(a)所示，腐蚀电流密度 i_{corr} 分别为 1.89 $\mu A/cm^2$、2.22 $\mu A/cm^2$、2.33 $\mu A/cm^2$，均大于＞1 $\mu A/cm^2$，如图 7.6(d)所示，根据表 7.1，可以判断此时钢筋表面钝化膜破坏，脱钝完成，开始锈蚀。

7.2.2　电阻变化规律分析

从上面的分析可以看出，虽然 A、B 及 C 3 种溶液中试件的电化学交流阻抗谱拓扑结构变化规律大体相同，但是其脱钝时间明显不同，并且每次循环的电化学参数如混凝土电阻，极化电阻明显不同，A、B 及 C 3 种溶液中的试件的混凝土电阻 R_f 和极化电阻 R_p 随干湿循环次数的变化规律如图 7.7 所示。

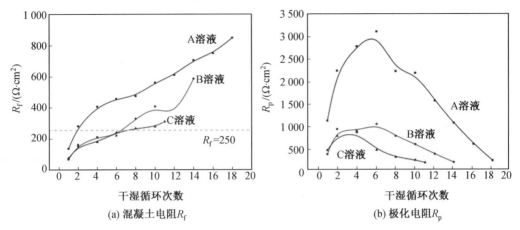

图 7.7　混凝土电阻 R_f 和极化电阻 R_p 随干湿循环次数的变化规律

由图 7.7(a)可知,随着干湿循环次数的增加,混凝土电阻 R_f 逐渐增大,其中溶液 A 中的试件电阻 R_f 增加最为明显,溶液 B 中试件次之,溶液 C 中试件增加最慢。说明随着干湿循环次数的增加,混凝土内部越来越密实,溶液种类对混凝土电阻产生了明显的影响。原因是 A 和 B 溶液中的硫酸根离子进入混凝土中后,会生成石膏、钙矾石等晶体,这些晶体填充了混凝土内部空隙,使混凝土内部结构变得更加密实,导致混凝土特征电导率下降,氯离子渗透性降低,混凝土电阻增大。B 溶液进入混凝土中的硫酸根含量小于 A 溶液,所以 B 溶液中混凝土电阻小于 A 溶液。C 溶液不含硫酸根,所以混凝土电阻最小。

由图 7.7(b)可知,极化电阻反映的是钢筋表面钝化膜上的转移电荷阻力,也就是钝化膜破坏的难易程度。随着干湿循环次数的增加,3 种溶液的极化电阻 R_p 都呈现先增大后减小的趋势。A、B 溶液试件中极化电阻 R_p 均在第 6 个干湿循环周期达到最大值后逐渐减小,而 C 溶液中试件极化电阻 R_p 在第 4 个干湿循环周期达到峰值后逐渐减小,这与前面 A、B 及 C 的 Nyquist 图随干湿循环次数的变化规律的分析一致。说明溶液 A 和 B 中试件在前 6 个干湿循环,溶液 C 中试件在前 4 个循环形成了钝化膜。另外,溶液 A 中试件的极化电阻最大,增加最为明显,溶液 B 中试件次之,溶液 C 中试件最小。这一结果表明溶液中的离子种类对钝化膜的形成时间及极化电阻产生了明显的影响。

7.3　临界氯离子浓度与影响因素分析

7.3.1　临界氯离子含量

前面判断钢筋开始脱钝后,将钢筋混凝土长方体试件置于压力试验机上顺筋劈开,观察钢筋表面的脱钝状况,然后对试件中脱钝钢筋附近 2 mm 厚度的混凝土进行磨粉取样。本章采用自由氯离子含量和总氯离子含量来表示临界氯离子含量值,溶液 A、B 及 C 中试件内钢筋的临界氯离子含量见表 7.2。可以看出,3 种溶液试件中钢筋的脱钝时间及脱钝临界氯离子含量明显不同,说明离子种类对脱钝时间和脱钝临界氯离子含量具有显著的影响。溶液 A 侵蚀后混凝土中钢筋的脱钝临界自由氯离子含量和总氯离子含量最小、脱钝时间最大,溶液 B 次之,溶液 C 最小。

表 7.2　临界氯离子含量

溶液	开始脱钝时间 /月	临界自由氯离子含量 w_f/%	临界总氯离子含量 w_t/%
A	18	0.35	0.51
B	14	0.40	0.57
C	11	0.54	0.69

溶液 B 与 C 相比,在 5% 硫酸根离子和 2% 的 Mg^{2+} 的作用下,钢筋脱钝时间由 11 个月增加到 14 个月,增幅为 27.3%。钢筋脱钝临界氯离子含量对比:自由氯离子含量由 0.54% 下降到 0.4%,降幅为 25.9%;总氯离子含量由 0.69% 下降到 0.57%,降幅为 17.4%。结合第 3 章可知,硫酸根离子使得氯离子结合能力下降,释放了更多的 Cl^- 参与钢筋的脱钝,这与许多学者的研究结论相符。并且 SO_4^{2-} 会降低氯离子临界含量,提高钢筋的腐蚀速率。Mg^{2+} 同样释放了 Cl^- 参与钢筋的脱钝过程,SO_4^{2-} 和 Mg^{2+} 在腐蚀后期对混凝土有更大的破坏作用,使得 Cl^- 能够更加容易进入混凝土中。

与溶液 B 相比,溶液 A 在更高浓度的 Cl^-、Mg^{2+} 及少量 HCO_3^- 的作用下,钢筋脱钝时间由 14 个月增加到 18 个月,增幅为 28.6%。钢筋脱钝临界氯离子含量对比:自由氯离子含量由 0.40% 下降到 0.35%,降幅为 12.5%。总氯离子含量由 0.57% 下降到 0.51%,降幅为 10.5%。通常情况下,HCO_3^- 和 CO_3^{2-} 对混凝土本身负面影响较小,其副作用主要是降低混凝土孔溶液的 pH 并促使结合氯离子游离转化为自由氯离子,加速了钢筋的脱钝进程。

溶液 A 与溶液 C 相比,溶液 A 钢筋脱钝时间由 11 个月增加到 18 个月,增幅为 63.6%。钢筋脱钝临界氯离子含量对比:自由氯离子含量由 0.54% 下降到 0.35%,降幅为 35.1%;总氯离子含量由 0.69% 下降到 0.51%,降幅为 26.1%。说明盐渍土溶液对钢筋脱钝过程产生了巨大的影响。在这种环境中,钢筋混凝土建筑物的脱钝条件更低,具体到工程实践中,根据中国学者的研究,钢筋很快就开始脱钝锈蚀。

7.3.2　温度对钢筋锈蚀临界氯离子浓度的影响

为了研究不同温度作用对钢筋锈蚀临界氯离子浓度的影响,以 A 组氯盐作为 Cl^- 的来源,分别在的室内约 20 ℃、45 ℃、65 ℃ 条件下进行试验,45 ℃、65 ℃ 试验在恒温箱中进行加热,每隔 24 h 对钢筋进行一次测试。

不同温度作用下钢筋的测试结果如图 7.8 所示,由交流阻抗谱图拟合得到 C_{dl}、R_s、R_p 和 i_{corr} 随 Cl^- 浓度的变化,见表 7.3:室温情况下,当 Cl^- 浓度增加到 0.04 mol/L 时,Nyquist 图低频区出现 45 ℃ 上扬直线的现象,而在 45 ℃ 和 65 ℃ 环境下,Nyquist 图分别在 0.02 mol/L 和 0.01 mol/L 就出现了低频区 45 ℃ 直线上扬现象,这一现象说明随着温度的增加,溶液中的 Cl^- 变得更加活跃,加快了撞击钢筋表面钝化膜的频率。经 Zview

阻抗分析软件拟合后可知混凝土模拟液 pH＝12.8 时,在室温(约 20 ℃)、45 ℃、65 ℃作用下 A 溶液中钢筋锈蚀临界氯离子浓度分别为 0.10 mol/L、0.09 mol/L 及 0.04 mol/L,钢筋表面达到临界氯离子浓度后,钢筋锈蚀状况如图 7.9 所示。

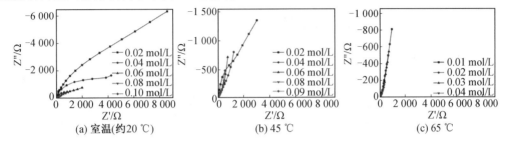

图 7.8　不同温度作用下 A 溶液 Nyquist 图随 Cl⁻ 浓度的变化图

表 7.3　C 溶液中 C_{dl}、R_s、R_p 和 i_{corr} 随 Cl⁻ 浓度的变化

温度	$C(Cl^-)/(mol \cdot L^{-1})$	$C_{dl}/(\mu F \cdot cm^{-2})$	$R_s/(\Omega \cdot cm^2)$	$R_p/(\Omega \cdot cm^2)$	$i_{corr}/(k\Omega \cdot cm^{-2})$
	0.02	122.9	7.8	7715	3.4
	0.04	108.3	15.5	1279	20.3
20 ℃	0.06	114.0	7.98	477	54.3
	0.08	170.4	9.1	315	82.2
	0.10	169.1	15.1	248	104.4
	0.02	86.8	12.6	2616	9.9
	0.04	55.3	13.4	1279	20.2
45 ℃	0.06	53.9	15.8	637	40.6
	0.08	115.9	9.4	377	68.7
	0.09	134.6	8.2	255	101.6
	0.01	91.7	19.3	865	29.9
	0.02	104.8	9.9	599	43.2
65 ℃	0.03	84.4	27.2	352	73.6
	0.04	83.5	14.2	171	151.5

图 7.9　锈蚀钢筋表面

7.4 微观形貌分析

7.4.1 钢筋－混凝土界面区微观形貌

钢筋－混凝土界面区是一个非常复杂的过渡区，包括 C－S－H 凝胶、氢氧化钙层和局部孔隙缺陷等。在研究诱发钢筋脱钝的条件时，除了临界氯离子含量值，钢筋－混凝土界面区的缺陷也值得考虑。Yonezawa 等人研究发现混凝土中的钢筋脱钝不仅取决于 $[Cl^-]/[OH^-]$，还与钢筋－混凝土界面区的孔洞有关。Glass 等人也具体分析了钢筋－混凝土界面区的气孔（airvoids）对钢筋脱钝的影响。Gonzalez 等人证实了即使在无氧条件下，由于隙缝的存在，钢筋同样会以较快的速度脱钝。以上研究均表明：钢筋－混凝土界面区各种类型的缺陷会导致此区域的钢筋比其他区域更容易发生脱钝。

干湿循环 18 个周期后，溶液 A、B 及 C 中试件钢筋－混凝土界面区混凝土的微观形貌和能谱图如图 7.10 所示，SEM 图放大倍数为 5 000 倍和 10 000 倍，由图 7.10(a)可知，界面区有大量针状的晶体和纤维聚集型晶体，同时界面区内孔洞也被针状晶体填充。钙矾石呈簇状凝结，钙矾石呈针状，向外生长；对应能谱图（EDS）中有 Ca、Cl、Na、Mg、O 及 Si 等，根据各元素比例关系，可以确定界面区产物为钙矾石晶体与石膏晶体。这两种晶体的生成说明硫酸根离子已经在界面区大量存在，并且参与了混凝土的化学反应，这些晶体逐步填充了混凝土的内部孔隙，减小了混凝土的孔隙率，增大了混凝土内部的密实度，使得溶液 A 中试件的混凝土电阻最大。硫酸根的大量存在，还降低了脱钝临界氯离子含量，增加了钢筋的脱钝时间。图 7.10(b)中有针状和纤维状晶体生成，但是明显要比 7.10(a)图中少，除针状产物外，还有少量片状产物生成。根据能谱图中元素 Ca、Cl、Na、Mg、O 及 Si 等，分析可知界面区产物为钙矾石晶体与石膏晶体和水泥水化产物片状 $Ca(OH)_2$。这些晶体对孔洞的覆盖并不严密。根据第 3 章内容可知，由于 B 溶液进入混凝土中硫酸根离子较 A 溶液要少，导致生成的钙矾石和石膏含量少于 A 溶液，所以，溶液 B 中试件的混凝土电阻比溶液 A 中试件小。由图 7.10(c)可知，与图 7.10(a)和 7.10(b)相比，其微观结构更加稀疏，存在较深较大孔隙；原因是界面区未受到硫酸盐腐蚀，结构主要由水泥水化产物片状 $Ca(OH)_2$ 组成，原有孔隙未被 Friedel 盐填充。所以，溶液 C 中试件的混凝土电阻最小，钢筋脱钝临界氯离子含量最高。

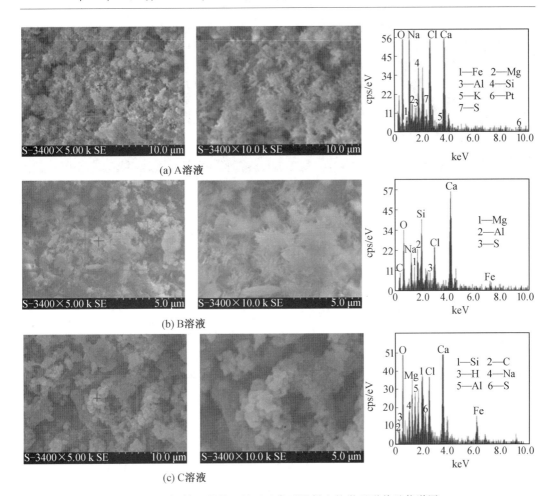

(a) A溶液

(b) B溶液

(c) C溶液

图 7.10　钢筋－混凝土界面区靠近混凝土的微观形貌及能谱图

7.4.2　钢筋表面微观形貌

为了更加形象地反映钢筋表面在不同试验阶段的变化,对钢筋的微观形貌进行了观察。本次试验分别对未钝化、钝化后及脱钝后的钢筋表面进行了微观观察,不同情况下钢筋电极表面经扫描电子显微镜放大 5 000 倍图像,如图 7.11 所示,从图 7.11(a)可以发现,未经任何处理的钢筋表面有打磨不均匀造成的划痕(图中 A 所示)及钢筋成型缺陷而造成的微小孔洞(图中 B 所示)。图 7.11(b)所示为钢筋在 pH＝13.8 的溶液中钝化两周之后表面的微观形貌,从图中可以清楚地看到在钢筋表面生成连续的、高低不平的钝化产物(图中 A 所示),并且附着在钢筋表面的孔洞上(图中 B 所示),钝化产物的表面并不完整致密,有一些孔洞,这说明即使在无氯盐环境下,钝化膜也是不完整的,这一结果与刘明等人的研究结果吻合。图 7.11(c)所示为脱钝后钢筋表面腐蚀凹坑的微观形貌,腐蚀凹坑内生成大量高低起伏颗粒状、棒状、网状结构的锈蚀产物连为一体,可以看出表层锈蚀产物结构疏松,容易剥落。

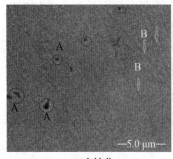  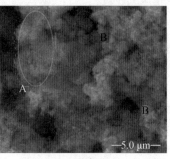

(a) 未钝化　　　　　　　(b) 钝化后　　　　　　　(c) 腐蚀后

图 7.11　试件表层 SEM 图像

7.5　钢筋脱钝时间预测模型建立与分析

7.5.1　钢筋脱钝时间预测模型

混凝土中钢筋的脱钝时间,是指氯离子从外界溶液扩散进入混凝土,穿透混凝土保护层到达钢筋表面,并且在钢筋表面逐渐积累到钢筋脱钝临界含量所经历的时间。氯离子在混凝土中的扩散行为可以用 Fick 定律来描述,考虑初始条件:$c(x(0),0)=c_0$;边界条件:$c(0,t)=c_s$,$c(\infty,t)=c_0$,取 $c(0)=0$。反解 Fick 第二定律可以得到

$$t=\frac{1}{D_t}\left[\frac{x}{2\ \mathrm{erf}^{-1}\left(1-\dfrac{c_{\mathrm{cri}}}{c_s}\right)}\right]^2 \tag{7.1}$$

式中,x 为混凝土保护层厚度(mm);c_{cri} 为钢筋临界氯离子含量(%);c_s 为混凝土表面自由氯离子含量(%);$\mathrm{erf}^{-1}(u)$ 为高斯误差函数的反函数,D_t 为饱和混凝土中氯离子表观扩散系数($\mathrm{mm^2/s}$)。

式(7.1)是一个包含时间参数 t 的方程,当 x 取为混凝土保护层厚度,$c_f(x,t)$ 取为钢筋脱钝临界氯离子含量 c_{cri} 时,反求 t,则可以得到钢筋脱钝时间预测模型。钢筋脱钝时间预测模型除了与临界氯离子含量 c_{cri} 及混凝土保护层厚度 x 有关外,还与两个参数混凝土表面自由氯离子含量 c_s 和氯离子表观扩散系数 D 有关。

根据第 3 章内容可知,混凝土暴露于实际氯盐环境中时,表面氯离子含量 c_s 并非一成不变,而是一个由低到高、逐渐达到饱和的时变过程。Costa 通过研究发现,表面氯离子含量与暴露时间之间符合幂函数关系,如公式(7.2)所示。因此,本章采用幂函数对第 3 章表 3.1 中 A、B 及 C 溶液的 c_s 试验数据进行拟合。

$$c_s(t)=a\cdot t^b \tag{7.2}$$

式中,$c_s(t)$ 为实际混凝土表面自由氯离子含量;t 为腐蚀时间(月)。

同时,根据第 3 章内容,由不同腐蚀时间下的氯离子扩散系数可以看出,氯离子扩散系数 D 随腐蚀时间的增加逐渐减小,也具有时变性。本章采用衰减指数 m 对第 3 章表 3.1 中 A、B、C 溶液的氯离子扩散系数 D 进行了修正,修正结果为

$$D_t=D_0\left(\frac{t_0}{t}\right)^m \tag{7.3}$$

式中，D_t 为氯离子实际扩散系数；t_0 为参照时间，本章取 1 个月；D_0 为腐蚀周期为 1 个月时的氯离子扩散系数；m 为衰减系数。

7.5.2　模型计算结果与分析

将各参数代入式(7.3)，得到既定保护层厚度处氯离子含量随时间的变化曲线，如图 7.12 所示。可以看出，混凝土保护层厚度为 10 mm 时，A、B 及 C 溶液中混凝土中钢筋脱钝时间分别为 25、24 和 11 个月；与试验值对比，A 和 C 溶液较为符合，B 溶液误差较大。原因是影响混凝土中氯离子扩散能力的因素很多，混凝土表面氯离子含量 c_s 的拟合结果没有 A 和 C 那么好。A、B 和 C 溶液中混凝土中钢筋的脱钝时间均随着保护层厚度的增加而显著增加，但是增加程度不同，C 溶液增加最快，B 溶液次之，A 溶液增加较慢；说明增加保护层厚度对 C 溶液中混凝土中钢筋的保护作用最有效，对 A 溶液中钢筋的效果最差。根据《混凝土结构设计规范》(GB 50010—2010)，设计使用年限为 100 年的大多数混凝土建筑物的保护层厚度均大于 30 mm，C 溶液中混凝土中钢筋大约在 103 个月脱钝，而 A 溶液则不用 73 个月就会脱钝，比 C 溶液快 30% 左右。说明盐渍土环境中钢筋会更快脱钝，严重影响了建筑物的使用寿命，因此，需要增加其他保护措施来延长建筑物中钢筋在盐渍土环境中的脱钝时间。综上所述，本章提出的钢筋脱钝时间预测模型较为准确，可用于西部氯盐渍土环境实际混凝土结构中钢筋的脱钝时间预测。

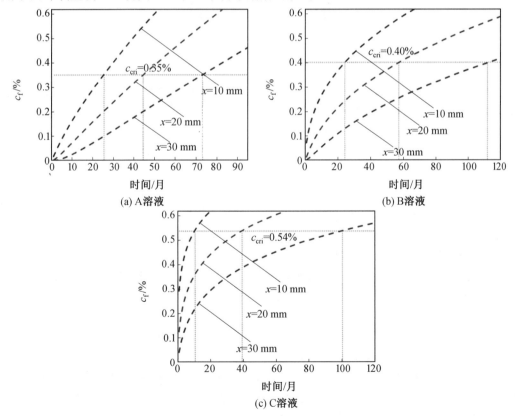

图 7.12　既定保护层厚度处氯离子含量随时间的变化曲线

第8章 盐渍土环境中混凝土
结构失效概率与寿命预测

本章针对盐渍土环境中混凝土结构的失效概率与使用寿命展开了系统性研究,共采取了4种研究方法:基于立方体抗压强度劣化的混凝土结构失效概率与寿命预测,基于临界氯离子浓度的混凝土寿命预测模型,基于扩散定律与Monte－Carlo的混凝土结构失效模型,以及基于BP神经网络预测混凝土结构的使用寿命。结果显示,这4种方法均能有效预测盐渍土环境中混凝土结构的使用寿命,可为盐渍土环境中混凝土结构的寿命预测及前期加固或后期修复工作提供有利参考依据。

8.1 基于立方体抗压强度劣化的
混凝土寿命预测

8.1.1 损伤深度预测

根据第7章内容可知 c_s 和 D 具有时变性,采用第7章公式(7.2)和(7.3)对第3章表3.1中A溶液的 c_s 和 D 试验数据进行回归,可得出 c_s 和 D 关于时间 t 的函数,其表达式分别如式(8.1)和(8.2)所示。分析结果如图8.1所示。

$$c_s(t) = 0.059\ t^{0.678} \tag{8.1}$$

$$D_t = 16.807 \cdot \left(\frac{1}{t}\right)^{0.45} \tag{8.2}$$

式中, $c_s(t)$ 为实际混凝土表面自由氯离子含量; t 为腐蚀时间(月); D_t 为氯离子实际扩散系数。

前面研究中已经给出了求解不同损伤深度时的自由氯离子含量,取 $c_f(x(t),t)=0.15\%$,然后将式(8.1)、(8.2)代入第3章中式(3.15)可以得到损伤深度的时变性公式,即

$$x_d(t) = 2\sqrt{16.807t^{0.45}} \cdot \mathrm{erf}^{-1}\left(1 - \frac{0.15}{0.059t^{0.678}}\right) \tag{8.3}$$

计算结果显示,随着腐蚀时间的增大,损伤深度逐渐增大,而且增大速率越来越慢,逐渐趋于稳定。当 $x(t)=a/2$ 时,腐蚀破坏区域扩大到整个试件,试件这时会完全开裂,也就是说损伤深度的限值为 $a/2$,此时腐蚀时间约为253个月(21.1年),远远小于混凝土正常使用年限50年。

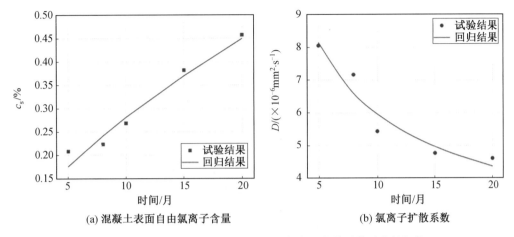

(a) 混凝土表面自由氯离子含量　　　　(b) 氯离子扩散系数

图 8.1　混凝土表面自由氯离子含量和氯离子扩散系数时变性规律

8.1.2　抗压强度寿命预测

基于以上研究,取 $c_f(x(t),t)=0.05\%$,参照式(8.3)可以得到扩散深度 x_c 的时变公式,即

$$x_c(t)=2\sqrt{16.807t^{0.45}}\cdot \mathrm{erf}^{-1}\left(1-\frac{0.05}{0.059\,t^{0.678}}\right)$$　　　　(8.4)

将式(8.3)和(8.4)代入式(4.2),可以得到盐渍土地区腐蚀混凝土抗压强度时变性公式,即

$$f_{cu}(t)=\begin{cases}\left[1-0.1\cdot\dfrac{a^2-(a-2\,x_d(t))^2}{a^2}+0.35\cdot\dfrac{(a-2\,x_d(t))^2-(a-2\,x_c(t))^2}{a^2}\right]\cdot f_{cu}(0)\\ x_d(t)=2\sqrt{16.807t^{0.55}}\cdot\mathrm{erf}^{-1}\left(1-\dfrac{0.15}{0.059t^{0.678}}\right)\\ x_c(t)=2\sqrt{16.807t^{0.55}}\cdot\mathrm{erf}^{-1}\left(1-\dfrac{0.05}{0.059t^{0.678}}\right)\end{cases}$$

(8.5)

盐渍土地区腐蚀混凝土抗压强度时变性预测如图 8.2 所示,可以看出,随着干湿循环时间的增加,抗压强度先迅速增大,紧接着迅速减小,然后缓慢下降,并且下降速率越来越慢,逐渐趋于稳定,约在 187 个月(15.6 年)时基本不再变化,强度大约降低到未腐蚀混凝土的 90%,如图中虚线位置。与中国西部盐渍土地区的敦煌站 1959 年埋设长达 36 年的实际混凝土抗压强度相比,本章所用的干湿循环浸泡试验对混凝土的劣化破坏时间明显更短,约为实际盐渍土腐蚀时间的 43%。

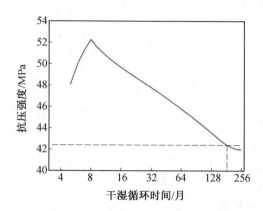

图 8.2　盐渍土地区腐蚀混凝土抗压强度时变性预测

8.2　基于临界氯离子浓度的混凝土寿命预测

8.2.1　混凝土寿命预测模型的建立

氯离子扩散系数是评价混凝土结构抗氯离子侵蚀性能的重要参数,扩散系数越大,抗氯离子侵蚀性能越差。本节采用 Fick 第二定律描述氯盐环境中混凝土的氯离子扩散性,混凝土既定深度处,自由氯离子扩散模型为

$$\frac{\partial c_{\mathrm{f}}}{\partial t} = D\,\frac{\partial^2 c_{\mathrm{f}}}{\partial x^2} + R \tag{8.6}$$

式中,c_{f} 为 t 时刻距混凝土表面 x 处自由氯离子含量;D 为混凝土既定深度 x 处 t 时刻未考虑氯离子结合作用影响的扩散系数;t 为侵蚀时间;R 为生成物反应速率。

生成物主要是指氯离子在扩散过程中,与混凝土经物理或化学反应而存在的结合氯离子,其反应速率可表示为

$$R = -\frac{\partial c_b}{\partial t} \tag{8.7}$$

式中,c_b 为 t 时刻距混凝土表面 x 处结合氯离子含量。

将式(8.6)与式(8.7)两边相加,得

$$\frac{\partial (c_{\mathrm{f}} + c_b)}{\partial t} = D\,\frac{\partial^2 c_{\mathrm{f}}}{\partial x^2} \tag{8.8}$$

设 $k = c_b/c_{\mathrm{f}}$,则式(8.8)可改写为

$$\frac{\partial c_{\mathrm{f}}}{\partial t} = \frac{D}{1+k} \cdot \frac{\partial^2 c_{\mathrm{f}}}{\partial x^2} \tag{8.9}$$

式(8.9)的数学解为

$$c_{\mathrm{f}} = c_0 + (c_s - c_0)\left[1 - \mathrm{erf}\left(\frac{x}{2\sqrt{[D/(1+k)] \cdot t}}\right)\right] = c_0 + (c_s - c_0)\left[1 - \mathrm{erf}\left(\frac{x}{2\sqrt{D_b t}}\right)\right] \tag{8.10}$$

其中,D_b 和 $\mathrm{erf}(y)$ 分别为

$$D_b = \frac{D}{1+k} \tag{8.11}$$

$$\mathrm{erf}(y) = \frac{2}{\sqrt{\pi}} \int_0^y e^{-x^2} \mathrm{d}x = \frac{2}{\sqrt{\pi}} \left(x - \frac{x^3}{1! \cdot 3} + \frac{x^5}{2! \cdot 5} - \frac{x^7}{3! \cdot 7} \cdot + \frac{(-1)^n x^{2n+1}}{n! \cdot (2n+1)} \right) \tag{8.12}$$

初始条件：$c(x, 0) = c_0$；边界条件：$c(0, t) = c_s$，$c(\infty, t) = c_0$。

式中，c_0 为混凝土内部初始氯离子含量，本章中取值为 0；c_s 为混凝土表层氯离子含量，根据闫长旺等人先前的一项研究，得到了各周期 0～8 mm 内自由氯离子浓度 c_s 随时间的变化趋势，时变模型与参数拟合值见表 8.1；D_b 为考虑氯离子结合作用的扩散系数；k 依据总氯离子含量和自由氯离子含量回归结果，取值为 0.544 8。

表 8.1　时变模型与参数拟合值

模型类型	表达式	参数值	R^2
平方根	$c_s = At^{0.5}$	$A = 0.081\ 36$	0.837 92
幂函数	$c_s = At^B$	$A = 0.268\ 71, B = 0.278\ 09$	0.906 22
对数	$c_s = A + B\ln x$	$A = -0.414\ 2, B = 0.301\ 79$	0.975 73

由式(8.10)～(8.12)所示氯离子扩散模型，可求得不同浸泡时间、不同扩散深度处氯离子扩散系数，如图 8.3 和图 8.4 所示。

由图 8.3 所示扩散系数试验结果可知，浸泡时间相同的试件，扩散系数 D 随着扩散深度的增加而增大，原因可能是随着扩散深度的增加，氯离子含量梯度增大，促使氯离子扩散的压力增大，相对地降低了抵抗氯离子扩散的能力，增大了扩散系数。并且随着浸泡时间的增加，氯离子不断向试件内部扩散，含量梯度变得不明显，扩散系数 D 随扩散深度的增长速率变缓。由此可见，在既定时间扩散系数随扩散深度的变化而变化，并不是恒定的常数。

经分析，扩散系数与扩散深度符合幂函数关系为

$$D(x) = A x_d^{\ m} \tag{8.13}$$

式中，各参数见表 8.2，R^2 均大于 0.98，表明式(8.13)可用于描述扩散系数与扩散深度的关系。

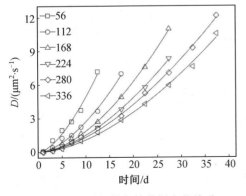

图 8.3　扩散系数与扩散深度的关系

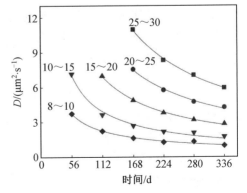

图 8.4　扩散系数与浸泡时长的关系图

表 8.2 各测试时间 A、m、R^2 值

测试时间/d	56	112	168	224	280	336
A	0.131 59	0.059 44	0.033 89	0.031 64	0.028 86	0.021 99
m	1.571 53	1.658 43	1.741 39	1.678 41	1.663 58	1.694 58
R^2	0.983 5	0.991 3	0.999 1	0.998 9	0.998 7	0.996 5

由图 8.3、图 8.4 中所示曲线可以看出,同一扩散深度处,试件扩散系数 D 随着浸泡时间的增加而逐渐减小。产生这一现象的原因可能是氯离子与试件中 C_3A 反应生成 Friedel 盐,不断填充在混凝土孔隙中,阻碍了氯离子的有效扩散。

Mangat 等人采用如式(8.14)所示的幂函数描述氯离子扩散系数随时间的变化规律。

$$D(t) = B t^{-n} \tag{8.14}$$

式中,$D(t)$ 为浸泡时间为 t 时的扩散系数;B 为经验系数;n 为时间衰减指数。将图 8.4 所示数据中时间单位以秒表示,深度单位以 mm 表示,通过对各测试层扩散系数回归,得出式中各参数如表 8.3 所示,R^2 均大于 0.98,表明式(8.14)可用于描述扩散系数与浸泡时间的关系。

表 8.3 各测试层 B、n、R^2 值

测试层/mm	8~10	10~15	15~20	20~25	25~30
B	0.265 56	2.839 71	5.407 1	9.621 81	21.959 69
n	0.726 18	0.838 54	0.843 38	0.852 94	0.880 13
R^2	0.990 5	0.986 7	0.998 1	0.991 2	0.996 6

8.2.2 使用寿命评估

由以上分析可知,氯离子扩散系数既随扩散深度的变化而变化,又随浸泡时间的变化而变化,是扩散深度(x)和浸泡时间(t)的函数,即 $D(x,t)$。因此,基于氯离子扩散系数评估西部盐渍土地区钢筋混凝土使用寿命,不仅应考虑时间因素,还应考虑混凝土保护层厚度(扩散深度)的影响。

西部盐渍土地区钢筋混凝土结构的使用寿命,是混凝土保护层中钢筋表面氯离子含量从零增加到钢筋锈蚀临界氯离子含量所经历的时间。由氯离子扩散模型(式(8.10))可得混凝土使用寿命预测模型,即

$$t = \frac{(1+k)x^2}{4D \left[\mathrm{erf}^{-1}(1-c_f/c_s) \right]^2} \tag{8.15}$$

式中,D 为预期保护层厚度处氯离子扩散系数,采用式(8.13)确定,与时间的关系采用式(8.14)确定。保护层厚度(x)为 10 mm、20 mm、30 mm 时氯离子含量与使用时间的关系曲线如图 8.5 所示。

本章试验环境以 15% 的单一 NaCl 溶液为例,因此在本次计算中采用 C 溶液中钢筋锈蚀临界氯离子含量 0.54%,由此得出在 NaCl 质量分数为 15%,保护层厚度为 10 mm

时,混凝土使用寿命约为 6 年;保护层厚度为 20 mm 时,混凝土使用寿命约为 28.2 年;保护层厚度为 30 mm 时,混凝土使用寿命约为 74 年。

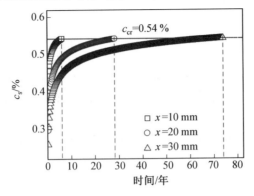

图 8.5　既定保护层厚度处氯离子含量与时间的关系曲线

8.3　基于扩散定律与 Monte－Carlo 法的混凝土结构失效模型

8.3.1　结构可靠度与 Monte－Carlo 法

结构可靠度是指结构在服役过程中完成预定功能的概率,其功能函数为

$$Z=R-S \tag{8.16}$$

式中,R 为结构本身具有的广义抵抗力;S 为结构承受的广义荷载。将其应用于混凝土结构耐久性分析中,$Z<0$ 表示耐久性失效状态,$Z=0$ 表示耐久性极限状态,$Z>0$ 表示耐久性可靠状态。对于受到氯盐侵蚀的混凝土结构,可以将钢筋发生锈蚀的临界氯离子浓度 c_{cr} 作为广义抵抗力 R,混凝土中钢筋表面的自由氯离子含量 c_f 作为广义荷载 S,则混凝土结构耐久性失效概率为

$$P_f=P\{Z=c_{cr}-c_f<0\} \tag{8.17}$$

表示当混凝土中钢筋表面的自由氯离子含量达到致使钢筋发生锈蚀的临界氯离子浓度时,混凝土结构处于耐久性极限状态,随着 c_f 含量继续增加,混凝土结构将会发生耐久性失效。

Monte－Carlo 法是计算结构可靠度的有效手段,其基本原理是在大量试验基础上通过某一事件发生的频率近似评估该事件发生的概率,且随着模拟次数增加,评估结果的精确度会逐渐提高。应用 Monte－Carlo 法计算结构可靠度的基本思路是将耐久性失效概率模型中的参数做随机化处理,确定模型中参数服从的分布函数,根据分布函数产生大量随机数,利用计算机进行大量模拟试验,假设模拟次数为 N,模拟中出现 $Z=c_{cr}-c_f<0$ 的次数为 n,则混凝土结构耐久性失效概率 $P_f=n/N$。

基于假设,Fick 扩散定律的扩散方程为

$$\frac{\partial c_f}{\partial t}=D\frac{\partial^2 c_f}{\partial x^2} \tag{8.18}$$

利用边界条件:$c(0,t)=c_s,c(\infty,t)=c_0$,初始条件:$c(x,0)=c_0$ 可以得到 Fick 扩散定律的

数学解,即

$$c_f = (x,t) = c_0 + (c_s - c_0) \left[1 - \text{erf}\left(\frac{x}{2\sqrt{Dt}} \right) \right] \tag{8.19}$$

$$\text{erf}(x) = \frac{2}{\sqrt{\pi}} \int_0^u e^{-t^2} dt \tag{8.20}$$

式中,c_f 为 t 时刻混凝土中深度 x 处自由氯离子含量;c_0 为混凝土中初始氯离子含量;c_s 为混凝土表面氯离子含量;x 为侵蚀深度;D 为氯离子扩散系数;t 为时间;$\text{erf}(u)$ 为高斯误差函数。

当侵蚀深度 x 等于混凝土结构保护层厚度 d,即氯离子已到达钢筋表面,此时混凝土结构耐久性失效概率为

$$P_f = P\{Z = c_{cr} - c(d,t) < 0\} \tag{8.21}$$

当式(8.21)中 $t = T$(混凝土结构使用寿命)时,表示钢筋表面 c_f 含量等于 c_{cr},钢筋表面钝化膜被破坏,钢筋发生锈蚀,混凝土结构达到使用寿命,处于耐久性极限状态,即

$$P_f = P\{Z = c_{cr} - c(d,t) = 0\} \tag{8.22}$$

假定混凝土中初始氯离子含量 $c_0 = 0$,同时考虑混凝土氯离子结合能力与扩散系数衰减性,将式(8.19)代入式(8.21)可得到混凝土结构耐久性失效概率模型,即

$$P_f = P\left\{ c_{cr} - c_s \left[1 - \text{erf}\left(\frac{d}{2\sqrt{\frac{D_t}{(1+R)}t}} \right) \right] < 0 \right\} \tag{8.23}$$

混凝土结构使用寿命可以分为诱导期、发展期、失效期三个阶段,其中诱导期经历时间最长,本节主要计算混凝土结构在诱导期发生耐久性失效的概率,将发展期和失效期作为混凝土结构的安全储备,不进行计算。

8.3.2 参数概率统计特征

(1)R 概率统计。

根据第 3 章关于不同干湿循环时间 A、B 和 C 溶液中混凝土氯离子结合能力(R)的计算结果,计算其概率统计特征值,计算结果见表 8.4。

表 8.4 R 概率统计特征值

溶液类型	时间/d					概率统计特征值		
	150	240	300	450	600	均值 μ	标准差 σ	变异系数
A	0.346 2	0.358 8	0.327 9	0.370 1	0.354 2	0.351 4	0.015 7	0.044 7
B	0.255 7	0.277 0	0.276 4	0.287 9	0.245 6	0.268 5	0.017 3	0.064 4
C	0.579 8	0.482 4	0.488 1	0.458 4	0.460 2	0.493 9	0.049 8	0.100 8

利用 Jarque-Bera 正态性检验方法检验 R 值是否服从正态分布。Jarque-Bera 检验是根据正态分布偏度系数(S)和峰度系数(K)构造一个服从于自由度为 2 的卡方(χ^2)分布统计量 JB,即

$$JB = \frac{n}{6}\left(S^2 + \frac{1}{4}(K-3)^2\right) \sim \chi^2(2) \tag{8.24}$$

其中,偏度系数的表达式为

$$S = \frac{1}{n}\sum_{i=1}^{n}\left(\frac{x_i - \bar{x}}{s}\right)^3 \tag{8.25}$$

峰度系数的表达式为

$$K = \frac{1}{n}\sum_{i=1}^{n}\left(\frac{x_i - \bar{x}}{s}\right)^4 \tag{8.26}$$

式中,n 为样本容量;$\bar{x}$ 为样本均值;s 为样本标准差。设定显著性水平 $\alpha = 0.05$ 时,$\chi^2(2) = 5.991$,若计算所得 JB < 5.991,则可以认为参数不拒绝服从正态分布,反之则拒绝服从正态分布。

计算得到 A、B 及 C 溶液中 R 的 JB 值分别为 0.302 4、0.503 4 和 1.290 4,均小于 5.991,因此 R 不拒绝服从正态分布,即 A 溶液中 $R \sim N(0.351\ 4, 0.015\ 7)$,B 溶液中 $R \sim N(0.268\ 5, 0.017\ 3)$,C 溶液中 $R \sim N(0.493\ 9, 0.049\ 8)$。

(2)c_s 概率统计特征。

本节中利用式(8.27)回归得到了 A、B 和 C 溶液中混凝土表面自由氯离子含量,回归结果见表 8.5。由表 8.5 的回归结果可以看出,R^2 均在 0.9 以上,表明回归结果的可信度较高。

$$y = A\,e^{-x/t} + B \tag{8.27}$$

表 8.5　A、B、C 溶液 c_s 回归值　　　　　　　　　%

时间/d	150	240	300	450	600
A 溶液	0.248 7	0.242 4	0.295 0	0.548 5	0.499 1
	$R^2 = 0.973\ 8$	$R^2 = 0.985\ 9$	$R^2 = 0.967\ 5$	$R^2 = 0.916\ 0$	$R^2 = 0.936\ 5$
B 溶液	0.331 9	0.447 2	0.514 8	0.523 2	0.594 1
	$R^2 = 990\ 8$	$R^2 = 0.973\ 7$	$R^2 = 0.995\ 2$	$R^2 = 0.991\ 8$	$R^2 = 0.961\ 2$
C 溶液	0.522 4	0.570 6	0.629 7	0.660 1	0.703 4
	$R^2 = 0.970\ 5$	$R^2 = 0.929\ 1$	$R^2 = 0.980\ 3$	$R^2 = 0.980\ 5$	$R^2 = 0.992\ 6$

由表 8.5,可计算其概率统计特征值,计算结果见表 8.6。计算得到 A、B、C 溶液中 c_s 的 JB 值分别为 0.744 4、0.394 6 和 0.377 9,均小于 5.991,因此 c_s 不拒绝服从正态分布,即 A 溶液中 $c_s \sim N(0.366\ 7, 0.145\ 9)$,B 溶液中 $c_s \sim N(0.482\ 2, 0.098\ 8)$ 及 C 溶液中 $c_s \sim N(0.617\ 2, 0.071\ 7)$。

表 8.6 c_s概率统计特征值 %

溶液类型	时间/d					概率统计特征值		
	150	240	300	450	600	均值 μ	标准差 σ	变异系数
A	0.248 7	0.242 4	0.295 0	0.548 5	0.499 1	0.366 7	0.145 9	0.397 7
B	0.331 9	0.447 2	0.514 8	0.523 2	0.594 1	0.482 2	0.098 8	0.205 0
C	0.522 4	0.570 6	0.629 7	0.660 1	0.703 4	0.617 2	0.071 7	0.116 2

(3)D_t概率统计特征。

本节中基于 Thomas 提出的衰减系数 m 计算了 A、B 和 C 3 种溶液的氯离子扩散系数。衰减系数 m 的表达式为

$$m = \frac{\ln D_0 - \ln D_t}{\ln t - \ln t_0} \tag{8.28}$$

式中,D_t为氯离子实际扩散系数;t_0为参照时间;D_0为 t_0 时的基准扩散系数;m 为衰减系数。设定 D_0 为干湿循环 150 d 的氯离子扩散系数,$t_0=150$ d,D_t 为干湿循环时间 240 d、300 d、450 d、600 d 的氯离子扩散系数。由于距混凝土表面 0～5 mm 范围内混凝土氯离子扩散系数受外界温度、湿度影响较大,计算衰减系数 m 时选取扩散深度为 5～20 mm 的氯离子扩散系数。

利用式(8.28)可计算 A、B 和 C 溶液中混凝土内部同一侵蚀深度处的衰减系数,计算结果见表 8.7。

表 8.7 衰减系数 m 的计算值

深度/mm	4～6	6～8	8～10	10～12	12～14	14～16	16～18	18～20	均值
A	0.095 9	0.147 1	0.419 5	0.208 2	0.203 2	0.115 0	0.188 3	0.191 7	0.196 1
B	0.468 3	0.563 2	0.515 2	0.535 9	0.436 1	0.549 3	0.536 3	0.445 2	0.506 1
C	0.534 7	0.691 7	0.658 0	0.555 7	0.527 9	0.604 4	0.591 4	0.690 4	0.606 7

衰减系数是表征混凝土中氯离子实际扩散系数大小的重要参数。由表 8.7 可知,C 溶液中的 m 值最大,B 溶液次之,A 溶液最小。表明氯离子扩散系数在 C 溶液中的衰减速度最快,B 溶液次之,A 溶液最慢。由此可知,外界溶液类型对衰减系数有显著影响,根据对氯离子扩散性能的分析结果,与 C 溶液相比,A 和 B 溶液中混凝土的氯离子结合能力较小,因此 A 和 B 溶液衰减系数较小可能是由于其氯离子结合能力较小造成的。利用本节 8.3.1 和表 8.7 中的衰减系数 m 的均值可计算出氯离子实际扩散系数 D_t,结果见表 8.8。

表 8.8　D_t 概率统计特征值　　　　　　　　　　　（$\times 10^{-6}\,\mathrm{mm^2/s}$）

溶液类型	时间/d					概率统计特征值		
	150	240	300	450	600	均值 μ	标准差 σ	变异系数
A	8.158 0	7.439 7	7.121 2	6.576 9	6.216 1	8.298 8	2.748 1	0.331 1
B	9.028 5	7.117 2	6.357 2	5.177 8	4.476 2	7.102 3	0.756 7	0.106 5
C	12.374	9.304 0	8.126 0	6.353 9	5.336	6.431 4	1.775 9	0.276 1

根据表 8.8,可计算得到 A、B、C 溶液中 D_t 的 JB 值分别为 0.320 5、0.366 0 和 0.389 8,均小于 5.991,因此 D_t 不拒绝服从正态分布,即 A 溶液中 $D_t \sim N(7.102\ 3,\ 0.756\ 7)$,B 溶液中 $D_t \sim N(6.431\ 4,\ 1.775\ 9)$ 和 C 溶液中 $D_t \sim N(8.298\ 8,\ 2.748\ 1)$。

(4) c_{cr} 与 d 的确定概率统计特征。

依据第 7 章研究内容,可知测定钢筋锈蚀临界氯离子浓度 c_{cr} 的试验方法是将预埋钢筋的混凝土试件置于 A、B 和 C 溶液中,在腐蚀液中浸泡 15 d,然后在自然条件下干燥 15 d,利用电化学工作站实时监测混凝土中钢筋的锈蚀情况,钢筋发生锈蚀后,测定氯离子侵蚀方向上钢筋表层 2 mm 范围内混凝土中的自由氯离子含量,作为钢筋锈蚀临界氯离子浓度 c_{cr},试验结果见表 7.2。

我国《混凝土结构设计规范》(GB 50010—2010)中将受除冰盐、海风影响的环境类别划分为三 a,该环境类别要求板、墙、壳的混凝土最小保护层厚度不应小于 30 mm,梁、柱、杆的最小保护层厚度不应小于 40 mm;将盐渍土环境类别划分为三 b,该环境类别要求板、墙、壳的混凝土最小保护层厚度不应小于 40mm,梁、柱、杆的最小保护层厚度不应小于 50 mm。根据规范要求,本节计算混凝土结构耐久性失效概率时选取的保护层厚度分别为 30 mm、40 mm、50 mm。

8.3.3　混凝土结构耐久性失效概率分析

经过验证,混凝土结构耐久性失效概率模型中参数 R、c_s 和 D_t 均服从正态分布,概率统计特征如表 8.9 所示。A、B 和 C 溶液中 c_{cr} 值根据表 7.2 选取,混凝土保护层厚度 d 根据《混凝土结构设计规范》(GB 50010—2010)中要求,分别取 30 mm、40 mm、50 mm。《混凝土结构耐久性设计标准》(GB/T 50476—2019)中建议,混凝土结构耐久性失效概率值 P_f 应在 5%~10% 之间,本节将 $P_f = 5\%$ 设定为混凝土结构耐久性极限状态,若 $P_f > 5\%$ 则判定混凝土结构发生耐久性失效。应用 Monte-Carlo 法计算不同保护层厚度混凝土结构耐久性失效概率,模拟次数设定为 2 000 次,计算结果如图 8.6 所示。图中虚线表示 $P_f = 5\%$,即混凝土结构处于耐久性极限状态时,混凝土结构能够达到的使用寿命。

表8.9 R、c_s、D_t概率统计特征

溶液类型	R	c_s	D_t
A	$N(0.351\ 4,\ 0.015\ 7)$	$N(0.366\ 7,\ 0.145\ 9)$	$N(7.102\ 3,\ 0.756\ 7)$
B	$N(0.268\ 5,\ 0.017\ 3)$	$N(0.482\ 2,\ 0.098\ 8)$	$N(6.431\ 4,\ 1.775\ 9)$
C	$N(0.493\ 9,\ 0.049\ 8)$	$N(0.617\ 2,\ 0.071\ 7)$	$N(8.298\ 8,\ 2.748\ 1)$

图8.6表明,随着混凝土结构使用年限增加,其耐久性失效概率逐渐增大,随着保护层厚度增加,混凝土结构在耐久性极限状态能够达到的使用寿命逐渐增大。对于不同混凝土保护层厚度,C溶液中混凝土结构在耐久性极限状态时达到的使用寿命最大,B溶液次之,A溶液最小。其中当 $d=30$ mm 时,C溶液中混凝土结构使用寿命在23～24年之间,A溶液在9～10年之间,B溶液在11～12年之间;$d=40$ mm 时,C溶液在39～40年之间,A溶液在16～17年之间,B溶液在21～22年之间;$d=50$ mm 时,C溶液在61～62年之间,A溶液在25～26年之间,B溶液在32～33年之间。为了便于分析,将上述所列使用寿命范围两个时间点的均值作为耐久性极限状态时混凝土结构能够达到的使用寿命,结果见表8.10。

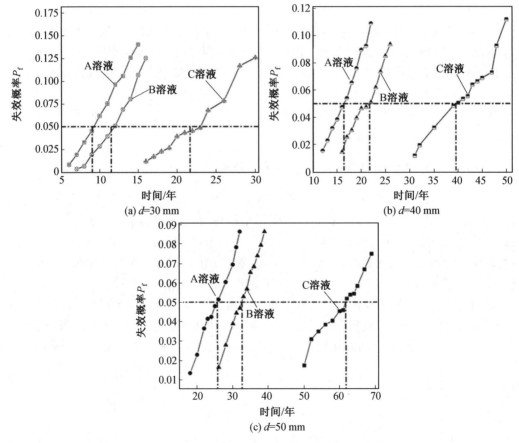

图8.6 A、B和C溶液中混凝土结构耐久性失效概率

表 8.10　耐久性极限状态时混凝土结构使用寿命　　　　　　　　　年

d/mm	A	B	C
30	9.5	11.5	23.5
40	16.5	21.5	39.5
50	25.5	32.5	61.5

从表 8.10 可以看出,当 A、B 和 C 溶液中混凝土保护层厚度从 30 mm 增加至 50 mm 时,C 溶液中混凝土结构使用寿命提高了 38 年,A 溶液提高了 16 年,B 溶液提高了 21 年,表明 A、B 和 C 溶液中混凝土结构在 $P_f = 5\%$ 时的使用寿命对保护层厚度的敏感程度不同。根据第 2 章关于不同溶液类型中混凝土内部结构劣化机理的分析,随着结构服役时间增加,A 和 B 溶液中混凝土内部结构的劣化程度要远远高于 C 溶液,因此对于 A 和 B 溶液中混凝土结构,仅提高混凝土保护层厚度对增加使用寿命并无显著效用。

在一般情况下,混凝土保护层厚度越大,结构发生耐久性失效的概率越小,但对于受拉、受弯和偏心受压的混凝土构件,保护层厚度越大,混凝土结构开裂时产生的横向裂缝宽度值也越大。对于盐渍土环境中的混凝土结构,在满足结构最小保护层厚度基础上,必须充分考虑对裂缝宽度的限制。因此对于盐渍土环境中混凝土结构的耐久性设计,为保证结构能够达到设计使用寿命,不能仅靠增加混凝土保护层厚度,应考虑提前对结构进行抗腐蚀防护。

8.4　基于 BP 神经网络预测混凝土结构的使用寿命

8.4.1　建立基于修正后的 Fick 扩散定律的使用寿命模型

本节所用的腐蚀溶液同第 2 章的 C 溶液,试件采用边长为 100 mm 的 C35 级混凝土立方体。试件留有一面作为扩散面,其余 5 面涂防水胶,浸泡周期为 56 d、112 d、168 d、224 d、280 d 及 336 d。待试件浸泡时间达到设定时间时,将其进行磨粉取样,根据第 2 章所述方法测定混凝土中自由氯离子和总氯离子含量,测定结果如图 8.7 所示。

由于氯离子在混凝土中扩散时会表现出一定的结合能力(R),部分自由氯离子与 C_3A 水化产物发生结合转化为结合氯离子,R 的线性回归值如表 8.11 所示。由图 8.7(a) 和 8.7(b) 可以看出,c_f 和 c_t 随扩散深度分布规律大体上相同,在混凝土试件中均呈现出先增长后降低的趋势;沿混凝土扩散深度方向,二者均存在明显的 Cl^- 峰值含量;达到峰值含量后,随着扩散深度的增加,Cl^- 含量均呈现出逐渐减小的趋势;并且随着浸泡时间的增加,Cl^- 扩散深度也表现出加大的趋势。相同扩散深度处,c_t 约为 c_f 的 1.544 8 倍,而在海洋环境中,这一比值在 1.1～1.3 范围内,可见,西部盐渍土介质对混凝土中 Cl^- 含量有明显的影响。

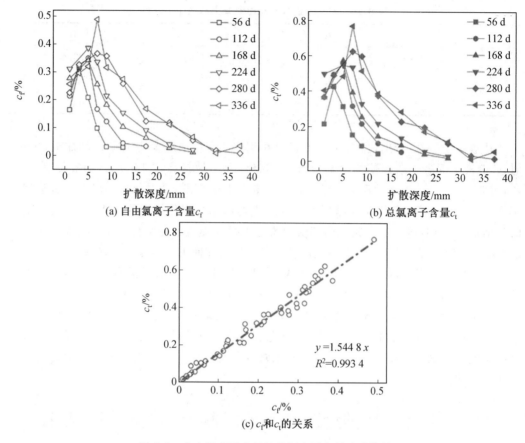

(a) 自由氯离子含量c_f　　　　　　　(b) 总氯离子含量c_t

(c) c_f和c_t的关系

图 8.7　自由氯离子含量及总氯离子含量试验结果

表 8.11　R 的线性回归值

浸泡时间 /d	56	112	168	224	280	336
R	0.272 2	0.507 3	0.557 2	0.496 0	0.602 4	0.535 2

考虑到混凝土结构在服役期间所受的外界环境一般都较为复杂,因此在距混凝土表面一定深度内,氯离子扩散受外界影响较大,该区域内氯离子扩散一般不服从 Fick 扩散定律,可将该区域定义为对流区,其深度称为对流区深度(X_c),对流区后的区域定义为氯离子扩散区,两个区域交界处的氯离子浓度定义为扩散区氯离子浓度(c_{sc})。为保证 Fick 扩散定律的适用性,考虑将氯离子扩散表面由混凝土表面内移至扩散区表面,本节将混凝土表面距自由氯离子含量峰值处的距离定义为对流区深度,自由氯离子含量的峰值即为扩散区氯离子浓度,根据试验结果,X_c 和 c_{sc} 的线性回归值分别见表 8.12 和 8.13。

表 8.12　X_c 线性回归值

浸泡时间 /d	56	112	168	224	280	336
X_c	0.272 2	0.507 3	0.557 2	0.496 0	0.602 4	0.535 2

表 8.13　c_{sc} 线性回归值

浸泡时间 /d	56	112	168	224	280	336
c_{sc}	0.272 2	0.507 3	0.557 2	0.496 0	0.602 4	0.535 2

Fick 扩散定律中假设扩散系数是常数,而实际上氯离子扩散系数是随时间衰减的,因此,随时间变化的扩散系数可表示为式(7.3)。基于式(7.3),可得到 D_t 的计算结果如表 8.14 所示。

表 8.14　D_t 计算结果

浸泡时间 /d	112	168	224	280	336
D_t	41.336	29.773 2	23.576 3	19.675 6	15.971 5

经过上述对式(8.18)～(8.20)的修正,Fick 扩散定律的解析由式(8.19)可转化为

$$c(x,t)=c_0+(c_{sc}-c_0)\left[1-\text{erf}\left[\frac{x-X_c}{2\sqrt{\dfrac{D_t}{1+R}t}}\right]\right]\qquad(8.29)$$

因此,由式(8.29)可得到混凝土结构使用寿命公式,即

$$T=\frac{(1+R)(d-X_0)^2}{4D_t\left[\text{erf}^{-1}\left(1-\dfrac{c_{cr}}{c_{sc}}\right)\right]^2}\qquad(8.30)$$

本节在预测混凝土结构使用寿命时假定混凝土保护层厚度为 30 mm,根据已有研究,钢筋锈蚀的临界氯离子含量取胶凝材料质量的 0.52%。利用 MATLAB 中 jbtest 函数对 R、X_c、c_{sc} 及 D_t 进行正态性检验,检验结果表明它们全部服从正态分布,统计特征见表 8.15。

表 8.15　参数统计特征

统计特征	R	X_c/mm	c_{sc}/%	D_t/(mm^2 · 年$^{-1}$)
均值	41.336	29.773 2	23.576 3	19.675 6
标准差	0.115 6	1.505 5	0.060 6	9.711 9

8.4.2　BP 神经网络及其样本生成

BP 神经网络是由神经元经相互连接形成的网络系统,当网络的输入值具有一定函数关系时,网络可通过训练样本进行自动学习,以一定精度逼近该函数关系,特别适合分析多因素非线性问题。本节基于试验结果和 Fick 修正模型中参数的统计特征,利用式(8.30)得到 45 组供 BP 神经网络应用的训练样本和预测样本,见表 8.16,其中 R、X_c、c_{sc}、D_t、c_{cr}、d 为输入值,T 为输出值。

表 8.16　神经网络模型样本

R	X_c	$c_{sc}/\%$	$D_t/(mm^2 \cdot 年^{-1})$	$c_{cr}/\%$	d/mm	$T/年$
0.478 67	5.167 0	0.355 11	35.201	0.52	30	30.760
0.559 75	4.314 3	0.344 25	28.656	0.52	30	37.591
0.418 39	4.483 2	0.380 08	25.547	0.52	30	78.744
0.287 61	4.165 0	0.333 77	18.083	0.52	30	40.207
0.517 96	3.204 6	0.373 68	25.998	0.52	30	79.863
0.489 49	5.641 3	0.355 46	27.721	0.52	30	41.851
0.485 90	4.997 8	0.348 24	24.654	0.52	30	42.742
0.402 51	3.194 3	0.377 43	29.327	0.52	30	70.787
0.616 69	4.469 9	0.355 92	29.452	0.52	30	47.402
0.302 72	5.146 5	0.386 07	30.892	0.52	30	64.466
0.472 94	4.055 1	0.342 84	25.566	0.52	30	39.454
0.497 02	4.337 0	0.327 39	21.351	0.52	30	34.258
0.408 71	6.556 7	0.396 17	40.356	0.52	30	59.261
0.401 02	2.997 4	0.340 99	31.587	0.52	30	31.688
0.440 28	5.169 4	0.389 58	38.269	0.52	30	61.970
0.520 81	5.841 5	0.381 90	26.670	0.52	30	75.347
0.711 42	6.890 5	0.398 01	33.541	0.52	30	87.723
0.380 41	8.519 4	0.375 29	23.683	0.52	30	52.982
0.447 55	3.773 8	0.339 65	29.234	0.52	30	32.482
0.546 64	8.253 8	0.332 11	21.327	0.52	30	28.045
0.475 68	6.556 1	0.312 44	7.260 1	0.52	30	60.260
0.337 15	7.286 9	0.381 54	20.601	0.52	30	75.234
0.575 69	4.501 7	0.350 18	40.142	0.52	30	30.112
0.551 05	5.676 7	0.350 26	13.130	0.52	30	82.587
0.472 70	5.866 5	0.379 80	35.052	0.52	30	52.985
0.392 64	4.399 9	0.340 61	21.756	0.52	30	40.788
0.359 41	1.739 3	0.359 04	34.016	0.52	30	45.048
0.521 62	2.291 5	0.374 20	32.915	0.52	30	68.344
0.434 35	6.426 3	0.324 17	21.502	0.52	30	25.716
0.532 93	3.899 8	0.355 25	19.906	0.52	30	68.563
0.640 06	3.337 7	0.375 16	36.550	0.52	30	62.663
0.372 97	6.081 6	0.357 96	25.809	0.52	30	42.021

续表 8.16

R	X_c	$c_{sc}/\%$	$D_t/(\mathrm{mm}^2 \cdot \text{年}^{-1})$	$c_{cr}/\%$	d/mm	$T/\text{年}$
0.566 13	5.231 4	0.387 97	38.713	0.52	30	63.992
0.465 55	2.943 6	0.389 43	45.089	0.52	30	63.336
0.378 60	6.897 1	0.404 99	44.361	0.52	30	62.668
0.561 12	4.355 8	0.359 48	33.045	0.52	30	44.235
0.362 57	5.824 3	0.379 91	37.769	0.52	30	45.767
0.340 64	6.321 3	0.363 67	19.258	0.52	30	60.517
0.420 70	4.673 5	0.366 63	26.673	0.52	30	56.282
0.531 49	4.681 8	0.350 36	20.714	0.52	30	56.118
0.589 39	3.835 5	0.369 95	38.996	0.52	30	49.211
0.556 22	4.051 4	0.343 03	21.417	0.52	30	49.965
0.495 10	6.038 8	0.341 90	16.743	0.52	30	51.175
0.313 99	6.085 8	0.371 16	26.153	0.52	30	51.955
0.507 82	3.208 7	0.370 45	38.225	0.52	30	50.447

8.4.3　BP 神经网络训练与预测

表 8.16 中前 40 组样本用于 BP 神经网络训练,训练误差曲线如图 8.8 所示,可以明显看出训练误差随训练次数的增加逐渐降低至目标误差 0.001,表明 BP 神经网络模型训练结果较好,可信度较好。

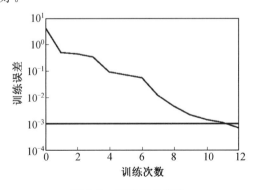

图 8.8　训练误差曲线

将表 8.16 后 5 组数据作为预测样本输入到已训练好的 BP 神经网络进行使用寿命预测,并对比 Fick 修正模型的预测结果,见表 8.17。可以明显看出 BP 模型的预测值与 Fick 修正模型的预测值很接近。假定混凝土保护层厚度为 30 mm,两个模型预测的使用寿命均在 50 年左右。

表 8.17 两个模型预测结果对比

BP 模型预测值/年	52.246	49.262	49.093	50.530	52.513
Fick 修正模型预测值/年	49.211	49.965	51.175	51.955	50.447

若以 Fick 修正模型预测值为标准,可以通过计算 BP 模型预测值的平均误差率评价其误差,平均误差率的计算公式为

$$\theta = \frac{1}{p} \sum_i \left(\left| \frac{o_i - t_i}{o_i} \right| \right) \times 100\%$$ (8.31)

式中,t 为目标值;o 为输出值;p 为样本数目。

第9章 盐渍土环境中钢筋混凝土 桥墩柱抗震性能试验研究

本章主要对钢筋混凝土桥墩柱试件的设计参数进行了说明,并阐述了试件的整个锈蚀过程和加载过程。按照盐渍土特点配制了标准腐蚀溶液,并对锈蚀试件进行了低周反复加载试验。考虑了 2 种轴压比和 6 种锈蚀率,试验中加载制度采用位移控制。对试件破坏形态进行了对比分析,发现本章所研究试件均为弯曲破坏。此外,对比分析了不同锈蚀率和不同轴压比下试件的滞回曲线和骨架曲线,在此基础上研究了锈蚀率和轴压比对试件刚度和强度的影响。

试验结果表明,轴压比一定时,锈蚀率越大,试件的损伤程度越明显。锈蚀率一定时,一定范围内,轴压比越大,试件破坏时的损伤程度越严重。此外,轴压比一定时,锈蚀率越小,试件的滞回曲线越饱满,随着锈蚀率的增大,滞回曲线逐渐表现出捏缩现象,而且极限位移逐渐减小。锈蚀率一定时,高轴压比的试件在峰值荷载后,荷载的下降速率大于低轴压比试件,所以极限位移较小,延性较差。此外,一定范围内,轴压比的增加会在一定程度上提高试件的刚度和强度,而锈蚀率的增大会降低试件的刚度和强度。

9.1 试验概况

9.1.1 试验材料

桥墩柱的组成材料主要有钢筋和混凝土,钢筋采用 HRB400 螺纹钢筋,钢筋实测屈服强度为 490 MPa,钢筋直径分为 8 mm、16 mm 及 25 mm 3 种,其中 8 mm 的钢筋被用于制作箍筋,16 mm 的钢筋为柱纵向钢筋,25 mm 的钢筋为桥墩主筋。混凝土采用商品混凝土,每个试件在浇筑时均预留 3 个立方体试块,与桥墩柱试件同条件养护,立方体试件的实测抗压强度平均值为 32 MPa。

9.1.2 试件设计与制作

本章共设计、制作了 12 根剪跨比为 4.5 的桥墩柱试件,试件制作现场照片及截面尺寸示意图如图 9.1 所示。由图 9.1 可以看出,试件由两部分组成。柱截面为 400 mm× 400 mm 的正方形,柱底部与矩形桥墩基础相连,成型试件为倒 T 字形。柱保护层厚度为 20 mm,桥墩基础保护层为 25 mm。试件配筋率为 1.76%,体积配箍率为 0.65%。试件主要设计参数见表 9.1。

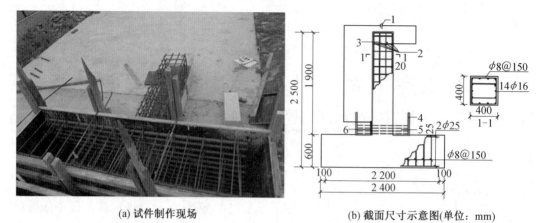

(a) 试件制作现场　　　　　　　　(b) 截面尺寸示意图(单位：mm)

图 9.1　试件制作现场及截面尺寸示意图

表 9.1　试件主要设计参数

试件名称	配筋率 ρ_s /%	剪跨比 λ /%	配箍率 ρ_v /%	轴压比 n	理论锈蚀率 /%	锈蚀时间 /h
SC—0.12—0	1.76	4.5	0.65	0.12	0	0
SC—0.12—1	1.76	4.5	0.65	0.12	8.14	312
SC—0.12—2	1.76	4.5	0.65	0.12	13.89	504
SC—0.12—3	1.76	4.5	0.65	0.12	16.23	636
SC—0.12—4	1.76	4.5	0.65	0.12	19.60	776
SC—0.12—5	1.76	4.5	0.65	0.12	22.82	912
SC—0.36—0	1.76	4.5	0.65	0.36	0	0
SC—0.36—1	1.76	4.5	0.65	0.36	8.14	312
SC—0.36—2	1.76	4.5	0.65	0.36	13.89	504
SC—0.36—3	1.76	4.5	0.65	0.36	16.23	636
SC—0.36—4	1.76	4.5	0.65	0.36	19.60	776
SC—0.36—5	1.76	4.5	0.65	0.36	22.82	912

9.1.3　试件锈蚀

现有研究中,关于钢筋混凝土结构锈蚀的方法主要有:①自然暴露法。②干湿循环试验法。③人工气候环境模拟试验法。④通电快速锈蚀法。由于采用前 3 种方法来锈蚀较为缓慢,需要时间太长,会对钢筋混凝土结构锈蚀的研究有阻碍作用。相比较而言,第④种方法不仅简洁易行,而且锈蚀速度较快,综合考虑,本章采用通电快速锈蚀法对所研究试件进行锈蚀试验;并利用法拉第定律对桥墩柱的理论锈蚀率进行了计算,腐蚀电流密度为 $0.8~\mathrm{mA/cm^2}$。锈蚀时间被设定为 6 种,分别为 0 h、312 h、504 h、636 h、776 h 及 912 h。

为了模拟盐渍土环境特点,基于以上研究结果配置了如表9.2所示的腐蚀溶液。利用环形塑料容器对试件进行了腐蚀,图9.2所示为试件腐蚀容器的固定过程。首先对试件根部周围进行了打磨、清洗,待处理干净之后,在其上均匀涂抹一层环氧树脂胶,随后将碳纤维布均匀地铺在环氧树脂胶上。几分钟过后,在碳纤维布上均匀涂抹一层环氧树脂胶,然后把腐蚀容器均匀放在上面,并用环氧树脂胶对其周围孔隙进行密封。

表9.2　腐蚀溶液成分及质量分数　　　　　　　　　　%

溶液化学成分	NaCl	Na_2SO_4	$NaHCO_3$	$MgCl_2$	KCl	$MgSO_4$
质量分数	15	3	0.5	2	0.5	0.5

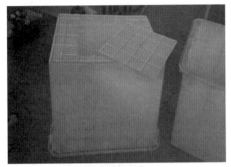

(a) 腐蚀容器制作

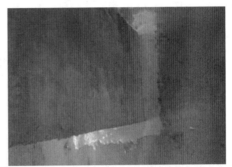

(b) 试件根部涂抹一层环氧树脂胶

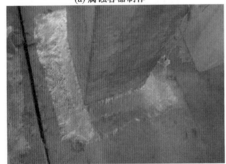

(c) 铺设碳纤维布

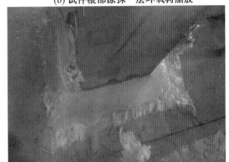

(d) 再次涂抹一层环氧树脂胶

(e) 对空隙进行密封

图9.2　腐蚀容器的固定过程

待腐蚀容器固定完毕,在容器中配制了标准腐蚀溶液。图9.3(a)为桥墩柱现场腐蚀图,9.3(b)为试件的电化学腐蚀示意图。

(a) 现场腐蚀图

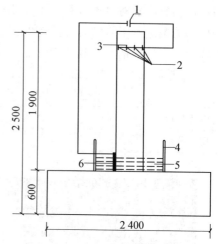

(b) 电化学腐蚀示意图(单位：mm)

图9.3　试件的电化学腐蚀

1—直流稳压电源；2—焊锡连接；3—纵筋；4—腐蚀容器；5—腐蚀溶液；6—不锈钢板

电化学腐蚀原理：在整个锈蚀过程中，将锈蚀钢筋作为阳极，不锈钢板作为阴极。其发生的化学反应如式(9.1)～(9.6)所示。

阳极区：

$$Fe \longrightarrow Fe^{2+} + 2e^-\tag{9.1}$$

阳极区电位：

$$Ea = E_{Fe^{2+}}/Fe\tag{9.2}$$

阴极区：

$$O_2 + 2H_2O + 4e^- \longrightarrow 4OH^-\tag{9.3}$$

阴极区电位：

$$E_c = Eo_2/OH^-\tag{9.4}$$

由于在混凝土中 Fe^{2+} 的迁移速度远小于 OH^-，所以当 OH^- 迁移到阳极区时，会发生如下反应。

$$Fe^{2+} + 2OH^- \longrightarrow Fe(OH)_2\tag{9.5}$$

当氧气和水充足的条件下，$Fe(OH)_2$ 会进一步被氧化为 $Fe(OH)_3$，即

$$4Fe(OH)_2 + O_2 + 2H_2O \longrightarrow 4Fe(OH)_3\tag{9.6}$$

$Fe(OH)_3$ 脱水后会生成 Fe_2O_3（红锈），而 $Fe(OH)_2$ 在供氧不足的条件下，则会生成 Fe_3O_4（黑锈）。所以锈蚀后的试件，锈蚀产物部分呈红色，而部分呈现黑色。如图9.4所示。

图 9.4　试件内外部腐蚀效果图

9.1.4　试件加载

为了模拟地震作用,根据《建筑抗震试验规程》(JGJ/T 101—2015),对所研究试件进行了低周反复加载试验。试验中考虑了轴压比的影响,根据《公路桥梁抗震设计细则》(JTG/T B02—01—2008),本章将试验轴压比设定为 0.12 和 0.36 两种。安装及加载过程如下:试验前,先将试件固定于指定位置,然后依次安装水平作动器、位移计及 LVDT。待这些部件全部安装完毕,开始进行加载试验。首先施加竖向荷载,荷载大小根据试验设定轴压比来确定。待竖向荷载达到设定值时,停止加载。开始施加水平反复荷载。试件加载如图 9.5 所示。

 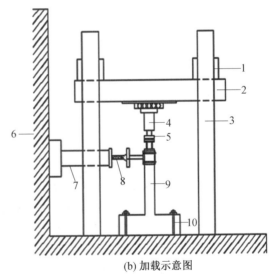

(a) 加载现场图　　　　　　　　　　　　(b) 加载示意图

图 9.5　试件加载

1—横梁;2—反力架;3—门架;4—竖向作动器;5—竖向传感器;6—反力墙;
7—水平作动器;8—水平传感器;9—试件;10—地锚螺杆

竖向加载装置主要由反力架、滚子滑板、千斤顶及传感器组成,滚子滑板的作用是保证在加载过程中千斤顶与试件实现一起平动。水平加载装置主要由反力墙、水平作动器及水平传感器组成。加载过程中,通过位移计和 LVDT 实时记录了试件关键部位的变形,同时采用水平传感器记录了水平荷载。

由于锈蚀原因,部分试件的塑性铰区域在加载前已经出现了竖向裂缝,所以本试验加载方式采用位移控制。加载初期,控制位移设定为 2 mm,一个循环后,控制位移变为 5 mm,此后,控制位移均按 5 mm 幅值增加,每级循环 3 次,即($1\Delta = 5$ mm,$2\Delta = 10$ mm,$3\Delta = 15$ mm,…),将试件承载力下降到峰值荷载的 85% 定义为试件的破坏点。试验加载制度如图 9.6 所示。

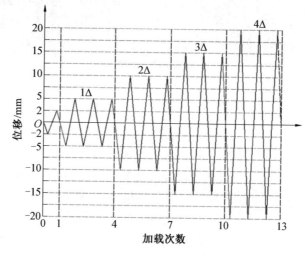

图 9.6　试件加载制度

9.2　试验结果及分析

9.2.1　试件破坏形态

试件的破坏形态在一定程度上可反映其损失程度。通过对试件的整个加载过程进行观察,发现加载位移、锈蚀率及轴压比均会影响试件的破坏形态。对此,本章详细对比并分析了以上因素对试件破坏形态的影响。图 9.7 所示为试件 SC－0.12－0 在不同加载位移下的破坏形态。由图可以看出,随着加载次数及加载幅值的增加,试件表面的裂缝数量逐渐增多,同时裂缝宽度逐渐加大。当加载位移为 1Δ 时,在试件表面出现了数十条水平裂缝,这些裂缝分布在试件表面两侧。这一现象归因于试件在加载初期,试件一侧作用水平荷载时,当作用荷载高于混凝土的抗拉强度时,将会在试件一侧出现裂缝。当反向受力时,就会在另一侧产生裂缝。当加载到 3Δ 时,试件表面的裂缝数量越来越多,水平裂缝逐渐交织、贯通。当加载到 5Δ 时,裂缝数量持续增加,并向上延伸。当加载到 7Δ 时,塑性铰区域裂缝逐渐增多增宽,表明试件的损失越来越严重。当到了 9Δ 时,在试件右下侧出现了一条明显的纵向裂缝,并且伴随有少量的混凝土开始剥落。当加载到 11Δ 时,试件临近破坏,试件右侧塑性铰区域有大面积混凝土出现了脱落现象,部分钢筋已外露。由此可知,随着加载位移的逐渐增加,试件的破坏程度越来越严重。

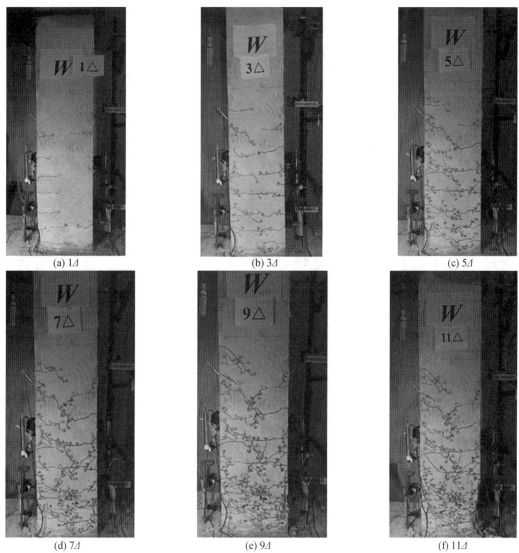

(a) 1Δ　　　　　　　　(b) 3Δ　　　　　　　　(c) 5Δ

(d) 7Δ　　　　　　　　(e) 9Δ　　　　　　　　(f) 11Δ

图 9.7　试件 SC—0.12—0 在不同加载位移下的破坏形态

图 9.8 所示为轴压比为 0.12 的试件在不同锈蚀率下的破坏形态。为了进一步突出锈蚀作用对钢筋混凝土桥墩柱抗震性能的影响,分别对试件在同一加载位移下的正面和侧面的破坏形态进行了对比。由试件正面破坏形态可以看出,当加载位移均为 6Δ 时,随着试件锈蚀率的增加,其裂缝宽度逐渐增加。此外,通过观察试件侧面的破坏形态,可以发现与正面的破坏形态具有相似的变化趋势。具体体现在随着锈蚀率的逐渐增加,试件塑性铰区域由较宽的裂缝到混凝土保护层小面积剥落再到混凝土保护层大面积剥落。

由试件 SC—0.12—1 的正面破坏特征可以看出,在试件根部出现了几条轻微的纵向裂缝,这一破坏特征与未锈蚀试件不同。随着锈蚀率的增加,试件 SC—0.12—3 的正面裂缝宽度明显有所增加。随着锈蚀率的持续增加,从试件 SC－0.12－4 的正面破坏形态可以看出,沿纵筋方向的裂缝逐渐增宽,角部钢筋出现了外露现象。

(a) SC-0.12-1 正面   (b) SC-0.12-3 正面   (c) SC-0.12-4正面

(d) SC-0.12-1 侧面   (e) SC-0.12-3 侧面   (f) SC-0.12-4侧面

图 9.8　轴压比为 0.12 的试件在不同锈蚀率下的破坏形态

从试件 SC－0.12－1 的侧面可以看出,在其塑性铰区域出现了一条明显的水平裂缝,并未发现混凝土保护层存在剥落现象,其中,水平裂缝主要由水平反复荷载作用所导致。相比试件 SC－0.12－1,试件 SC－0.12－3 的侧面破坏程度明显有所增加,在其塑性铰区域出现了大面积的混凝土保护层脱落现象。而核心区混凝土也出现了明显的开裂现象。此外,更糟糕的是,内部钢筋出现了明显的被锈蚀现象,其中箍筋和角部纵筋被严重锈断,纵向钢筋截面面积明显有所减小。随着锈蚀率继续增加,试件 SC－0.12－4 的侧面塑性铰区域的混凝土保护层近 4/5 已全部脱落,箍筋和纵筋锈断现象严重,在脱落的保护层上面附着有大量的锈蚀产物。以上研究结果可知,锈蚀会明显加重钢筋混凝土桥墩柱的破坏程度,从而对钢筋混凝土桥墩柱的抗震性能造成极其不利的影响。

从以上破坏形态来看,锈蚀作用之所以会加重钢筋混凝土桥墩柱的损失程度,主要因为锈蚀会减小钢筋的截面面积。此外,由于锈蚀产物的膨胀特性,会导致试件保护层锈胀开裂,同时会降低混凝土与钢筋之间的黏结性能。此外,从钢筋的锈断情况来看,试件存在不均匀锈蚀情况。因此,通常在钢筋锈坑较严重处产生集中应力,在加载过程中钢筋极易被拉断。所以在加载过程中,部分钢筋已退出工作。

图 9.9 所示为不同轴压比试件在锈蚀时间为 912 h 的破坏形态。由图可知,轴压比为 0.36 的试件破坏程度较轴压比为 0.12 的更严重。当轴压比为 0.12 时,试件底部仅出现了一条较宽的水平裂缝。此外,还伴随着少量的混凝土剥落现象。而当轴压比增加到 0.36 时,不仅在试件表面产生了较宽的水平裂缝,而且在角部产生了约 3 cm 的纵向裂缝。

(a) SC-0.12-5　　　　　　　　　　　　　(b) SC-0.36-5

图 9.9　不同轴压比试件在锈蚀时间为 912 h 的破坏形态

由以上分析可知,试件破坏区域主要集中在塑性铰区域,且并未观察到明显的剪切裂缝,故本章所研究试件的破坏形态均为弯曲破坏。

9.2.2　滞回曲线

滞回曲线是指结构或构件在低周反复荷载作用下荷载—位移的关系曲线,由面积不同的滞回环组成,可在滞回曲线上得到荷载、位移等特征参数。因此,滞回曲线是进行非线性地震反应分析的依据。对此,本章对试件在整个加载过程中的滞回曲线进行了分析,图 9.10 所示为所研究试件的滞回曲线。

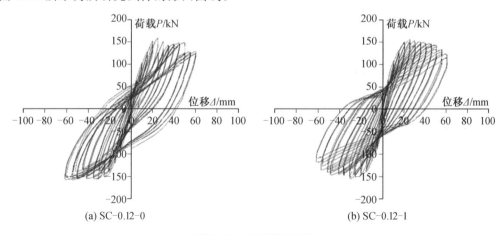

(a) SC-0.12-0　　　　　　　　　　　　　(b) SC-0.12-1

图 9.10　试件滞回曲线

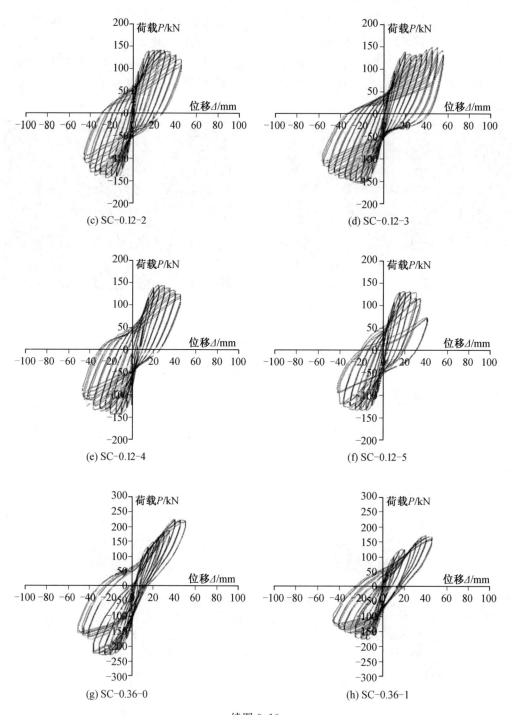

续图 9.10

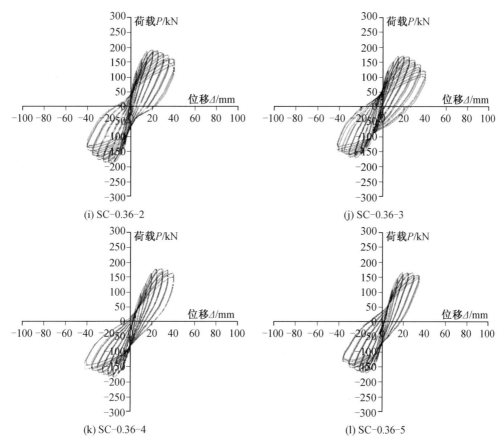

(i) SC-0.36-2　　　　　　　　　(j) SC-0.36-3

(k) SC-0.36-4　　　　　　　　　(l) SC-0.36-5

续图 9.10

从图 9.10 可以看出,锈蚀率和轴压比会严重影响试件的滞回曲线,这一现象归因于锈蚀率和轴压比会影响试件的承载力、变形及耗能能力。通过对比发现,当试件轴压比一定时,锈蚀率越大,滞回曲线的捏缩现象越明显,滞回环数量越少,而且试件的极限位移越小。对比试件 S-0.12-0 和试件 S-0.12-5 的滞回曲线可以看出,试件 S-0.12-0 的滞回曲线比较饱满,而试件 S-0.12-5 的滞回曲线饱满程度明显有所下降。分析原因认为,未锈蚀或锈蚀率较小的试件不仅内部纵筋承载力高,而且箍筋的"套箍"约束作用会进一步提高钢筋混凝土桥墩柱的承载力和变形能力。而锈蚀率较大的试件内部钢筋和混凝土易发生黏结滑移现象,而且内部钢筋因被锈蚀,其截面面积会减小,甚至会出现锈断现象,这些现象是导致试件滞回曲线出现捏缩现象的主要原因。

除此之外,当锈蚀率一定时,轴压比较大的试件的滞回曲线存在明显的捏缩现象。进一步分析发现,轴压比较大的试件的极限位移相对较小。当试件轴压比为 0.12 时,其极限位移均在 40 mm 以上。而当轴压比为 0.36 时,其极限位移均在 40 mm 左右。此外,发现在峰值荷载之后,轴压比大的试件承载力瞬间下降,提早宣告失效,这也表明相比轴压比为 0.12 的试件,轴压比为 0.36 的试件延性较差。主要因为在试件达到峰值荷载之前,轴压比对裂缝扩展有一定的抑制作用,因此会有效提高大轴压比试件的峰值荷载。而峰值荷载之后,试件损伤程度逐渐加重,因此承载力出现迅速下降现象。

由以上分析可知,锈蚀率和轴压比均会影响钢筋混凝土桥墩柱的滞回曲线。轴压比一定时,钢筋混凝土桥墩柱的承载力和变形能力均会随着锈蚀率的增大而衰弱。而锈蚀率一定时,当轴压比在一定范围内,随着轴压比的增加,虽然钢筋混凝土桥墩柱的承载力有所提高,但极限位移会显著下降,极限位移的下降会直接影响钢筋混凝土桥墩柱的延性。

9.2.3　骨架曲线

骨架曲线是滞回曲线的包络图,可以有效地反映出试件的刚度、延性及耗能等性能。图 9.11 所示为所研究试件的骨架曲线。从图 9.11 可以看出,试件骨架曲线基本上呈中心对称,且随着位移的增大,荷载呈先增后减的趋势。在试件屈服之前,荷载—位移曲线近似呈线性关系。试件屈服之后,骨架曲线由直线逐渐变为曲线,荷载的增长速率开始滞后于位移的增长速率,刚度开始下降。峰值荷载之后,位移持续增长,而荷载开始下降,曲线斜率由正变负,刚度进一步下降。

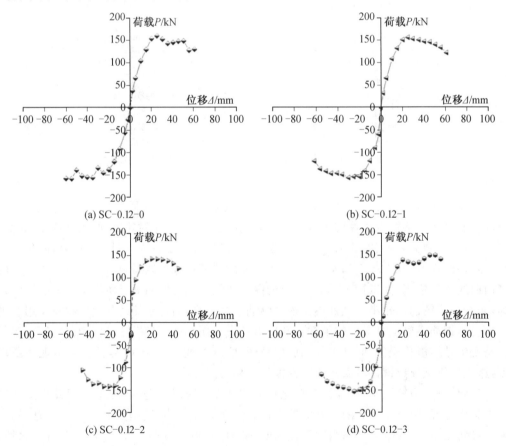

图 9.11　试件骨架曲线

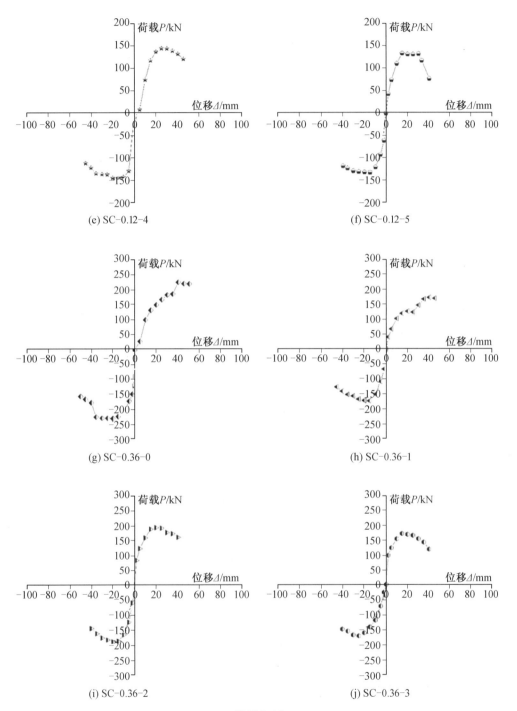

续图 9.11

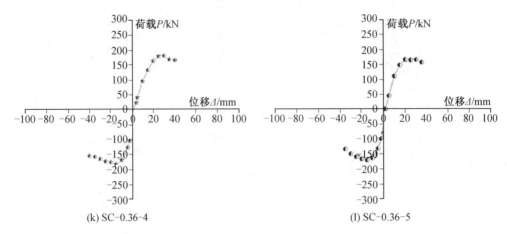

(k) SC-0.36-4　　　　　　　　　　(l) SC-0.36-5

续图 9.11

此外,通过观察发现,试件的骨架曲线存在不完全对称现象。造成此现象主要由以下三个原因造成:①试件在制作期间,由于保护层厚度不同,造成骨架曲线左右不对称现象。②从试验结果可以看出,试件存在不均匀锈蚀现象,所以造成试件承载力不均匀,其变形性能也不同,最终导致试件骨架曲线不完全对称。③因为试件在加载过程中,当一侧加载完成后,试件已经发生了一定程度的损伤,当试件向另一侧加载时,需要抵消正向加载所产生的一部分变形,所以正向加载骨架曲线与反向加载骨架曲线不完全对称。

通过对比不同锈蚀率试件的骨架曲线,发现其整体的变化趋势相同,均呈先增大后减小的趋势,但每个试件的承载力和位移有所不同。从试件的骨架曲线可以看出,随着锈蚀率的增大,试件的峰值荷载整体上逐渐下降。试件 SC-0.12-5 的峰值荷载较 SC-0.12-0 下降了 15.94%,试件 SC-0.36-5 的峰值荷载较 SC-0.36-0 下降了 26.23%。这一结果表明轴压比较大的试件其承载力下降更明显。此外,随着锈蚀率的增加,试件的极限位移逐渐下降。试件 SC-0.12-5 的极限位移较 SC-0.12-0 下降了约 20 mm,试件 SC-0.36-5 的极限位移较 SC-0.36-0 下降了 15 mm。

通过对比不同轴压比试件的骨架曲线,发现轴压比为 0.12 和轴压比为 0.36 的试件骨架曲线变化趋势相同,均为先上升后下降的趋势。但轴压比对试件荷载和位移有一定的影响,轴压比较大时,试件关键点(屈服点、峰值点、破坏点)荷载越大,轴压比为 0.12 的试件峰值荷载集中在 100~175 kN 之间,而轴压比为 0.36 的试件峰值荷载集中在 150~250 kN 之间,但在峰值荷载过后,轴压比为 0.36 的试件比轴压比为 0.12 的试件荷载下降速率更快,骨架曲线更陡峭,所以轴压比为 0.36 的试件比轴压比为 0.12 的试件极限位移小。通过对比可以发现,轴压比为 0.36 的试件延性要低于轴压比为 0.12 的试件,轴压比为 0.12 的试件骨架曲线近似呈现扁平形,轴压比为 0.36 的试件骨架曲线近似呈现耸高形。

9.2.4　刚度退化

刚度退化是反映试件损伤程度的重要指标,刚度计算表达式如式(9.7)所示,本章对试件整个加载过程中的刚度变化进行了对比分析,试件刚度退化曲线如图 9.12 所示。

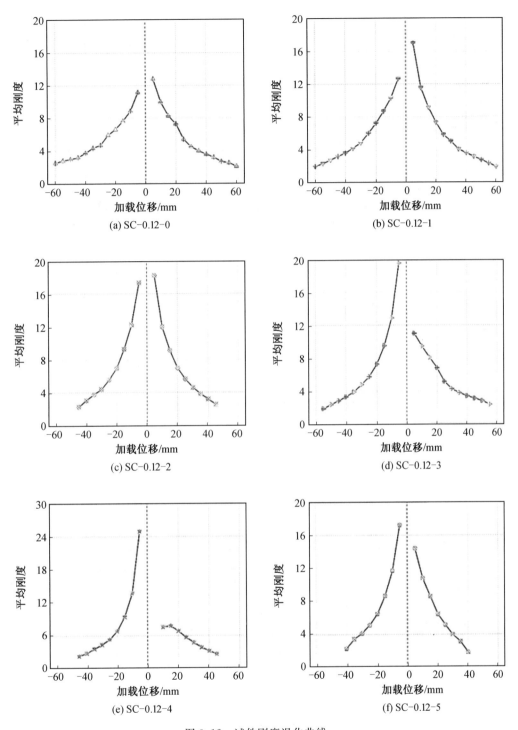

图 9.12　试件刚度退化曲线

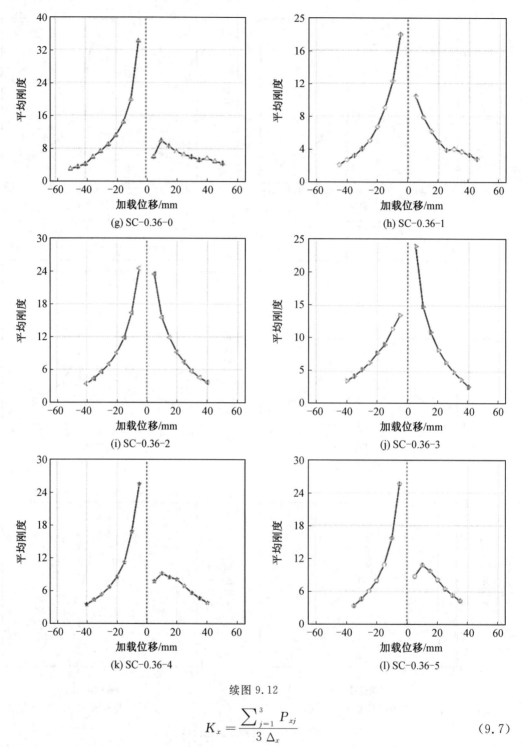

续图 9.12

$$K_x = \frac{\sum_{j=1}^{3} P_{xj}}{3 \Delta_x} \tag{9.7}$$

式中，K_x 为 x 级位移下三次循环的平均刚度；P_{xj} 为 x 级位移下的水平荷载；Δ_x 为 x 级的加载位移。

本章对试件正反方向加载下的刚度分别进行了计算,从图 9.12 可以看出,试件的刚度整体上随加载位移的增大而减小,但试件正反方向的刚度退化程度有所不同。造成这一现象的主要原因与本章 9.2.3 节的分析一致。通过观察试件的刚度变化曲线,发现其大致可分为两部分,快速退化阶段(15 mm 之前)和缓慢退化阶段(15 mm 之后)。主要由于混凝土和钢筋均为弹塑性材料,从弹性阶段过渡到塑性阶段刚度会发生明显下降,在塑性阶段相对较平缓。此外,通过对比不同轴压比试件的刚度退化曲线,发现轴压比为0.36 的试件明显较轴压比为 0.12 的试件刚度大,曲线更陡峭,但极限位移却较小。轴压比为 0.36 的试件破坏时的加载位移最大值为 50 mm,而轴压比为 0.12 的试件破坏时的加载位移基本均在 50 mm 之上。

此外,从图 9.12 可以看出锈蚀后的试件刚度退化速率高于未锈蚀试件,而且锈蚀率越大表现得越明显。主要相比未锈蚀试件,锈蚀试件不仅遭受低周反复荷载作用,还遭受锈蚀作用。锈蚀作用对钢筋和混凝土的性能均会产生极其不利的影响。此外,由于不均匀锈蚀的原因,试件内部钢筋表面出现大小深度不同的锈坑,所以,会在锈坑较大处产生集中应力,致使钢筋在加载过程中出现瞬间断裂现象。所以,未锈蚀试件刚度下降过程比较缓慢。

9.2.5　强度退化

为了进一步探讨轴压比和锈蚀率对钢筋混凝土桥墩柱抗震性能的影响,分别对不同锈蚀率和不同轴压比试件的屈服荷载和峰值荷载进行了对比,试件强度退化规律如图9.13所示。其中,屈服荷载和峰值荷载的确定方法在第 12 章已做了详细介绍,此处不再赘述。由图 9.13 可以看出,随着锈蚀率的增加,试件的屈服荷载和峰值荷载均有所降低。对于轴压比为 0.12 的试件,当锈蚀率为 22.82％时,其屈服荷载较未锈蚀试件下降了18.49％,而峰值荷载较未锈蚀试件下降了 15.94％。对于轴压比为 0.36 的试件,当锈蚀率为 22.82％时,其屈服荷载较未锈蚀试件下降了 20.50％,而峰值荷载较未锈蚀试件下降了 26.23％。由此可知,轴压比较大的试件,其屈服荷载和峰值荷载的降低速率均较高。

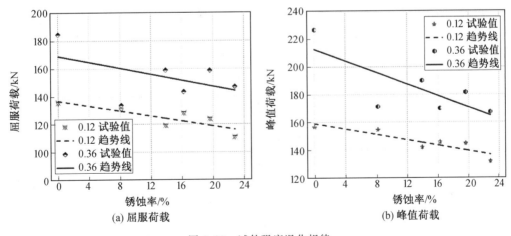

(a) 屈服荷载　　　　　　　　(b) 峰值荷载

图 9.13　试件强度退化规律

分析其原因,一方面,锈蚀作用使试件承载力发生退化的原因包括以下三方面:其一,锈蚀作用会使钢筋混凝土桥墩柱内部的钢筋截面面积减小,因此在受水平作用力时其承载力会有所下降;其二,锈蚀作用会使混凝土性能劣化,甚至发生锈胀开裂现象,从而使其提早退出工作;其三,锈蚀作用会改变混凝土与钢筋接触面的性质。因此随着锈蚀率的增加,试件的承载力趋于逐渐下降的变化规律。

另一方面,一定范围内的轴压比对试件早期裂缝扩展具有一定的抑制作用,因此其屈服荷载和峰值荷载较高。但随着锈蚀率的增加,部分试件在早期已经出现了开裂现象,导致轴压比对提高试件承载力的作用开始被削弱。因此,较大轴压比试件的屈服荷载和峰值荷载随锈蚀率的下降速率较小轴压比试件快。

9.3 盐渍土环境对桥墩柱承载力腐蚀劣化的影响机理分析

盐渍土环境中的腐蚀性离子对混凝土和钢筋的腐蚀作用是引起两者性能退化的主要原因。大量研究表明,氯离子的渗透是造成钢筋锈蚀的主要原因。前面研究已表明,盐渍土环境中桥墩柱腐蚀过程大致可分为三个部分,分别为诱导期、发展期和失效期。实际工程中氯离子腐蚀混凝土结构是一个十分复杂的物理和化学过程。混凝土空隙中的水通常以大量的氢氧化钙溶液及少量的氢氧化钾溶液形式存在,pH 约为 13,在这样的强碱性环境中,钢筋表面就会形成一层完整的钝化膜。由于氯离子半径小、穿透能力强,并且在钢筋表面的吸附能力强;除此之外,氯离子含量越高,水溶液的导电性就越强,电解质的电阻就越低,所以氯离子可以很快到达钝化膜附近,并与钝化膜中的阳离子结合形成可溶性的氯化物。从而使 pH 迅速降低,当 pH 降至 8~10 时,钝化膜对钢筋的保护作用完全破坏。钢筋开始锈蚀,钢筋表面不同位置将出现较大的电位差,从而形成阳极区和阴极区。氯离子会和阳极的铁离子结合生成氯化铁,当遇到氢氧根时就能生成氢氧化亚铁,氯离子就会被置换出来,可以和新的铁离子继续反应,而并没有被消耗。所以氯离子可以对钢筋进行重复锈蚀,最终导致钢筋承载力下降。

此外,混凝土是一种复合材料,它由粗、细骨料及硬化后的水泥浆体组成,从微观结构上看硬化水泥浆体本身就存在微小的气泡,同时骨料表面及骨料与水泥硬化浆体之间存在空隙甚至微裂缝,这些都是混凝土材料腐蚀的微观条件。由于这些空隙和微裂缝的存在,盐渍土环境中的钢筋混凝土结构更容易被溶液中的氯离子等腐蚀介质入侵。范颖芳等人通过试验研究表明受氯盐腐蚀的混凝土会在其结构内部形成碱式盐沉淀,这种沉淀引起混凝土强度的变化。陈元素等人通过研究发现随着盐分结晶及内部沉淀不断累积,若其体积超过了混凝土内部容量就会对混凝土产生膨胀作用,由于混凝土抗拉强度低,出现膨胀裂缝甚至开裂。盐渍土环境对混凝土的腐蚀过程是一个复杂的物理化学反应过程,受腐蚀后混凝土主要表现为被碳化、强度降低、结构疏松。腐蚀初期,腐蚀性离子与水泥石中某些成分发生物理化学反应而生成的产物起到对混凝土孔隙的填充作用,使混凝土变得密实,强度有所增强。随着腐蚀程度继续增加,腐蚀产物的体积膨胀及某些盐类(硫酸盐等)的吸水膨胀都会导致混凝土内部孔隙产生很大的膨胀内应力,致使混凝土内部发生严重劣化。

第 10 章　盐渍土环境中钢筋混凝土桥墩柱桁架－拱受力模型研究

本章基于桁架－拱模型理论对钢筋混凝土桥墩柱承载力机理进行了研究分析,提出了考虑时间因素的时变承载力计算模型。此外,该模型考虑了剪跨比、轴压比、混凝土桥墩柱截面尺寸、配箍率及配筋率等参数的影响。结果表明,盐渍土环境对混凝土桥墩柱承载力的影响主要体现在混凝土和钢筋力学性能退化方面。通过与试验结果进行对比,发现本章所提出的承载力理论模型与试验结果具有较高的一致性,理论值与试验值比值的均值为 1。

10.1　经典桁架－拱受力模型

目前国内外对钢筋混凝土柱承载能力的研究主要分为抗剪承载力和抗弯承载力两个方面,虽然钢筋混凝土柱的抗剪和抗弯承载力的计算方法有所不同,但是两者的本质均是基于钢筋和混凝土材料发生破坏时,对钢筋混凝土柱的承载力进行分析计算。即钢筋混凝土柱由于抗剪承载力不足而发生破坏时,主要体现为箍筋屈服强度及其对混凝土的约束作用的不足。而由于抗弯承载力不足而发生破坏时,主要体现为纵筋屈服强度和受压区混凝土抗压强度的不足。鉴于此,本章以桁架－拱受力模型为基础对钢筋混凝土桥墩柱弯曲破坏时的承载力进行了分析计算。

早期混凝土结构桁架－拱受力模型主要是基于 Ritter 和 Morsch 提出的钢筋混凝土梁桁架模型而发展的,后经 Ramirez 和 Breen(1966),Paulay、Park、Vecchio 和 Collins(1986),Schlaich(1987),Mitchell、Pang 和 Hsu,Kim 和 Mander,Pan 和 Li,李俊华等众多国内外学者持续深入的研究逐渐发展成如今的钢筋混凝土结构桁架－拱计算理论。目前钢筋混凝土结构桁架－拱受力模型已被广泛应用于各国(地区)设计规范中,如美国、欧洲及日本等。

图 10.1 所示为钢筋混凝土桥墩柱桁架－拱模型简易示意图。

桁架－拱模型认为钢筋混凝土结构的承载力主要由两部分提供:①桁架机构,即受压区纵筋和混凝土构成上弦压杆,受拉区纵筋构成下弦拉杆,箍筋和斜裂缝间的受压混凝土构成腹杆。②拱机构,即斜向受压混凝土小短柱。Hsu 等人的研究表明,随着剪跨比的增大,拱机构的承载力贡献逐渐减小,而桁架机构的承载力贡献逐渐增加。因此,桁架－拱受力模型可表示为

$$V_n = V_t + V_a \tag{10.1}$$

式中，V_n 为桁架－拱模型承载力；V_t 为桁架机构对钢筋混凝土桥墩柱承载力的贡献；V_a 为拱机构对钢筋混凝土桥墩柱承载力的贡献。

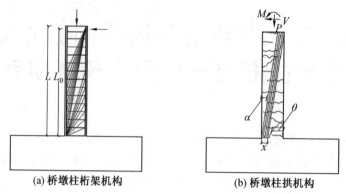

（a）桥墩柱桁架机构　　　（b）桥墩柱拱机构

图 10.1　钢筋混凝土桥墩柱桁架－拱模型

M—弯矩；V—抗剪承载力；P—轴力；α—斜压杆与栓轴的倾角；

Q—斜压杆与柱截面的倾角；χ—受压区高度

10.2　桁架－拱模型基本假设及基本方程

10.2.1　基本假设

（1）钢筋混凝土桥墩柱破坏前，钢筋与混凝土无黏结滑移且二者变形一致，桁架机制与拱机制变形协调。

（2）柱高范围内均按照 B 区分析，应力－应变为均匀分布，桁架倾角 θ 值为固定角。

（3）开裂后钢筋混凝土视为连续材料。

（4）混凝土的主压应力与主压应变方向一致。

（5）桥墩柱破坏时，混凝土软化且被压溃，钢筋达到屈服强度。

（6）钢筋混凝土桥墩柱受力全过程中，桁架机构和拱机构对承载力均有贡献。

10.2.2　桁架－拱受力模型基本方程

桁架模型隔离体简图如图 10.2 所示。

（1）钢筋及混凝土材料力学性能本构方程。

不考虑两者间的相互影响，混凝土、钢筋本构方程可表示为

$$f_c = \nu E_c \varepsilon_c \tag{10.2}$$

$$f_s = E_s \varepsilon_s \tag{10.3}$$

式中，f_c 为混凝土压应力；f_s 为钢筋拉应力；E_c 为混凝土弹性模量；E_s 为钢筋的弹性模量；ε_c 为混凝土压应变；ε_s 为钢筋拉应变；ν 为混凝土软化强度影响系数。

（2）平衡条件。

桁架机构承载力的表达式为

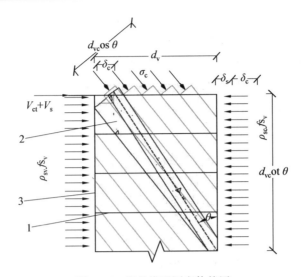

图 10.2　桁架模型隔离体简图

1—箍筋;2—混凝土;3—纵筋

$$V_t = V_{ct} + V_s + V_f \tag{10.4}$$

式中,V_t 为桁架机构承载力;V_{ct} 为桁架机构中混凝土对承载力的贡献;V_s 为桁架机构中箍筋对承载力的贡献;V_f 为桁架机构中纵筋对承载力的贡献。

(3)拱机构与桁架机构变形协调条件。

拱机构与桁架机构变形协调条件为

$$\gamma_t = \gamma_a \tag{10.5}$$

式中,γ_t 为桁架机构中剪切变形;γ_a 为拱机构中剪切变形。关于两种机构中剪切变形的详细计算过程参考 Collins 和 Mitchell 的研究。

10.3　基于桁架—拱受力模型的承载力计算方法

10.3.1　桁架机构承载力计算方法

桁架机构受力主要分为箍筋、纵筋及部分混凝土三部分,其表达式为

$$V_t = \eta_h (V_{ct} + V_s + V_f) \tag{10.6}$$

式中,η_h 为桁架机构有效系数,根据余波等人研究结果,本章取 η_h 为 0.72;V_s 为箍筋受力部分;V_f 为纵筋受力部分;V_{ct} 为混凝土受力部分。

箍筋对承载力的贡献可表示为

$$V_s = \alpha_s \rho_{sv} f_{sv} b d_v \cot \theta \tag{10.7}$$

式中,α_s 为箍筋参与抗剪程度系数,本章取值为 0.25;ρ_{sv} 为钢筋混凝土桥墩柱面积配箍率;f_{sv} 为箍筋屈服强度;d_v 为截面有效受力高度,通常取 $0.9h$(h 为截面高度);θ 为桁架机构倾角,如图 10.1 所示。

通过对 Kim 和 Mander 模型修正后,纵筋对承载力的贡献可表示为

$$V_f = 0.5\,\alpha_{sc} f_y A_s \tan\alpha \tag{10.8}$$

式中，f_y 为钢筋屈服强度；α_{sc} 为钢筋强度利用系数，为了满足安全使用要求，基于孙彬等人的研究，通过计算本章取最小值 0.65；A_s 为受拉区与受压区总的钢筋截面面积。

基于先前研究结果，可知部分混凝土对承载力的贡献可表示为

$$V_{ct} = \frac{-B + \sqrt{B^2 - 4AC}}{2A} \tag{10.9}$$

$$A = \frac{750}{E_s A_s}\left(1 + \frac{L_0}{\xi_1 d_v}\right) \tag{10.10}$$

$$B = \frac{750\,V_s}{E_s A_s}\left(1 + \frac{L_0}{\xi_1 d_v}\right) - \frac{375P}{E_s A_s} + 1 \tag{10.11}$$

$$C = \frac{-520\,\sqrt{0.85v f_{cu}}\,b\,d_v}{1\,000 + S_{ze}} \tag{10.12}$$

式中，A_s 为纵向钢筋截面总面积；d_v 为截面有效受力高度，本章取 $0.9h$；L_0 为柱有效高度，本章取 1 850 mm；E_s 为钢筋弹性模量；ξ_1 为边界约束形式对横截面纵向变形影响系数，本试验混凝土桥墩柱为一端约束，故取值为 1；P 为轴向荷载值；S_{ze} 为混凝土裂缝间距离，根据《加拿大混凝土结构设计规范》（CSA 2004），裂缝间距离可以表示为 $S_{ze} = \min\{0.85d_v, 35d_v/(15 + a_g)\}$，其中 a_g 为混凝土粗骨料最大粒径，本章取 a_g 为 31.5 mm，计算得出 $S_{ze} = 278$ mm，本章近似取 280 mm。

将式（10.7）～式（10.12）代入式（10.6）可得到桁架机构承载力计算模型，即

$$V_t = \eta_h\left(\alpha_s \rho_{sv} f_{sv} b\,d_v \cot\theta + 0.5\,\alpha_{sc} f_v A_s \tan\alpha + \frac{-B + \sqrt{B^2 - 4AC}}{2A}\right) \tag{10.13}$$

10.3.2　拱机构承载力计算方法

目前，国内外众多学者针对桁架—拱模型中拱机构承载力进行了研究分析，本章基于赵树红等人提出的理论模型，得出了修正后拱机构对承载力的贡献表达式，即

$$V_a = 0.67\,\alpha_h n_0 bhv f_{cu}\tan\alpha \tag{10.14}$$

式中，α_h 为截面尺寸效应影响系数；α 为拱机构混凝土斜压体与柱轴线的夹角（混凝土斜压体倾角），如图 10.1 所示。

10.3.3　桁架—拱受力模型的承载力计算方法

将式（10.13）和（10.14）代入（10.1）可得到桁架—拱模型承载力的计算方法，即

$$V_t = \eta_h\left(\alpha_s \rho_{sv} f_{sv} b\,d_v \cot\theta + 0.5\,\alpha_{sc} f_v A_s \tan\alpha + \frac{-B + \sqrt{B^2 - 4AC}}{2A}\right) + 0.67\,\alpha_h n_0 bhv f_{cu}\tan\alpha$$

$$\tag{10.15}$$

10.4　桁架—拱受力模型计算参数分析

10.4.1　桁架机构计算参数讨论

(1)混凝土斜裂缝倾角 θ 的计算。

Dilger(1966)首次采用理论计算方法确定了混凝土斜裂缝倾角 θ 值。此后,Kim 和 Mander 通过对最小开裂能量求导得出了部分区域的 θ 角理论计算模型,该模型考虑了面积配箍率、纵筋配筋率及钢筋与混凝土的弹性模量。目前关于 θ 角的理论确定方法很多,其中,日本按桁架—拱模型计算承载力时,通常假定 $\theta=45°$,美国的相关规范虽然采用拉压杆模型计算承载力,但斜压杆倾角也取值为 $45°$,欧洲的相关规范则建议 $21.8°\leqslant\theta\leqslant 45°$,可以看出各国规范中关于 θ 的取值都偏于保守。基于以上分析,本章采用 Kim 和 Mander 提出的理论模型计算 θ 值,即

$$\theta=\tan^{-1}\left[\frac{\rho_{sv}n+\zeta_2\dfrac{\rho_{sv}}{\rho_{sl}}\dfrac{A_v}{A_g}}{1+\rho_{sv}n}\right]^{\frac{1}{4}} \tag{10.16}$$

式中,ρ_{sv} 为面积配箍率,ρ_{sl} 为纵筋配筋率,本章取主要受拉与受压两侧的纵筋面积和进行计算;ζ_2 取值为 1.57;A_v 为钢筋混凝土桥墩柱截面有效受力面积;A_g 为混凝土桥墩柱截面面积;n 为钢筋弹性模量与混凝土弹性模量的比。

(2)混凝土强度软化系数。

国内外一些研究表明,混凝土结构出现裂缝后,如果没有受到有效的约束,在剪切作用下,混凝土会发生软化。对此,引入了混凝土软化强度影响系数 ν,用以折减混凝土轴心抗压强度。目前,国内外学者关于混凝土强度的软化方面做了很多研究,并提出了大量关于混凝土软化系数的理论计算模型,如《日本设计指南》中规定 $\nu=0.7-f_c/200$;美国的相关规范取 $\nu=0.6$;欧洲的相关规范规定对于 $f_{ck}\leqslant 60$ MPa(f_{ck} 为混凝土立方体抗压强度标准值)的混凝土 ν 也取 0.6。由此可知,ν 的取值对于混凝土结构承载能力的研究具有重要意义。基于综合考虑,本章中混凝土软化强度影响系数采用 Ichinose 给出的建议值,计算方法为

$$\nu=0.7-\frac{0.67 f_{cu}}{120} \tag{10.17}$$

式中,f_{cu} 为混凝土立方体抗压强度。

10.4.2　拱机构计算参数讨论

(1)混凝土斜压体倾角 α。

Collins 和 Mitchell 及 Pang 和 Hsu 的研究表明,混凝土斜压体倾角 α 与轴压比和剪跨比等参数有关,进一步的研究中,白力更等人指出斜压体倾角 α 随柱端水平位移的增大而减小。本章基于 Collins 和 Mitchell 的研究提出了混凝土斜压体倾角 α 与轴压比和剪跨比之间的关系为

$$\alpha = \frac{(0.75 - 0.85\, n_0)\left(1 + \dfrac{x}{h_0}\right)}{2\lambda} \tag{10.18}$$

式中，x 为混凝土保护层厚度，本章取 20 mm；h_0 为截面有效高度；n_0 为轴压力；λ 为剪跨力。

（2）考虑钢筋混凝土桥墩柱截面尺寸效应的影响。

Pan 和 Li 的研究表明，随着截面尺寸的增大，钢筋混凝土柱承载力的安全储备系数减小，认为抗剪尺寸效应主要受混凝土影响，并提出了截面尺寸效应影响系数计算模型，即

$$\alpha_h = \frac{1.5}{\sqrt{1 + \dfrac{h}{200}}} \tag{10.19}$$

式中，α_h 为截面尺寸效应影响系数，当 $h \leqslant 250$ mm 时，$\alpha_h = 1.0$。

10.5 盐渍土环境中钢筋混凝土桥墩柱承载力分析与计算

10.5.1 盐渍土环境中钢筋混凝土桥墩柱承载力影响因素分析

基于以上分析可知，盐渍土环境中钢筋混凝土桥墩柱的承载能力主要受钢筋和混凝土力学性能退化的影响。本章主要从环境和材料两方面来分析以下影响因素对混凝土桥墩柱承载力退化的影响，包括混凝土强度、钢筋截面面积及屈服强度等。

（1）考虑混凝土立方体抗压强度退化的影响。

目前，在腐蚀环境中混凝土力学性能退化方面的相关研究中，大多数学者主要对其进行了定性分析，缺乏更多的定量研究。国内学者通过对混凝土长期暴露试验和在服役工程结构的实际检测结果分析，提出了混凝土抗压强度的时变模型。本章基于这一模型，提出了盐渍土环境中混凝土抗压强度的时变模型，即

$$f_{cu}(t) = \eta_e f_{cu0} \cdot 1.248\,8\, e^{-0.034\,7\,(\ln t - 0.346\,8)^2} \tag{10.20}$$

式中，η_e 为盐渍土环境中混凝土强度有效系数，本章取 0.85。

为了表明以上所提模型的可行性，本章基于第 4 章立方体抗压强度试验结果，对以上模型精确度进行了验证。结果表明，预测值与试验值具有较高的吻合度，其预测值/试验值处于 0.90~1.06 之间，平均值为 1.00。因此，该模型可用于预测盐渍土环境中混凝土立方体抗压强度。

（2）考虑钢筋截面损失的影响。

由于处于盐渍土环境中的钢筋被腐蚀过程十分复杂，而氯离子已被认为是造成钢筋腐蚀的主要原因。因此，本章主要考虑氯离子对钢筋的腐蚀作用，并将钢筋周围氯离子浓度达到临界氯离子浓度时视为钢筋开始被腐蚀。由此可知，钢筋起始腐蚀时间对于研究钢筋力学性能退化具有十分重要的意义，同时氯离子腐蚀速率在一定程度上能够决定钢筋起始腐蚀时间。而氯离子腐蚀速率与混凝土水灰比和强度、保护层厚度、环境中 Cl^- 质量浓度、温湿度及孔隙率均有一定的关系。本章着重考虑了混凝土水灰比、保护层厚度及

Cl^- 质量浓度三个因素。

Clear(1976)曾基于试验和实际工程应用的基础建立了计算钢筋起始腐蚀时间 T_0 的经验公式,即

$$T_0 = \frac{129\ x^{1.22}}{C_s \cdot (w/c)} \tag{10.21}$$

式中,x 为混凝土保护层厚度;c_s 为腐蚀溶液氯离子含量;w/c 为水灰比。

先前的研究指出,按照钢筋截面腐蚀特征,可将其分为均匀和不均匀腐蚀。然而,众多研究表明,在实际工程中钢筋不仅发生均匀腐蚀,同时还伴随着坑蚀的发生。而前者是引起钢筋与混凝土界面之间黏结性能退化的主控因素,后者主要导致钢筋强度降低,局部截面面积严重损伤。为了便于研究,本试验主要考虑均匀腐蚀下钢筋力学性能退化。

盐渍土环境中钢筋截面面积与使用年限 t 之间的关系可表示为

$$A_{s0}(t) = \frac{\pi}{4} \sum_{i=1}^{n} (D_i(t))^2 \tag{10.22}$$

$$D_i(t) = \begin{cases} D_i & t \leqslant T_0 \\ D_i - r_{corr}(t - T_0) & T_0 \leqslant t \leqslant T_0 + D_i/r_{corr} \\ 0 & t \geqslant T_0 + D_i/r_{corr} \end{cases} \tag{10.23}$$

式中,$A_{s0}(t)$ 为钢筋腐蚀后的截面面积;$D_i(t)$ 为钢筋经时变化直径;D_i 为未腐蚀钢筋的直径;r_{corr} 为钢筋腐蚀率。

钢筋截面损失率 η_t 定义为腐蚀后钢筋截面面积 ΔA_s 减小量与未腐蚀钢筋截面面积 A_{s0} 比值的百分比,即

$$\eta_t = \frac{A_0 - A_s(t)}{A_0} \times 100\% \tag{10.24}$$

由式(10.21)~(10.24)可计算出锈蚀钢筋的直径。经计算,锈蚀钢筋直径的计算值和实测值具有较高的一致性,其误差均在 10% 以内。

(3)考虑钢筋屈服强度退化的影响。

钢筋腐蚀后屈服强度会降低,根据钢筋时变强度与钢筋截面损失率的关系,钢筋腐蚀后的屈服强度可表示为

$$f_y(t) = (1 - \beta_y \eta_t) f_{y0} \tag{10.25}$$

式中,f_{y0} 为未腐蚀时钢筋屈服或极限抗拉强度;β_y 为试验系数,本章取值为 0.005。

10.5.2　基于桁架—拱受力模型的钢筋混凝土桥墩柱承载力计算

(1)考虑盐渍土环境影响的桁架—拱受力模型。

考虑到混凝土强度的降低、钢筋截面面积的减小及屈服强度的降低均会影响桥墩柱的承载力,因此,基于桁架—拱受力模型提出了符合盐渍土环境中钢筋混凝土桥墩柱承载力的计算方法,即

$$V_t = \eta_h \left(\alpha_s \rho_{sv} f_{svc} b d_v \cot\theta + 0.5\ \alpha_{sc} f_{yc} A_{sc} \tan\alpha + \frac{-B + \sqrt{B^2 - 4AC}}{2A} \right) + 0.67\ \alpha_h n_0 bh\ v_c f_{cuc} \tan\alpha$$

$$\tag{10.26}$$

式中,V_{nt} 为盐渍土环境中混凝土桥墩柱承载力;ρ_{sv} 为混凝土桥墩柱面积配箍率;f_{svc} 为箍

筋屈服强度；f_{yc} 为腐蚀后纵筋的屈服强度；A_{sc} 为腐蚀后受拉与受压钢筋区钢筋总的截面面积；ν_c 为腐蚀后混凝土软化强度影响系数；f_{cuc} 为腐蚀后混凝土立方体抗压强度。

（2）考虑轴向荷载对钢筋混凝土桥墩柱承载力的影响。

通过对低周反复加载试验数据分析知，随着轴向荷载的增加，混凝土桥墩柱抵抗水平荷载的能力也逐渐增加，可见轴向荷载在一定范围内可以提高混凝土桥墩柱的水平荷载。已有资料表明，轴压力主要是通过混凝土斜压体来传递的，其对承载的贡献实际表现为拱效应，且在轴力作用下混凝土变形受到一定的约束。由此可见，轴向荷载有利于混凝土桥墩柱承载力的提高，在承载力的计算中应被予以考虑。

目前，国内外对此已经进行了大量的研究，日本的相关规范虽然不直接考虑轴向荷载对混凝土承载能力的提高，但是在条文说明中有明确解释；欧美的相关规范则直接将公式中混凝土承载项乘以一个增大系数；我国混凝土结构设计规范认为在一定轴压比范围内，轴向荷载的存在可以抑制斜裂缝的产生及发展，增加受压区高度从而使构件承载力提高，轴压力承载力贡献大小为 $0.07N$；Priestley 和 Mander 在混凝土结构承载力计算时量化分析了轴力的影响，并分别提出了不同柱端约束情况下轴向荷载承载力贡献计算模型，即 Priestley 模型和 Mander 模型。

①Priestley 模型。

Priestley 提出的考虑轴向荷载的混凝土结构承载力模型为

$$V_p = P \tan \alpha = \frac{D-c}{2a} P \tag{10.27}$$

式中，V_p 为轴向荷载对承载力的贡献；D 为钢筋混凝土桥墩柱截面高度；c 为混凝土受压区高度；a 为柱反弯点至柱底的高度。

②Mander 模型。

Mander 提出的考虑轴向荷载的混凝土结构承载力模型为

$$V_p = P \tan \alpha（两端约束） \tag{10.28a}$$
$$V_p = 0.5P \tan \alpha（一端约束） \tag{10.28b}$$

通过综合考虑，本章采用 Mander 模型计算轴向荷载对承载力的贡献。

（3）盐渍土环境中钢筋混凝土桥墩柱承载力的计算方法。

前面研究分析已表明，盐渍土环境中氯盐含量高且腐蚀作用强，因此钢筋混凝土桥墩柱通常更易发生腐蚀破坏，其承载力退化程度较一般腐蚀环境中更严重。鉴于此，本章基于桁架—拱受力模型，针对盐渍土环境中钢筋混凝土桥墩柱的承载力提出了一种理论计算模型。

基于桁架—拱受力模型的盐渍土环境中钢筋混凝土桥墩柱抗弯承载力机理：

①混凝土开裂前，钢筋混凝土桥墩柱承载力主要由混凝土提供，表现为桁架模型中的压杆作用，此时箍筋应力较小。

②继续施加荷载时，混凝土出现水平及斜向裂缝，沿裂缝的骨料咬合作用参与承载，表现为桁架模型中的斜向拉杆作用，此时箍筋应力逐渐增加，承担的承载力也增大，表现为桁架模型中的竖向拉杆作用。

③随着柱端转角及水平位移的增加，混凝土和纵筋的承载力作用增大，达到屈服荷载

后,箍筋逐渐屈服并退出工作,对核心区混凝土的约束作用减小,骨料咬合作用也降低,此时承载力主要由裂缝间混凝土小短柱承担,表现为拱作用。

④一些研究表明,拱机构的承载作用随着剪跨比的增大而降低,相反,桁架机构的承载作用随着剪跨比的增大而增加,同时拱机构不仅在箍筋屈服以后起承担荷载的作用,而是在混凝土桥墩柱受力过程中一直存在拱作用,即混凝土和箍筋承载作用实际上是耦合的。

基于以上分析,本章基于桁架—拱受力模型,且考虑盐渍土环境及轴向荷载对混凝土桥墩柱承载力的影响后,提出了符合盐渍土环境中钢筋混凝土桥墩柱承载力计算方法,即

$$V_{nc} = \eta_h \left(\alpha_s \rho_{sv} f_{svc} b d_v \cot\theta + 0.5\, \alpha_{sc} f_{yc} A_{sc} \tan\alpha + \frac{-B + \sqrt{B^2 - 4AC}}{2A} \right)$$
$$+ 0.67\, \alpha_h n_0 b h v_c f_{cuc} \tan\alpha + 0.5 P \tan\alpha \tag{10.29}$$

模型考虑了盐渍土环境中钢筋混凝土桥墩柱组成材料力学性能随时间的退化,对混凝土、钢筋的抗剪贡献分别进行研究分析,并利用桁架—拱受力模型分别进行计算,物理意义明确。

(4)基于桁架—拱受力模型的盐渍土环境中钢筋混凝土桥墩柱承载力结果对比

图 10.3 所示为盐渍土环境中钢筋混凝土桥墩柱承载力计算值与试验值的对比结果。由图可知,计算值和试验值具有较高的一致性,误差均在 10% 以内。统计结果显示,最高误差为 8.5%,最低误差为 0.17%,平均误差为 4.76。由此可知,本章基于基于桁架—拱受力模型建立的钢筋混凝土桥墩柱承载力计算模型具有较高的精度,可为盐渍土环境中钢筋混凝土桥墩柱承载力的预测提供参考。

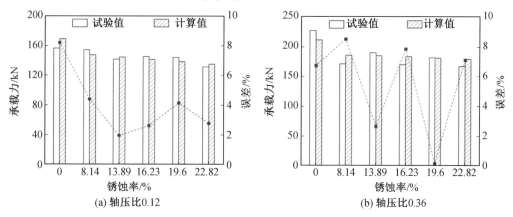

图 10.3　钢筋混凝土桥墩柱承载力计算值与试验值的对比结果

10.5.3　腐蚀效应对计算参数的影响

(1)腐蚀效应对桁架机构倾角的影响。

由以上分析可知,桁架机构倾角 θ 受腐蚀效应的影响。经计算可知,随着腐蚀率的增加,桁架机构倾角呈现出递减的趋势,主要是因为配箍率及混凝土强度降低导致裂缝最小开裂能量减小,与钢筋混凝土桥墩柱实际开裂后的裂缝分布相比较,桁架机构倾角模型计算值较小,存在误差,有待进一步分析研究。

（2）腐蚀效应对混凝土软化强度影响系数的影响。

经计算可知，混凝土软化强度影响系数（简称混凝土软化系数）随腐蚀率的增加而减小，表明腐蚀程度对混凝土强度利用率有重要的影响，混凝土有效强度逐渐降低。需要说明的是，只有在理论推导的过程中应考虑混凝土软化系数，而经验公式中则不需要考虑，因为经验公式中已经包含了该系数的影响。

10.5.4　研究参数灵敏度分析

为了评判模型中各参数对计算承载力灵敏性的影响，本章以桥墩柱基本参数作为变量进行了参数灵敏度分析，基本参数主要包括轴压比、混凝土强度、箍筋强度和锈蚀率，具体分析结果如下。

（1）随着轴压比、混凝土强度、箍筋强度、保护层厚度的增加，计算承载力均呈现出先增加后减小的趋势变化，变量参数在达到相应临界值时，计算承载力达到最大值，随着变量参数继续增大，计算承载力均呈现出递减的趋势。

（2）轴压比在达到临界值 n_{cr} 前，计算承载力随着轴压比的增加，总体呈现出递增的趋势，此阶段轴向压力对水平承载力表现出提高作用，随着轴压比继续增大，此时轴向压力对混凝土桥墩柱的破坏形态有重要影响，钢筋混凝土桥墩柱承载能力开始减弱。

（3）混凝土强度和箍筋强度在较小范围内（混凝土强度：30～45 MPa；箍筋强度：300～400 MPa）的变化对承载力的影响趋于平缓，超出这个范围后计算承载力表现出快速增长的趋势，此阶段箍筋和混凝土强度利用率增加，对水平承载力的大小有重要影响，混凝土桥墩柱主要表现为延性破坏。超过临界值（f_{ccr}、f_{vcr}）时，二者对承载力的影响逐渐减小，破坏时表现出脆性。

（4）与以上 3 种基本参数不同的是，计算承载力随锈蚀率的增加而逐渐下降。由此可知，锈蚀作用对钢筋混凝土桥墩柱的负面影响是显著的，在实际工程中应予以重点考虑。

第 11 章　盐渍土环境中钢筋混凝土桥墩柱时变可靠度与失效概率分析

本章首先介绍了计算混凝土结构可靠度的几种方法,即中心点法、验算点法、JC 法及 Monte-Carlo(MC 法),阐述了混凝土结构时变可靠度的定义。鉴于混凝土组成材料力学性能随时间的退化特点,本章采用动态可靠度指标和动态失效概率表征了结构的可靠度。其次,本章对影响混凝土桥墩柱承载力时变原因进行了研究分析,得到了钢筋混凝土桥墩柱承载力、恒荷载及活荷载的概率分布类型和统计参数,其中随机变量承载力 R 服从对数正态分布,恒荷载 N_G 服从正态分布,活荷载 S 服从极值 I 型分布。

此外,基于 JC 法和 MC 法对钢筋混凝土桥墩柱的可靠度指标和失效概率进行了计算,分析了腐蚀时间和腐蚀电流密度对可靠度指标和失效概率的影响。探讨了钢筋屈服强度和混凝土强度对混凝土桥墩柱的失效概率的影响,结果表明,钢筋屈服强度对混凝土桥墩柱的失效概率的影响起决定性作用。

11.1　钢筋混凝土桥墩柱承载力时变可靠度的定义

钢筋混凝土作为一种耐久性材料,随着使用年限增加,其组成材料力学性能逐渐退化。在外荷载作用下结构承载能力降低甚至失效,因此对于钢筋混凝土结构承载能力的可靠度研究是十分必要的。钢筋混凝土桥墩柱承载力的时变可靠度定义为:已使用 t 年的钢筋混凝土桥墩柱在既定工作条件下,同时在正常使用和正常维护条件下,在后续的服役基准期 T 内,完成预定功能的能力。在此过程中,材料力学性能退化、不利环境及地震作用等影响因素应予以考虑。然而,由于这些因素是依赖于时间参数的随机变量,所以混凝土桥墩柱的可靠性也随服役时间而变化,是一个动态的变化过程,因此可将此时混凝土桥墩柱能够完成预定功能的能力定义为时变可靠度,可用动态可靠度指标 $\beta(t)$ 和动态失效概率 $P_f(t)$ 来表征。

相关研究表明,影响时变可靠度的因素主要有:① 外荷载作用的影响:包括荷载对混凝土桥墩柱损伤的累积作用和荷载超过混凝土桥墩柱的抵抗能力。② 钢筋及混凝土材料等内在因素的影响:混凝土强度降低、钢筋腐蚀及碱骨料反应等。③ 环境因素的影响:氯离子等腐蚀作用。正是由于结构参数的时变性,在设计基准期内的不同时间段,结构的可靠度是变化的。

11.2　中心点法和验算点法介绍

中心点法的基本思想是将非线性功能函数在随机变量中心点处做泰勒级数展开且保留一次项,然后近似计算功能函数的平均值和标准差,可靠度指标用功能函数的平均值与标准差的比值来表示。将功能函数 Z 在随机变量中心处展开为泰勒级数并保留一次项,即

$$Z = f(\mu_{x1}, \mu_{x2}, \cdots, \mu_{xn}) + \sum_{i=1}^{n} \left(\frac{\partial f}{\partial x}\right)_{\mu} (X_i - \mu_{X_i}) \tag{11.1}$$

式中,$X_1, X_2, \cdots, X_n$ 分别为结构中 n 个相互独立的随机变量,其均值为 μ_{xi},标准差为 σ_{xi} $(i=1,2,\cdots,n)$,结构功能函数为 $Z = f(X_1, X_2, \cdots, X_n)$。

功能函数 Z 的平均值和均方差分别为

$$\mu_z = f(\mu_{x1}, \mu_{x2}, \cdots, \mu_{xn}) \tag{11.2}$$

$$\sigma_z = \sum_{i=1}^{n} \left(\frac{\partial f}{\partial X_i}\right)_{\mu}^{2} \sigma_{Xi}^{2} \tag{11.3}$$

可靠度指标为

$$\beta = \frac{\mu_z}{\sigma_z} \tag{11.4}$$

中心点法虽然计算过程简便,但是由于泰特级数展开时只保留一次项,略去二阶及以上的项可能导致均值对应的随机变量不在失效边界,从而出现计算结果与实际情况偏差较大的情况,同时对于具有相同力学含义的不同功能函数,求得的可靠度指标不同,不能够唯一确定,需改进。

针对中心点法的不足,学者们提出了验算点法(改进的一次二矩法),即将功能函数在 (x_1^*, x_2^*) 验算点处线性展开。功能函数在 x_i^* $(i=1,2,\cdots,n)$ 处线性化展开时,对应的极限状态方程为

$$Z \approx f(x_1^*, x_2^*, \cdots, x_n^*) + \sum_{i=1}^{n} (X_i - X_i^*) \frac{\partial f}{\partial X_i}\Big|_{x^*} \tag{11.5}$$

功能函数 Z 的均值为

$$\mu_Z = f(x_1^*, x_2^*, \cdots, x_n^*) + \sum_{i=1}^{n} (m_{Xi} - X_i^*) \frac{\partial f}{\partial X_i}\Big|_{x^*} \tag{11.6}$$

由于在失效边界上满足 $f(x_1^*, x_2^*, \cdots, x_n^*) = 0$,因此 Z 的均值可以简化为

$$\mu_Z = \sum_{i=1}^{n} (m_{X_i} - X_i^*) \frac{\partial f}{\partial X_i}\Big|_{x^*} \tag{11.7}$$

若 $(x_1, x_1, \cdots, x_n)$ 相互独立,则 Z 的标准差为

$$\sigma_z = \left[\sum_{i=1}^{n} \left(\sigma_{X_i} \frac{\partial f}{\partial X_i}\Big|_{x^*} \right)^2 \right]^{0.5} \tag{11.8}$$

引入分离式函数式,即

$$\alpha_i = \frac{\sigma_{X_i} \left. \frac{\partial f}{\partial X_i} \right|_{x^*}}{\sqrt{\left(\sum_{i=1}^{n} \sigma_{X_i} \left. \frac{\partial f}{\partial X_i} \right|_{x^*} \right)^2}} \qquad (11.9)$$

式中，α_i 表示 x_i 值的波动对 σ_z 的影响程度。

此时标准差公式可化简为

$$\sigma_z = \sum_{i=1}^{n} \alpha_i \sigma_{X_i} \left. \frac{\partial f}{\partial X_i} \right|_{x^*} \qquad (11.10)$$

其可靠度指标为

$$\beta = \frac{\sum\limits_{i=1}^{n} (m_{Xi} - X_i^*) \left. \frac{\partial f}{\partial X_i} \right|_{x^*}}{\sum\limits_{i=1}^{n} \alpha_i \sigma_{X_i} \left. \frac{\partial f}{\partial X_i} \right|_{x^*}} \qquad (11.11)$$

式(11.11)可变形为

$$\sum_{i=1}^{n} \alpha_i \sigma_{X_i} \left. \frac{\partial f}{\partial X_i} \right|_{x^*} (m_{X_i} - X_i^* \beta \alpha_i \sigma_{X_i}) = 0 \qquad (11.12)$$

由式(11.12)可计算出验算点，如式(11.13)所示：

$$X_i^* = m_{X_i} - \beta \alpha_i \sigma_{X_i} \qquad (11.13)$$

对于公式的求解一般采用迭代的方法，可利用 MATLAB 编程进行计算，迭代步骤如下。

(1) 假设一个初始值 β。

(2) 选取初始验算点，一般取 $X_i^* = m_{X_i}$。

(3) 计算 $\left. \frac{\partial f}{\partial X_i} \right|_{x^*}$，$\alpha_i$，再由式(11.9)计算出新的 X_i^*。

(4) 重复步骤(3)，直到 X_i^* 前后两次的差值在容许范围内为止(一般小于 5%)。

(5) 将所有 X_i^* 值代入到极限状态方程中计算 f 值。

(6) 检验 $f(X_i^*) = 0$ 的条件是否满足，若不满足，则计算前后两次 β 和 f 差值的比 $\Delta\beta / \Delta f$，并由 $\beta_{n+1} = \beta_n - f_n \cdot \Delta\beta / \Delta f$ 估计一个新的 β 值，然后重复步骤(3)~(6)，直到 $f(X_i^*) \approx 0$ 为止；

(7) 最后根据 $P_f = \Phi(-\beta)$ 计算出失效概率。

11.3　盐渍土环境中钢筋混凝土桥墩柱承载力的极限状态分析

11.3.1　盐渍土环境中钢筋混凝土时变功能函数

实际工程中，结构性能是一个随时间变化的复杂的物理、化学及力学损伤过程。结构承载力随时间的变化是上述 3 种影响因素的函数，并且各影响因素都包含复杂的随机过程。本章主要考虑的随机变量为混凝土时变强度、混凝土时变弹性模量、钢筋时变强度及钢筋时变弹性模量。

任意时刻混凝土桥墩柱承载力极限状态方程可表示为式(11.14)。

$$Z(t) = R(t) - S + N_G \tag{11.14}$$

式中，$R(t)$ 为钢筋混凝土桥墩柱承载力随时间的变化过程，服从对数正态分布，与 t 时刻混凝土、钢筋材料力学性能参数有关；S 为活荷载效应随机过程，与混凝土桥墩柱截面面积、荷载大小及分布参数相关；N_G 为轴向恒载效应随机过程；$Z(t)$ 为 t 时刻钢筋混凝土桥墩柱承载能力冗余度，根据 $Z(t)$ 的大小，可将结构所处状态分为以下 3 种情况。

(1) 当 $Z(t) > 0$ 时，结构处于可靠状态。

(2) 当 $Z(t) < 0$ 时，结构处于失效状态。

(3) 当 $Z(t) = 0$ 时，结构处于极限状态。

极限状态方程均值和标准差分别为

$$\mu_z(t) = \mu_R(t) - \mu_s + \mu_{N_G} \tag{11.15}$$

$$\sigma_z(t) = \sqrt{\sigma_R{}^2(t) - \sigma_s{}^2 + \sigma_{N_G}{}^2} \tag{11.16}$$

钢筋混凝土桥墩柱承载力动态可靠度指标为

$$\beta_z(t) = \frac{\mu_Z(t)}{\sigma_Z(t)} = \frac{\mu_R(t) - \mu_s + \mu_{N_G}}{\sqrt{\sigma_R{}^2(t) - \sigma_s{}^2 + \sigma_{N_G}{}^2}} \tag{11.17}$$

失效概率为

$$P_f(t) = \Phi[-\beta_z(t)] \tag{11.18}$$

式中，$\Phi(\cdot)$ 为标准正态分布函数。

11.3.2　盐渍土环境中钢筋混凝土时变承载力统计参数

参考已有研究成果，本章中钢筋混凝土桥墩柱的承载力为

$$R(t) = R[f_i(t)] \tag{11.19}$$

式中，$f_i(t)$ 为第 i 种材料的强度参数，是时间 t 的函数，具体参数见表 11.1。

表 11.1　材料强度及荷载随机变量统计参数

随机变量	均值 μ	标准差 σ	概率分布类型
混凝土抗压强度	32	9.3	正态分布
HRB400 螺纹钢筋屈服强度	455.8	27.6	正态分布
恒荷载	22.7	8.28	正态分布
活荷载	139.2	15.1	极值 I 型分布

盐渍土环境中钢筋混凝土桥墩柱承载力模型为

$$R(t) = V_t(t) + V_a(t) \tag{11.20}$$

$$V_t(t) = V_a(t) + V_{ct}(t) \tag{11.21}$$

式中，$V_t(t)$ 为桁架机构的承载力贡献，由于时变可靠度分析基于材料的性能退化，故不考虑桁架机构有效系数的影响。

根据误差传递公式可得出承载力平均值和标准差，即

$$\mu_R(t) = \mu_t(t) + \mu_a(t) \tag{11.22}$$

$$\sigma_z(t) = \sqrt{\sigma_t^2(t) + \sigma_a^2(t)} \tag{11.23}$$

式中，$\mu_t(t)$ 和 $\sigma_t(t)$ 分别为桁架机构承载力贡献均值和标准差；$\mu_a(t)$ 和 $\sigma_a(t)$ 分别为拱机构承载力贡献均值和标准差。

本章承载力统计参数是关于混凝土及钢筋强度的函数关系式，即承载力是随二者的变化而变化的。混凝土时变强度统计参数采用牛荻涛模型，钢筋时变强度采用 Clark 等人提出的计算模型。

（1）拱机构承载力统计参数。

拱机构承载力统计参数确定方法为

$$\mu_a(t) = 0.67 \, \alpha_h n_0 \, bhv \tan \alpha \cdot \mu_{f_{cu}}(t) \tag{11.24}$$

$$\sigma_a(t) = 0.67 \, \alpha_h n_0 \, bhv \tan \alpha \cdot \sigma_{f_{cu}}(t) \tag{11.25}$$

牛荻涛提出的混凝土强度平均值和标准差的经时变化模型为

$$\mu_{f_{cu}}(t) = \mu_{f_{cu0}} \cdot \{1.248\,8 \, e^{-0.034\,7(\ln t - 0.346\,8)^2}\} = k_1 \tag{11.26}$$

$$\sigma_{f_{cu}}(t) = \sigma_{f_{cu0}} \cdot (0.014\,3t + 1.062\,4) = k_2 \tag{11.27}$$

联立式（11.22）～（11.25），可得到拱机构承载力统计参数，即

$$\mu_a(t) = 0.67 \, \alpha_h n_0 \, bhv \tan \alpha \cdot k_1 = \alpha_1 \tag{11.28}$$

$$\sigma_a(t) = 0.67 \, \alpha_h n_0 \, bhv \tan \alpha \cdot k_2 = \alpha_2 \tag{11.29}$$

式中，k_1、k_2 为计算参数。

（2）桁架机构承载力统计参数。

桁架机构承载力统计参数确定方法为

$$\mu_t(t) = \mu_{ct}(t) + \mu_g(t) \tag{11.30}$$

$$\sigma_t(t) = \sqrt{\sigma_{ct}^2(t) + \sigma_g^2(t)} \tag{11.31}$$

式中，$\mu_{ct}(t)$ 和 $\sigma_{ct}(t)$ 分别为桁架机构中混凝土承载力贡献的平均值和标准差；$\mu_g(t)$ 和 $\sigma_g(t)$ 分别为桁架机构中钢筋承载力贡献的平均值和标准差。

① 钢筋强度平均值和标准差经时变化模型。

钢筋强度平均值和标准差经时变化关系为

$$\mu_{f_y}(t) = (1 - \beta_y \, \eta_t) \cdot \mu_{f_y} = k_3 \tag{11.32}$$

$$\sigma_{f_y}(t) = (1 - \beta_y \, \eta_t) \cdot \mu_{f_y} = k_4 \tag{11.33}$$

钢筋对承载力贡献统计参数为

$$\mu_g(t) = [\alpha_s \rho_{sv}(t) b \, d_v \cot\theta + 0.5 \, \alpha_{sc} \, A_s \tan \alpha] \cdot k_3 \tag{11.34}$$

$$\sigma_g(t) = [\alpha_s \rho_{sv}(t) b \, d_v \cot\theta + 0.5 \, \alpha_{sc} \, A_s \tan \alpha] \cdot k_4 \tag{11.35}$$

② 桁架中混凝土对承载力贡献统计参数。

鉴于桁架机构中混凝土承载力贡献函数表达式较为复杂，较难计算出随机变量分布参数的函数表达式，虽然不能直接利用本章公式求统计参数，但是根据 Collins 和 Mitchell 对桁架机构中混凝土抗剪贡献的推导过程不难看出，本章采用的公式与 Bentz 等人提出的计算模型是等效的，即

$$V_{ct} = \beta b d_v \sqrt{f'_c} \tag{11.36}$$

式中，β 为桁架机构中混凝土抗剪贡献系数，本章参考李俊华等人的研究结果取值。

因此,为了量化分析桁架机构中混凝土承载力贡献统计参数,基于 Bentz 等人提出的计算模型,混凝土承载力贡献平均值和标准差分别为

$$\mu_{ct}(t) = \beta b d_v \cdot \mu_{\sqrt{0.85f_{cu}(t)}} = k_5 \qquad (11.37)$$

$$\sigma_{ct}(t) = \beta b d_v \cdot \sigma_{\sqrt{0.85f_{cu}(t)}} = k_6 \qquad (11.38)$$

式中,$\mu_{\sqrt{0.85f_{cu}(t)}}$ 和 $\sigma_{\sqrt{0.85f_{cu}(t)}}$ 可由第 10 章的数据统计而得。

综上所述,桁架机构抗剪贡献统计参数为

$$\mu_t(t) = k_5 + [\alpha_s \rho_{sv}(t) b d_v \cot\theta + 0.5\alpha_{sc}A_s \tan\alpha] \cdot k_3 = \alpha_3 \qquad (11.39)$$

$$\sigma_t(t) = \sqrt{k_6{}^2 + [\alpha_s \rho_{sv}(t) b d_v \cot\theta + 0.5\alpha_{sc}A_s \tan\alpha]^2 \cdot k_4{}^2} = \alpha_4 \qquad (11.40)$$

通过以上关系可以得到钢筋混凝土桥墩柱承载力的统计参数,即

$$\mu_R(t) = \alpha_3 + \alpha_1 \qquad (11.41)$$

$$\sigma_R(t) = \sqrt{\alpha_4{}^2 + \alpha_2{}^2} \qquad (11.42)$$

式中,α_1、α_2、α_3 及 α_4 为计算参数。

基于以上关系式,且考虑到桥墩柱承载力具有时变性,故本章基于桁架－拱模型建立了时变承载力统计参数模型,计算模型采用式(11.27),计算结果如图 11.1 所示。

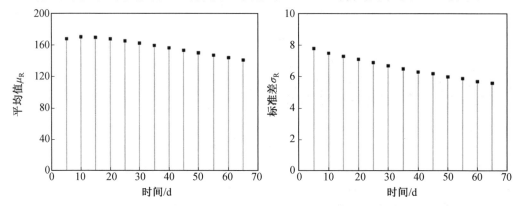

图 11.1　承载力统计参数与时间的关系

11.4　基于 JC 法和 MC 法可靠度指标的计算与分析

11.4.1　基于 JC 法可靠度指标的计算

(1)JC 法计算过程。

JC 法推导过程简单易懂,条理清晰,能够求解服从任意分布的随机变量的可靠度指标,且对功能函数的非线性问题给出比较精确的解。我国《建筑结构可靠性设计统一标准》(GB 50068—2018)、《公路工程结构可靠度设计统一标准》(GB/T 50283—1999)等明确要求采用 JC 法进行可靠度指标的计算。

JC 法的基本原理是将不服从正态分布的随机变量 x 通过服从正态分布的另一变量 y 替代,且在 $(x_1{}^*, x_2{}^*)$ 处满足

$$PDF_x(x_1{}^*, x_2{}^*) = PDF_y(x_1{}^*, x_2{}^*) \qquad (11.43)$$

$$\text{CDF}_x(x_1*,x_2*) = \text{CDF}_y(x_1*,x_2*) \tag{11.44}$$

式中,PDF 为变量累积概率分布函数值;CDF 为变量概率密度函数值。

概率分布函数和概率密度函数分别为

$$F_{X_i}(x_i^*) = \Phi\left(\frac{x_i^* - \mu_{X_i}}{\sigma_{X_i}}\right) \tag{11.45}$$

$$f_{X_i}(x_i^*) = \frac{1}{\sigma_{X_i}}\varphi\left(\frac{x_i^* - \mu_{X_i}}{\sigma_{X_i}}\right) \tag{11.46}$$

式中,$F_{X_i}(\cdot)$ 为变量 x 的累积概率分布函数;$f_{X_i}(\cdot)$ 为概率密度函数;$\Phi(\cdot)$ 为正态变量 y 的概率密度函数。

由 JC 法可求得平均值与标准差,即

$$\mu_{X_i} = x_i - \sigma_{X_i}\Phi^{-1}\left[F_{X_i}(x_i^*)\right] \tag{11.47}$$

$$\sigma_{X_i} = \frac{\varphi\,\Phi^{-1}\left[F_{X_i}(x_i^*)\right]}{f_{X_i}(x_i^*)} \tag{11.48}$$

JC 法计算可靠度指标的主要步骤如下。

① 假设一个初始值 β。

② 选取初始验算点,一般取 $X_i^* = m_{X_i}$。

③ 分别用式(11.47)和(11.48)计算出 μ_{X_i} 和 σ_{X_i}。

④ 计算 $\left.\dfrac{\partial f}{\partial X_i}\right|_{X^*}$,再由式(11.9)计算 α_i。

⑤ 由式(11.11)计算新的 X_i^*,重复步骤 ③ ~ ⑤,直到差值在允许的误差内。

⑥ 利用式(11.11)计算 $f(x_i^*) = 0$ 的条件下的 β 值。

⑦ 重复步骤 ③ ~ ⑥,直到前后两次 β 的差值满足精度要求为止。

⑧ 最后根据 $P_f = \Phi(-\beta)$ 计算出失效概率。

虽然 JC 法是一种国际公认较好的可靠度计算方法,但是对于非线性程度高的功能函数可能出现不收敛的情况。

本章鉴于承载力的时变性,在研究桥墩柱的承载力可靠度时应考虑时间因素的影响。本章桥墩柱时变可靠度计算的工况分为以下两种情况。

① 室内电化学通电加速腐蚀,腐蚀电流密度 $i_{corr} = 800\ \mu\text{A/cm}^2$;实验室腐蚀溶液中氯离子质量分数为 10.84%;根据第 10 章可计算出钢筋的起始腐蚀时间为 $T_0 = 30.43$ h。

② 自然环境条件下的腐蚀。先前的研究表明,在自然环境中钢筋腐蚀电流密度通常在 $50 \sim 100\ \mu\text{A/cm}^2$ 范围内,基于此,本章假定了 3 种不同的电流腐蚀密度,分别为 $50\ \mu\text{A/cm}^2$、$100\ \mu\text{A/cm}^2$ 及 $150\ \mu\text{A/cm}^2$,并与室内腐蚀方法做了对比。自然暴露环境中的氯离子质量分数参考 Priestley 等人的研究取 1.938%。钢筋起始腐蚀时间 T_0 为 69.9 h。

本章在采用 JC 法计算钢筋混凝土桥墩柱承载力时变可靠度时以时间 t、钢筋腐蚀率 $\eta_s(t)$、配箍率 $\rho_{sv}(t)$ 三个参数为控制变量,JC 法程序框图如图 11.2 所示。

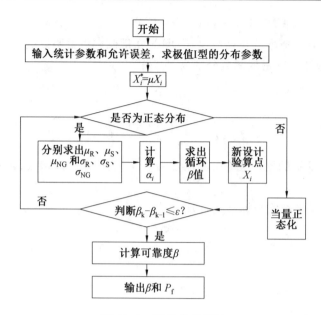

图 11.2　JC 法程序框图

（2）JC 法 MATLAB 程序。

```
clearl；clc；
muX=[μR,μS,μN]；
cvX=[σR/μR,σS/μS,σN/μN]；
sigmaX=cvX.*muX；
sLn=sqrt(log(1+(sigmaX(1)/muX(1))^2))；
mLn=log(muX(1)/sqrt(1+cvX(1)^2))；
aEv=pi/(sqrt(6)*sigmaX(2))；
uEv=psi(1)/aEv+muX(2)；muX1=muX；
sigmaX1=sigmaX；
x=muX；
for i=1:100
    sigmaX1(1)=sLn*muX(1)；
    muX1(1)=muX(1)*(1+mLn-log(muX(1)))；
    t=exp((-aEv)*(muX(2)-uEv))；
    f1=aEv*exp((-aEv)*(muX(2)-uEv)-t)；
    f2=exp(-t)；
    a=norminv(f2)；
    y=normpdf(a)；
    sigmaX1(2)=y/f1；
    muX1(2)=muX(2)-a*sigmaX1(2)；
    sigmaX1=[sigmaX1(1)；sigmaX1(2)；sigmaX1(3)]；
```

```
w＝norm(sigmaX1);
bbeta＝(muX1(1)−muX1(2)＋muX1(3))/w;
Alphar＝−sigmaX1(1)/w;
Alphal＝sigmaX1(2)/w;
Alphag＝−sigmaX1(3)/w;
x(1)＝muX1(1)＋Alphar * bbeta * sigmaX1(1);
x(2)＝muX1(2)＋Alphal * bbeta * sigmaX1(2);
x(3)＝muX1(3)＋Alphag * bbeta * sigmaX1(3);
x＝[x(1);x(2);x(3)];
muX＝x;
pf＝normcdf(−bbeta);
end
disp('结果:')
fprintf('可靠度指标贝塔:bbeta＝%1.2f/n',bbeta);
fprintf('最后验算点坐标:muX＝[%1.2f;%1.2f;%1.2f]/n',muX);
fprintf('失效概率:pf＝%1.5f/n',pf);
```

(3)基于 JC 法钢筋混凝土桥墩柱可靠度指标计算结果。

基于 JC 法的可靠度指标计算结果如图 11.3 所示。由图 11.3 可以看出,随着腐蚀时间的增加,钢筋混凝土桥墩柱的可靠度指标逐渐减小。此外,随着腐蚀电流密度的增大,钢筋混凝土桥墩柱的可靠度指标同样呈下降趋势。

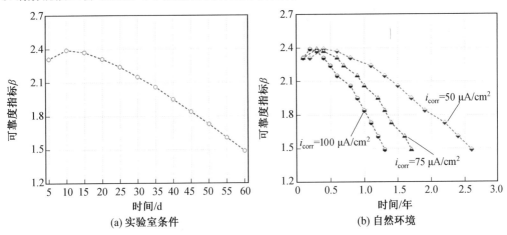

图 11.3　基于 JC 法的可靠度指标计算结果

11.4.2　基于 MC 法可靠度指标的计算

(1)MC 法计算过程。

随着科学技术的日益发展,仅仅局限于计算精度低甚至与实际情况不符的验算点法和 JC 法已经不能够满足工程需要。基于此,一种计算精度高且适用范围广的 Monte−Carlo 法得到了快速发展。Monte−Carlo 法借助计算机技术,通过计算机提供各种分布类型的随机变量,其原理是将满足分布的随机数代入到功能函数中,经计算判断结构是否失效,然后统计失效的随机数并与总样本相比,直至总样本数量的大小能够满足计算的精度要求后结束计算,求出失效概率 P_f。Monte—Carlo 法常用的样本抽样法有直接抽样模拟法和重要抽样法。

(2)MC 法 MATLAB 程序。

```
clear;clc;
muX=[μR;μS;μN];sigmaX=[σR;σS;σN];
sLn=sqrt(log(1+sigmaX(1)/muX(1)^2));
mLn=log(muX(1))−sLn*2/2;
aEv=sqrt(6)*sigmaX(2)/pi;
uEv=−psi(1)*aEv−muX(2);
nS=1e7;ig=ones(nS,1);
X1=lognrnd(mLn,sLn,1,nS);
X2=−evrnd(uEv,aEv,1,nS);
X3=normrnd(muX(3),sigmaX(3),1,nS);
g=X1−X2+X3;
nF=sum(ig(g<0));
pf=nF/nS
PF=1−pf
bbeta=norminv(PF) disp('结果:')
fprintf('可靠度指标贝塔:bbeta=%1.2f/n',bbeta);
fprintf('失效概率:pf=%1.5f/n',pf);
```

(3)基于 MC 法钢筋混凝土桥墩柱可靠度指标计算结果。

图 11.4 所示为基于 MC 法的可靠度指标计算结果。整体上来看,腐蚀时间和腐蚀电

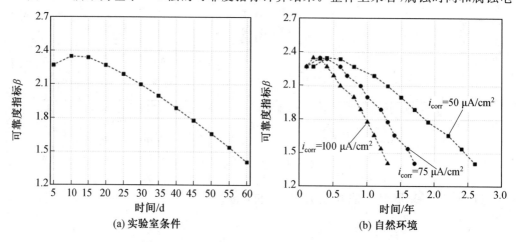

(a) 实验室条件 (b) 自然环境

图 11.4 基于 MC 法的可靠度指标计算结果

流密度对钢筋混凝土桥墩柱的可靠度具有不利影响。腐蚀电流密度越大，钢筋混凝土桥墩柱的可靠度随腐蚀时间的下降速率越快。当腐蚀电流密度为 $50\ \mu A/cm^2$ 时，腐蚀 0.6 年后钢筋混凝土桥墩柱的可靠度指标为 2.34。当腐蚀电流密度为 $75\ \mu A/cm^2$ 时，腐蚀 0.6 年后钢筋混凝土桥墩柱的可靠度指标为 2.27。当腐蚀电流密度为 $100\ \mu A/cm^2$ 时，腐蚀 0.6 年后钢筋混凝土桥墩柱的可靠度指标为 2.10。

11.4.3　基于 JC 法和 MC 法可靠度指标的对比分析

(1)JC 法和 MC 法对比分析。

鉴于 JC 法和 MC 法在可靠度指标计算中的优缺点，本章分别用这两种方法计算了钢筋混凝土桥墩柱可靠度指标。由计算结果可知，由于计算方法的不同，可靠度指标也会有所差异。图 11.5 所示为基于 JC 法和 MC 法的可靠度指标对比结果。从图 11.5 可以看出，随着腐蚀时间增加，钢筋混凝土桥墩柱可靠度指标逐渐降低，同时 JC 法计算的可靠度指标较 MC 法计算的可靠度指标有所偏大。

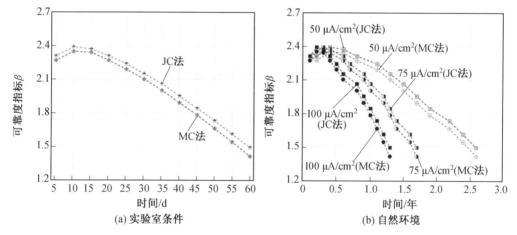

图 11.5　基于 JC 法和 MC 法的可靠度指标对比结果

同时通过对比图 11.5(a)和(b)可以看出，随着腐蚀时间的增加，可靠度指标呈现出递减的趋势。由此说明腐蚀时间越久，桥墩柱内部材料力学性能退化程度越明显。此外，由图 11.5(b)可以看出，腐蚀电流密度越大，曲线越陡峭，可靠度指标衰减得越快。这一现象说明腐蚀电流越大，对钢筋混凝土桥墩柱承载力退化的影响越明显。

11.5　失效概率计算与分析

11.5.1　盐渍土环境与普通环境中钢筋混凝土桥墩柱失效概率计算与分析

(1)基于 JC 法的钢筋混凝土桥墩柱失效概率计算结果。

图 11.6 所示为基于 JC 法的失效概率计算结果。由图可以看出，随着腐蚀时间的增加，失效概率呈现出逐渐递增的发展趋势。此外，可以看出，腐蚀电流密度对钢筋混凝土桥墩柱失效概率具有重要影响，即腐蚀电流密度越大，曲线越陡，失效概率越大。由此说

明,随着服役时间的延长,组成钢筋混凝土桥墩柱材料的力学性能退化与腐蚀电流密度有密切的关系。失效概率与可靠度指标虽然呈负相关,但是二者均是表征结构可靠度的统计学指标。

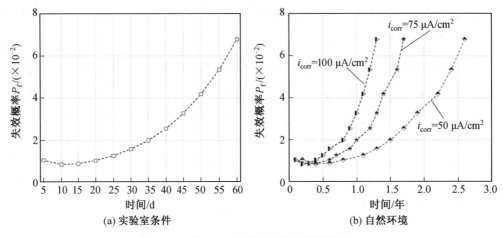

(a) 实验室条件   (b) 自然环境

图 11.6　基于 JC 法的失效概率计算结果

(2)基于 MC 法的钢筋混凝土桥墩柱失效概率计算结果。

图 11.7 所示为基于 MC 法的失效概率计算结果。由图可以看出,失效概率随腐蚀时间及腐蚀电流密度的发展趋势同 JC 法计算结果。即随着腐蚀时间的增加,失效概率逐渐增大;随着腐蚀电流密度的增大,失效概率逐渐增大。

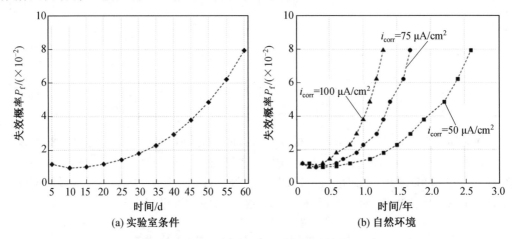

(a) 实验室条件   (b) 自然环境

图 11.7　基于 MC 法的失效概率计算结果

(3)JC 法和 MC 法对比分析。

图 11.8 所示为基于 JC 法和 MC 法的失效概率对比结果。由图可以看出,基于 JC 法计算的失效概率较 MC 法计算的失效概率有所降低。在实验室条件下腐蚀 60 d 时,JC 法计算的失效概率较 MC 法计算的失效概率降低了 14.61%。此外,在不同的腐蚀电流密度条件下也得出了相同的结果。

既有条件下,钢筋混凝土桥墩柱剩余使用寿命的评价是基于对目标可靠度指标的分析研判,定义为当 $\beta(t) < \beta_t$ 时,钢筋混凝土桥墩柱失效,此时达到了其使用寿命 t。则剩余使用寿命可表示为总使用寿命减去服役时间,β_k 为目标可靠指标,本章依据张建仁和秦权研究结果取值为 1.28。因此,随着腐蚀电流密度的不同,钢筋混凝土桥墩柱的剩余使用寿命见表 11.2。由表可以看出,由于钢筋和混凝土力学性能的退化,钢筋混凝土桥墩柱的剩余使用寿命随腐蚀电流密度的增加逐渐缩短。

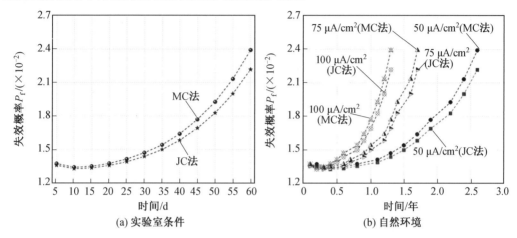

图 11.8　基于 JC 法和 MC 法的失效概率对比结果

表 11.2　钢筋混凝土桥墩柱在不同腐蚀电流密度下的剩余使用寿命

腐蚀电流密度/$(\mu A \cdot cm^{-2})$	50	75	100	800
剩余使用寿命/年	36.4	24.3	18.3	2.5

11.5.2　参数对钢筋混凝土桥墩柱失效概率的影响分析

以上研究已表明,腐蚀作用会使组成钢筋混凝土桥墩柱的材料性能发生劣化,从而导致失效概率随腐蚀率的增加逐渐增大。对此,本章以钢筋屈服强度和混凝土强度两项指标为例,分析了这两项指标对钢筋混凝土桥墩柱失效概率的影响。图 11.9 所示为钢筋屈服强度和混凝土强度与钢筋混凝土桥墩柱对失效概率的影响。从图 11.9 可以看出,钢筋屈服强度及混凝土强度对钢筋混凝土桥墩柱失效概率有显著影响,强度越高,失效概率越低。此外,钢筋屈服强度与混凝土强度对失效概率的影响高一个数量级,因此钢筋屈服强度对混凝土桥墩柱的失效概率起决定性作用。

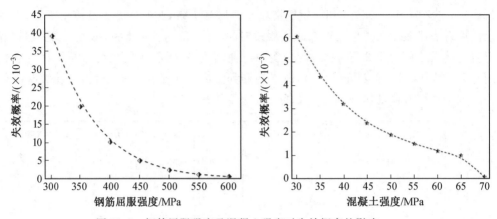

图 11.9　钢筋屈服强度及混凝土强度对失效概率的影响

第 12 章　盐渍土环境中钢筋混凝土 桥墩柱滞回曲线理论计算

本章主要对盐渍土环境中钢筋混凝土桥墩柱的滞回曲线进行了研究,提出了三线性骨架曲线模型,主要考虑了轴压比和锈蚀率对桥墩柱关键点(屈服点、峰值点和失效点)位移及荷载的影响。基于能量法得到了钢筋混凝土桥墩柱的试验屈服点,并定义该点所对应的位移和荷载分别为屈服位移和屈服荷载。提出了屈服位移和屈服荷载的理论计算表达式,考虑了腹部纵筋的影响。

此外,通过对试件的受力状态进行观察和分析,提出了考虑压拱效应的峰值荷载理论计算表达式,并建立了屈服位移和峰值位移的关系表达式。提出了确定失效点的理论方法,在此基础上,通过考虑锈蚀作用对钢筋混凝土桥墩柱加载刚度和卸载刚度的影响,建立了关于盐渍土环境中钢筋混凝土桥墩柱的滞回曲线理论模型,并与试验结果进行了比较,发现吻合度较高。

12.1　三线性骨架曲线模型的提出

第 9 章的研究结果已表明,骨架曲线是滞回曲线的包络图,可以有效地反映出试件的刚度、延性、耗能等性能。因此,骨架曲线的有效确定对滞回曲线的确定具有重要意义。近年来,已有许多学者提出了以屈服点、峰值点及失效点为特征点的三线性骨架曲线模型,并通过研究发现,该模型可以很好地表征试件的破坏过程。基于此,本章提出了符合盐渍土环境中钢筋混凝土桥墩柱的三线性骨架曲线模型。图 12.1(a)所示为试件试验骨架曲线,图 12.1(b)为简化后的三线性骨架曲线。图中 A、B、C 分别为试件正向屈服点、峰值点及失效点,A′、B′、C′分别为试件负向屈服点、峰值点及失效点。从图 12.1 可以看出,三线性模型可以很好地反映出试件的骨架曲线,与试验骨架曲线变化趋势基本一致,因此有理由将试件的骨架曲线简化为三线性模型。因此,对简化后骨架曲线关键点位移和荷载理论模型的建立具有重要意义。

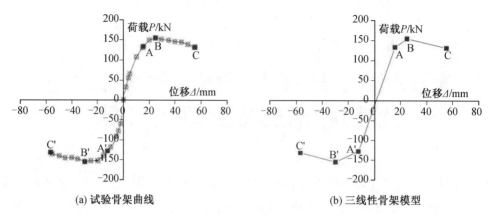

(a) 试验骨架曲线　　　　　　　　(b) 三线性骨架模型

图 12.1　试验骨架曲线与三线性骨架曲线模型

12.2　屈服点参数理论计算

12.2.1　试验结果及分析

1. 试件屈服点的确定

屈服点作为试件骨架曲线上的关键点，可以有效衡量试件的抗震性能。屈服点主要包括试件的屈服位移和屈服荷载两个重要参数。钢筋混凝土构件底部截面弯曲屈服时，顶部水平位移即为屈服位移，同理，对应的顶部水平荷载即为屈服荷载。

本章利用能量法确定了试件的骨架曲线，如图 12.2 所示，图中 C 点代表试件的正向屈服点。以某一试件的正向骨架曲线分析为例，反向屈服点的确定方法与正向相同，屈服点的具体确定方法如下。

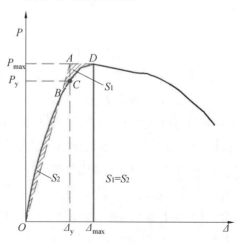

定义：当 $S_1 = S_2$ 时，过 A 点做水平轴的垂线，与骨架曲线相交于 C 点，C 点即为试件正向屈服点。A 点主要通过等面积法来确定，当 $S_1 = S_2$ 时，可知梯形 $OAD\Delta_{max}$ 的面积与 $OD\Delta_{max}$ 所围面积相等，而 $O\Delta_{max}$ 为试件的峰值位移，$\Delta_{max}D$ 为试件的峰值荷载，均可由试验结果得知。$OD\Delta_{max}$ 所围面积可通过 Origin 软件计算所得，进而可确定 A 点位移。当 A 点位移确定后，可进一步可确定 A 点水平荷载。

图 12.2　能量法确定试件骨架曲线

2. 屈服位移和屈服荷载试验结果

本章取正反两个方向屈服位移和屈服荷载平均值作为该试件的屈服位移和屈服荷载。所研究试件屈服位移和屈服荷载试验结果见表 12.1。

表 12.1　屈服位移和屈服荷载试验结果

试件名称	锈蚀时间 t	理论锈蚀率 $\psi(t)_L$/%	试验锈蚀率 $\psi(t)_S$/%	$\psi(t)_S/\psi(t)_L$	屈服位移 Δ_y/mm	屈服荷载 P_y/kN
SC－0.12－0	0	0	0	—	18.01	135.70
SC－0.12－1	312	8.14	7.51	0.923	14.01	130.77
SC－0.12－2	504	13.89	12.07	0.869	9.34	119.17
SC－0.12－3	636	16.23	14.40	0.887	12.67	127.96
SC－0.12－4	776	19.60	17.07	0.871	11.81	123.77
SC－0.12－5	912	22.82	19.82	0.869	9.42	110.61
SC－0.36－0	0	0	0	—	20.21	184.77
SC－0.36－1	312	8.14	7.54	0.926	17.30	133.72
SC－0.36－2	504	13.89	12.39	0.892	9.71	158.80
SC－0.36－3	636	16.23	14.80	0.912	11.82	143.40
SC－0.36－4	776	19.60	18.15	0.926	14.36	158.60
SC－0.36－5	912	22.82	20.03	0.878	11.71	146.89

3. 影响因素分析

通过对本章所研究试件的震后屈服位移及屈服荷载进行分析,发现轴压比和锈蚀率为最主要的影响因素。对此,本章对不同轴压比及不同锈蚀率下试件的屈服位移及屈服荷载进行了分析。

图 12.3(a)所示为轴压比和锈蚀率与试件屈服位移关系图,图 12.3(b)所示为轴压比和锈蚀率与试件屈服荷载关系图。通过图 12.3(a)和 12.3(b)可以看出,随着试件锈蚀率的增大,试件的屈服位移及屈服荷载整体上逐渐减小。分析其原因,锈蚀作用会降低试件内部纵筋的屈服强度,随着锈蚀率的增大,试件内部纵筋截面逐渐减小,而且由于不均匀锈蚀的缘故,会在钢筋锈坑较大处产生集中应力。此外,由于锈蚀产物的体积膨胀,会将试件保护层锈胀开裂,导致钢筋与混凝土黏结性降低,最终造成试件整体承载能力下降。

同时从图 12.3(a)和 12.3(b)可以看出,随着轴压比的增大,试件的屈服位移及屈服荷载整体上呈增大趋势。由相关文献研究可知,由于压拱效应,有轴向约束的试件其承载力要大于无轴向约束的试件。而且轴压比会抑制裂缝的扩展,所以适当的轴压比对试件的承载力能力及变形能力可起到有益作用。

从图 12.3 可以看出,随着锈蚀率的增加,虽然屈服位移和屈服荷载整体上呈下降趋势,但部分试件存在突变现象。造成此现象主要包括以下两部分原因。第一,由于制作误差,造成试件保护层不均匀。第二,主要由于锈蚀不均匀,部分试件由于锈坑太大,会在锈坑处产生集中应力。所以在加载过程中,钢筋被瞬间拉断,导致承载力突然下降。进而造成试验结果存在一定的离散性。

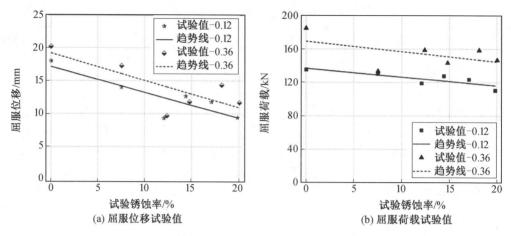

(a) 屈服位移试验值 　　　　　 (b) 屈服荷载试验值

图 12.3 　轴压比和锈蚀率与试件屈服位移关系图

4.试验锈蚀率的确定

考虑到在实际锈蚀过程中,由于电流的损失,导致钢筋的实际锈蚀率偏低。对此,在试件加载完毕,对试件塑性铰区域钢筋进行了取样,并对其锈蚀率进行了测试。通过图12.4(a)可以看出,试件加载完毕,试件塑性铰区域混凝土保护层已全部脱落,而钢筋存在不均匀锈蚀现象。有的钢筋已被锈断,截面积严重减小。所以为了使测试结果更加准确,本章根据锈蚀程度的不同,从试件上截取了 3 根 100 mm 的钢筋。通过酸洗－清水漂洗－石灰水中和－清水冲洗等过程进行了除锈,烘干后对其进行称重。通过对其质量损失进行计算,确定了钢筋样品的锈蚀率。本章取 3 根钢筋的平均锈蚀率作为该试件的试样锈蚀率。

由图 12.4(b)可知,对于锈蚀较轻微的钢筋,只是部分肋条被锈平;而对于锈蚀程度较中等的钢筋,在钢筋表面产生了大小形状各不相同的锈坑;而对于锈蚀较严重的钢筋,其截面面积明显缩小,且部分钢筋已经被严重锈断。

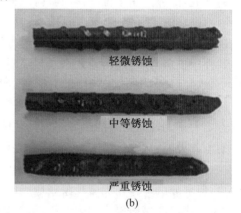

(a) 　　　　　　　　　　　　　(b)

图 12.4 　锈蚀钢筋表观现象

5.锈蚀钢筋拉伸试验

为了研究锈蚀作用对钢筋强度的影响,本章对锈蚀后钢筋的力学性能进行了测试,从试件两侧各取 4 根 400 mm 长的钢筋,对试样进行了抗拉强度测试,并观察了试样拉断后的破坏特征,如图 12.5 所示。从图 12.5 可以看出,锈蚀率不同,钢筋断口处有明显不同。锈蚀率较大的试件,断口处出现明显的颈缩现象,可以看出断口处钢筋为锥形。

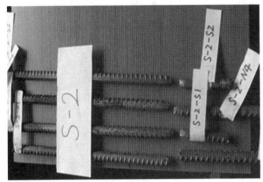

(a) SC-0.12-3

(b) SC-0.12-4

(c) SC-0.12-5

(d) SC-0.36-1

图 12.5　锈蚀钢筋破坏特征

12.2.2　理论模型的建立

1. 屈服位移理论模型的建立

试件计算简图如图 12.6 所示。图 12.6(a)所示为试件在外力作用下的受力简图,图 12.6(b)所示为试件截面受力简图,图 12.6(c)所示为受拉区及受压区钢筋合力等效图。

本章利用静力法对试件屈服位移进行了计算,计算简图如 12.7 所示。

根据静力法,钢筋混凝土的屈服位移为

$$\Delta_y = \int_0^L \frac{M_P M_1}{E_c I_{cl}} \mathrm{d}y = \frac{1}{E_c I_{cl}} \cdot \frac{PL^2}{2} \cdot \frac{2L}{3} = \frac{M_P L^2}{3E_c I_{cl}} \tag{12.1}$$

式中,M_p 为荷载 P 作用下试件 CB 截面的弯矩(MPa);M_1 为单位荷载作用下试件 CB 截面的弯矩(MPa);L 为试件计算高度(mm);E_c 为试件弹性模量(kN·m^2);I_{cl} 为截面惯性矩(m^4)。

由屈服弯矩引起的桥墩柱截面等效屈服曲率为

$$\varphi_y = \frac{M_p}{E_c I_{cl}} \tag{12.2}$$

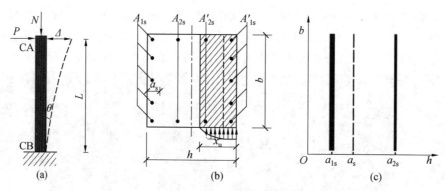

图 12.6　试件计算简图

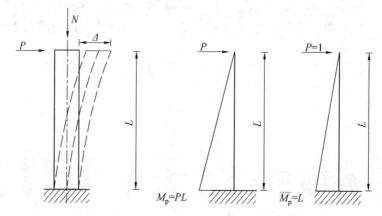

图 12.7　静力法计算简图

由桥墩柱钢筋应变 ε_y、混凝土应变 ε_y 引起的截面等效屈服曲率为

$$\varphi_y = \frac{\varepsilon_c + \varepsilon_y}{h_0} = \frac{\varepsilon_y}{(1-\xi_y)h_0} = \frac{f_y}{E_y(1-\xi_y)h_0} \tag{12.3}$$

其中,屈服时的相对受压区高度和截面有效高度分别为

$$\xi_y = \frac{x_{yu}}{h_0} \tag{12.4}$$

$$h_0 = h - a_s \tag{12.5}$$

式中, ε_c 为混凝土应变; ε_y 为钢筋屈服应变; h_0 为截面有效高度; ξ_y 为试件达到屈服时的相对受压区高度; f_y 为钢筋屈服强度; x_{yu} 为受压区高度; E_y 为钢筋弹性模量。

为了合理分析桥墩柱达到屈服状态时的受力状况,本章考虑了腹部纵筋的影响。由于本章所研究试件为对称配筋,以受拉区计算为例。将截面相邻两边看为一坐标系,将 h 方向看为横坐标,b 方向看为纵坐标,图 12.6(c)为计算简图。a_{1s} 为第一排钢筋合力到受拉区混凝土边缘距离,a_{2s} 为第二排钢筋合力到受拉区混凝土边缘距离。第一排钢筋合力可表示为 $A_{1s}f_y$,第二排钢筋合力可表示为 $A_{2s}f_y$。由此可知,受拉区钢筋合力到受拉区混凝土边缘距离为

$$a_s = \frac{A_{1s}f_y \cdot a_{1s} + A_{2s}f_y \cdot a_{2s}}{A_{1s}f_y + A_{2s}f_y} \tag{12.6}$$

其中

$$a_{1s} = c + d_{cs} + \frac{d_{ls}}{2} \tag{12.7}$$

$$a_{2s} = c + d_{cs} + \frac{d_{ls}}{2} + d_{sj} \tag{12.8}$$

式中，A_{1s} 为受拉区第一排钢筋总面积（mm^2）；A_{2s} 为受拉区第二排钢筋总面积（mm^2）；d_{cs} 为箍筋直径（mm）；d_{ls} 为纵筋直径（mm）；d_{sj} 为第一排纵筋与第二排纵筋之间的距离（mm）；c 为保护层厚度（mm）。

通过对试验数据进行统计分析，得出了相对受压区高度的计算公式，即

$$\xi_y = \sqrt{\alpha_E^2 A^2 + 2\alpha_E B} - \alpha_E A \tag{12.9a}$$

$$A = \tau_1 \cdot (\rho + \rho' + \rho_v + \frac{N}{b h_0 f_y}) \tag{12.9b}$$

$$B = \tau_2 \cdot \left[\rho + \rho' + 0.5\rho_v(1+\delta') + \frac{N}{b h_0 f_y}\right] \tag{12.9c}$$

$$N = nab f_c \tag{12.9d}$$

式中，$\alpha_E = E_s/E_c$，E_s 为钢筋弹性模量，$E_s = 2.0 \times 10^5 N/mm^2$，$E_c$ 为混凝土弹性模量，$E_c = 3.0 \times 10^4 N/mm^2$；$\rho$ 为受拉区钢筋配筋率（%）；ρ' 为受压区钢筋配筋率（%）；τ_1 和 τ_2 为系数，分别取 6.872 1 和 4.465 5；ρ_v 为面积配箍率，$\rho_v = 0.359\%$；N 为轴压力；b 为截面宽度；$\delta' = a_s/h_0$；f_c 为混凝土轴心抗压强度（MPa）。

将式（12.2）～式（12.9（a～d））代入式（12.1），可得到桥墩柱屈服位移，即

$$\Delta_y = \frac{f_y \cdot L^2}{3 E_y \left[1 - (\sqrt{\alpha_E^2 A^2 + 2\alpha_E B} - \alpha_E A)\right] h_0} \tag{12.10}$$

考虑到长期处于盐渍土环境中的钢筋混凝土桥墩柱，由于受到腐蚀作用，其内部钢筋截面面积会逐渐减小，屈服强度逐渐降低。由先前大量研究可知，钢筋的腐蚀是导致桥墩柱性能劣化的主要原因。因此，本章主要利用钢筋性能的劣化来表征桥墩柱试件性能的劣化。定义当纵向受拉钢筋屈服时，桥墩柱屈服。腐蚀后钢筋的屈服强度用 $f_{ry}(t)$ 来表示。

刘正洋和田曼丽对锈蚀后钢筋的力学性能进行了研究。结果表明：钢筋屈服强度随锈蚀率的增加呈线性下降趋势。因此，本章提出了钢筋屈服强度与钢筋锈蚀率的关系式。由于理论锈蚀率与试验锈蚀率存在一定的偏差，为了使计算结果更加精确，本章引入了腐蚀率修正系数，其表达式为

$$f_{ry}(t) = f_y(1 - \alpha_y \bar{\eta} \psi(t)_L \times 100) \tag{12.11}$$

式中，$f_{ry}(t)$ 为锈蚀时间为 t 时的钢筋屈服强度；f_y 为未锈蚀钢筋屈服强度；$\bar{\eta}$ 为腐蚀率修正系数；$\psi(t)_L$ 为不同时刻钢筋的理论锈蚀率；α_y 为试验系数，依据相关研究，本章取 0.017。

其中，腐蚀率修正锈系数可表示为

$$\bar{\eta} = \frac{\sum\limits_{i=1}^{10} \eta_i}{10} \tag{12.12}$$

其中

$$\eta_i = \frac{\psi_i(t)_s}{\psi_i(t)_L} \tag{12.13}$$

式中，$\psi_i(t)_s$ 为第 i 个试件的实际锈蚀率；$\psi_i(t)_L$ 为第 i 个试件的理论锈蚀率。

本章用质量损失率定义了钢筋的理论锈蚀率，理论锈蚀率为

$$\psi(t)_L = \frac{\Delta m(t)}{m_0} = 4\left(1 - \frac{h_s}{d_{ls}}\right)\frac{h_s}{d_{ls}} \tag{12.14}$$

式中，$\Delta_m(t)$ 为 t 时刻内单位长度钢筋损失的质量；m_0 为原钢筋质量；h_s 为平均腐蚀深度；d_{ls} 为钢筋直径。

由式（12.14）可知，当 t 为 0 时，锈蚀率为 0，当 t 大于 0 时，锈蚀率处于 0～100％之间。由于钢筋的锈蚀是一个电化学反应的过程，反应时间越长，钢筋的锈蚀率越大，由法拉第定律知，在电解过程中，电极上还原物析出的量与所通过的电流强度和通电时间成正比，其表达式为

$$M = \frac{M_{mr}}{F\gamma}i_{corr}t \tag{12.15}$$

式中，M 为单位面积阳极区上被腐蚀铁的质量；i_{corr} 为腐蚀电流密度（A/cm²）；t 为通电时间；M_{mr} 为铁的摩尔质量（kg/mol）；F 为法拉第系数，$F = 96\,500$ C·mol^{-1}；γ 为铁的化合价，本章取其为 2。

单位时间单位面积阳极区上被腐蚀铁的质量为

$$W = \frac{M_{mr}}{F\gamma}i_{corr} \tag{12.16}$$

又因为钢筋平均锈蚀深度又可表示为

$$h_s = \frac{Wt}{\rho_g} \tag{12.17}$$

式中，h_s 为平均锈蚀深度（cm）；ρ_g 为钢筋密度（g/cm²）。

将式（12.16）、（12.17）代入式（12.15），可得平均锈蚀深度，即

$$h_s = \frac{M_{mr}t}{F\gamma\rho_g}i_{corr} \tag{12.18}$$

将式（12.18）代入式（12.14）可得纵筋锈蚀率与钢筋直径、腐蚀电流密度及腐蚀时间的关系，即

$$\psi(t)_L = 4\left(1 - \frac{M_{mr}}{F\gamma\rho_d d_{ls}}t \cdot i_{corr}\right)\frac{M_{mr}}{F\gamma\rho_d d_{ls}}t \cdot i_{corr} = 4\left(1 - \frac{3.7\times10^{-5}}{d_{ls}}t \cdot i_{corr}\right) \cdot \frac{3.7\times10^{-5}}{d_{ls}}t \cdot i_{corr} \tag{12.19}$$

联立式（12.10）、（12.11）和（12.19），可得盐渍土环境下钢筋混凝土桥墩柱屈服位移计算表达式，即

$$\begin{cases} \Delta_y = \dfrac{f_{ry}(t) \cdot L^2}{3E_y\left[1 - \left(\sqrt{\alpha_E^2 A^2 + 2\alpha_E B} - \alpha_E A\right)\right]h_0} \\[3mm] f_{ry}(t) = f_y\left(1 - \alpha_y\overline{\eta\psi}(t)_L \times 100\right) \\[3mm] \psi(t)_L = 4\left(1 - \dfrac{3.7\times10^{-5}}{d}t \cdot i_{corr}\right) \cdot \dfrac{3.7\times10^{-5}}{d}t \cdot i_{corr} \end{cases} \tag{12.20}$$

2. 屈服荷载理论模型的建立

屈服荷载为试件达到屈服时的水平荷载,亦称屈服剪力。定义当桥墩柱达到屈服状态时,受拉区钢筋屈服,而受压区钢筋不一定屈服。CB 截面的应变和应力分布如图 12.8 所示。图中 ε_y 为受力钢筋屈服应变,ε_s 为受压钢筋应变,ε_c 为受压区混凝土应变。

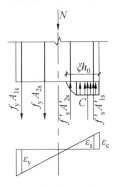

图 12.8　CB 截面应变和应力分布

根据平截面假定和屈服定义可得截面屈服弯矩表达式,即

$$M_y = n f_c b h \left(\frac{h}{2} - a_s \right) + A_{ts} f_y (h_0 - a_s) - \alpha_1 \beta_1 f_c b \xi_y h_0 \left(\frac{\beta_1 \xi_y h_0}{2} - a_s \right) \tag{12.21}$$

式中,M_y 为 CB 截面屈服弯矩;n 为试验轴压比;a_s 为受压区钢筋合力点到受压区混凝土边缘距离;A_{ts} 为受拉区钢筋总截面面积;β_1 为矩形应力图的受压区高度与平截面假定的中性轴高度的比值,当混凝土强度不超过 C50 时,取为 0.8,当混凝土强度等级为 C80 时,取为 0.74,中间按线性内插法确定,本研究中取 $\beta_1 = 0.8$;α_1 为矩形应力图的强度与受压区混凝土最大应力 f_c 的比值,当混凝土强度不超过 C50 时,取为 1.0,当混凝土强度等级为 C80 时,取为 0.94,中间按线性内插法确定,本章中取 $\alpha_1 = 1.0$;ξ_y 为屈服时相对受压区高度,由式(12.9a)～(12.9d)计算可得。

又根据力矩平衡可得屈服荷载与试件屈服弯矩的关系表达式为

$$P_y = M_y / L \tag{12.22}$$

式中,P_y 为抗震屈服荷载;L 为桥墩柱的计算高度。

由前面分析可知,盐渍土环境对桥墩柱性能的影响主要表现为内部纵筋性能的劣化,随着时间的推移,试件内部纵筋屈服强度逐渐下降,最终导致抗震屈服荷载逐渐减小。所以桥墩柱抗震屈服荷载的大小与时间有着密切的联系。盐渍土环境下桥墩柱抗震屈服荷载表达式为

$$P_y(t) = \left[n f_c b h \left(\frac{h}{2} - a_s \right) + A_{ts} f_{ry}(t)(h_0 - a_s) - \alpha_1 \beta_1 f_c b \xi_y h_0 \left(\frac{\beta_1 \xi_y h_0}{2} - a_s \right) \right] / L \tag{12.23}$$

式中,$P_y(t)$ 为盐渍土环境下钢筋混凝土桥墩柱的屈服荷载;$f_{ry}(t)$ 为盐渍土环境下不同时刻钢筋屈服强度。

12.2.3　计算结果与试验结果对比分析

通过将各参数分别代入式(12.20)和式(12.23),得出了桥墩柱屈服位移和屈服荷载

的理论值,并与试验结果进行了对比,如图 12.9 所示。从图 12.9 可知,屈服位移和屈服荷载理论值与试验值具有相同的变化趋势,即屈服位移和屈服荷载随锈蚀率增加呈线性下降关系,随轴压比的增大逐渐增加。主要因为锈蚀会使桥墩柱内部钢筋屈服强度下降,且锈蚀越大,试件屈服强度下降得越快,损伤越明显。而由于压拱效应,轴压比会有效抑制裂缝的扩展,所以当试件达到屈服时,在一定范围内,增大轴压比会提高试件的屈服位移和屈服荷载。

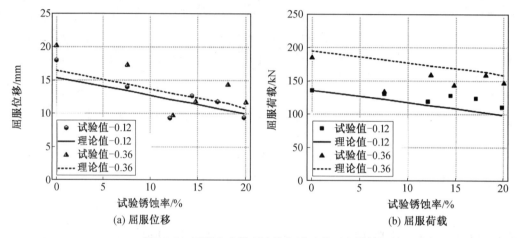

(a) 屈服位移   (b) 屈服荷载

图 12.9 屈服点参数理论值与试验值对比结果

为了进一步说明所提理论模型的精确度及可行性,本章对屈服点参数的理论值与试验值的比值进行了分析,结果如图 12.10 所示。经分析,发现桥墩柱的屈服位移计算值与试验值之比在 [0.81, 1.34] 范围内,平均值为 0.98。屈服荷载理论值与试验值之比在 [0.84, 1.36] 之间,平均值为 1.02。由此可知,桥墩柱的屈服荷载理论结果与试验结果吻合度较高。但仍存在一定的离散性,从试件 SC-0.12-2 和 SC-0.36-2 可以看出,该试件锈蚀率虽较小,但屈服位移和屈服荷载试验值下降程度较为明显。众所周知,锈蚀率越大,试件的损伤程度越大。所以对此本章总结了屈服位移和屈服荷载试验结果存在离散性的原因,主要有四点:第一,材料性能的影响,混凝土和钢筋的实际强度与均值有一定的偏差。第二,制作误差的影响,试件在制作过程中,保护层厚度和钢筋间距与试件尺寸略有不同。第三,取值方面的影响,本章取正反方向屈服荷载及屈服位移均值作为该试件的屈服荷载和屈服位移,但其实在正向加载之后,试件就会产生一定的损伤,当试件进行反向加载时,其荷载会小于正向加载时的荷载。第四,锈蚀方面的影响,由试验破坏情况来看,试件锈蚀存在不均匀性。虽然部分试件与其他试件相比,其理论锈蚀率小,但由于钢筋会在锈坑最大处产生集中应力,导致钢筋被瞬间拉断,最终使试件承载力变小。

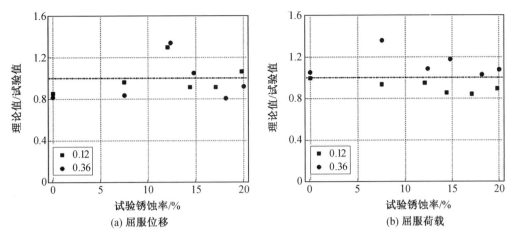

图 12.10　屈服点参数理论值与试验值的比值分布结果

12.3　峰值点参数理论计算

12.3.1　试验结果及分析

1.试验峰值点的确定

图 12.11 为试件滞回曲线与骨架曲线关系。从图12.11可以看出,试件的骨架曲线近似呈中心对称曲线。在屈服之前,试件骨架曲线近似为直线,荷载－位移呈线性增长。试件屈服之后,试件骨架曲线开始变为曲线,荷载的增长速率明显滞后于位移的增长速率。峰值荷载之后,位移持续增长,荷载开始下降。

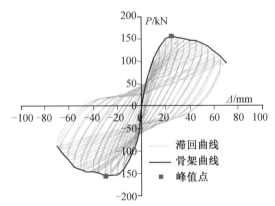

图 12.11　试件滞回曲线与骨架曲线关系

2.峰值位移和峰值荷载试验结果

同试件的屈服位移和屈服荷载取值规则一致,本章取试件正反方向峰值荷载及峰值位移均值作为该试件的峰值荷载和峰值位移。试件峰值位移及峰值荷载试验值见表12.2。

表 12.2　峰值位移和峰值荷载试验值

试件名称	锈蚀时间 t	理论锈蚀率 $\psi(t)_L/\%$	试验锈蚀率 $\psi(t)_S/\%$	$\psi(t)_S/\psi(t)_L$	峰值位移 Δ_y/mm	峰值荷载 P_y/kN
SC－0.12－0	0	0	0	—	30.02	156.82
SC－0.12－1	312	8.14	7.51	0.923	27.42	154.83
SC－0.12－2	504	13.89	12.07	0.869	20.02	142.01
SC－0.12－3	636	16.23	14.40	0.887	22.64	145.72
SC－0.12－4	776	19.60	17.07	0.871	20.06	144.70
SC－0.12－5	912	22.82	19.82	0.869	15.03	131.83
SC－0.36－0	0	0	0	—	30.09	226.79
SC－0.36－1	312	8.14	7.54	0.926	27.65	171.34
SC－0.36－2	504	13.89	12.39	0.892	20.02	190.06
SC－0.36－3	636	16.23	14.80	0.912	20.02	170.06
SC－0.36－4	776	19.60	18.15	0.926	22.67	181.60
SC－0.36－5	912	22.82	20.03	0.878	17.51	167.30

3. 影响因素分析

前面研究已表明,锈蚀率和轴压比是影响试件承载力和变形的主要因素。图 12.12 (a)所示为试件峰值位移与轴压比和锈蚀率的关系图,图 12.12(b)所示为试件峰值荷载与轴压比和锈蚀率的关系图。从图 12.12(a)可知,试件峰值位移随锈蚀率的增大呈下降趋势。而轴压比对试件峰值位移的影响不太明显。同时,从图 12.12(b)可以看出,试件的峰值荷载随锈蚀率的增大而减小。在一定范围内,试件峰值荷载随轴压比的增大而增大,但锈蚀对试件峰值位移的影响较大。

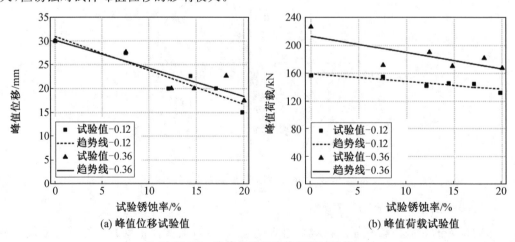

图 12.12　峰值位移与峰值荷载试验值

锈蚀之所以会造成试件峰值位移和峰值荷载下降,主要因为锈蚀会造成试件内部钢筋性能劣化。使钢筋截面面积减小,抗拉强度降低。所以在加载过程中,锈蚀会加重试件的损伤程度,从而降低试件的承载力。试件加载完毕,通过对试验结果进行分析,发现锈蚀率越大的试件,钢筋损伤越严重,甚至大多数钢筋已经被拉断。因为本章所研究试件出现了不均匀锈蚀现象,所以在锈坑最大处会产生集中应力,致使钢筋极易被拉断。以轴压比为 0.12 的部分试件为例,图 12.13 所示为轴压比为 0.12 的部分试件加载完毕时的破坏形态。

(a) SC-0.12-0　　　　　　　　　　(b) SC-0.12-1

(c) SC-0.12-3　　　　　　　　　　(d) SC-0.12-4

图 12.13　轴压比为 0.12 的试件破坏时表观现象

从图 12.3 可知,随着锈蚀率的增加,试件破坏程度加重。对于 SC-0.12-0 而言,当试件加载完毕,试件根部出现部分混凝土保护层脱落现象,钢筋外露。而试件 SC-0.12-1 达到破坏时,试件根部混凝土保护层全部脱落,钢筋明显弯曲,且有锈蚀产物生成。随着锈蚀率的增加,试件的破坏程度明显加重。试件 SC-0.12-3 破坏时不仅塑性区混凝土保护层全部脱落,核心区混凝土也产生了大量裂缝。其中有一根角筋被拉断,箍筋被锈断。SC-0.12-4 已有 2 根钢筋发生断裂现象,其中一根主要由于锈蚀而导致其严重缺失,所以在加载过程中,该侧仅有 3 根钢筋在承受地震作用。所以,锈蚀作用会严重影响试件内部钢筋的承载力。但从以上试件的破坏形态可以看出,试件锈蚀存在严重的不均匀性,所以本章对加载完毕后的试件进行了取样,重新测定了试件的锈蚀率。测定方式按本章12.2.1.4 节所述。

12.3.2　理论模型的建立

1. 峰值位移理论模型的建立

峰值位移主要指试件达到峰值荷载时所对应的柱端水平位移,将试件屈服之前的变形视为弹性变形,屈服之后视为塑性变形,将试件屈服之后达到最大承载力时的变形能力称为延性。所以,本章基于峰值位移延性系数建立了峰值位移与屈服位移之间的关系。表达式为

$$\Delta_u = \mu_u \cdot \Delta_y \tag{12.24}$$

式中，Δ_u 为峰值位移；μ_u 为峰值位移延性系数；Δ_y 为屈服位移。

从试验结果来看，μ_u 存在较大的离散性，为了简化计算，对试验值进行了线性回归，分析结果为 $\mu_u = 1.73$。所以峰值位移可表示为

$$\Delta_u = 1.73\,\Delta_y \tag{12.25}$$

2. 峰值荷载理论模型的建立

图 12.14(a)为所研究试件在外荷载作用下的受力简图，N 为试件所受轴压力，Δ 为荷载 P 作用下的水平侧移。经分析，钢筋混凝土桥墩柱在加载过程中的受力状态大致可分为两个阶段，分别为弹性受力阶段、压拱受力阶段。试件屈服前可近似看作试件处于弹性受力阶段，当试件屈服之后，CB 截面因开裂而导致中性轴右移。此时柱处于压拱受力状态，将此现象称为压拱效应，如图 12.14(b)所示。本章主要对试件的压拱受力阶段进行了分析计算。

加载初期，按试验轴压比对试件施加的轴向作用力记为 N_1。因此，在加载过程中，试件受轴向约束。压拱受力阶段，可近似将两侧约束简化为弹簧，弹簧刚度定义为 K_d，所以，在加载过程中产生的轴力可近似表示为

$$N_2 = K_d \theta_x \tag{12.26}$$

式中，K_d 为弹簧刚度系数，本章近似取 $K_d = 5.03 \times 10^5$ kN/m；θ_x 为试件达到峰值荷载时的纵向侧移量(mm)。

由高山等人的研究可知，当纵向侧移量 θ_x 达到最大时，其峰值荷载达到最大，且给出了柱端水平位移 δ 和纵向侧移量 θ_x 的关系式，即

$$\theta_x = \sqrt{L^2 + \Delta_u^2 - (\Delta_u - \Delta)^2} - L \tag{12.27}$$

式中，L 为桥墩柱试件的计算高度(mm)；Δ 为柱端水平位移；Δ_u 为试件达到抗震峰值荷载时的柱端水平位移，见表 12.2。

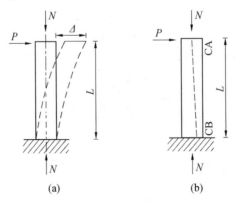

图 12.14　试件受力简图及压拱效应

通过式(12.27)可知，当 $\Delta = \Delta_u$ 时，纵向侧移量 θ_x 达到最大。联立式(12.26)和式(12.27)，可得加载过程中由压拱效应产生的轴压力为

$$N_2 = K_d \cdot \left(\sqrt{L^2 + \Delta_u^2} - L \right) \tag{12.28}$$

所以试件在达到峰值荷载时所受的总轴压力为

$$N = N_1 + N_2 \tag{12.29}$$

（1）平衡方程。

为了有效反映试件的整个受力过程，本章考虑了腹部纵筋对试件截面受力的影响。试件达到峰值荷载时的受力简图如图 12.15 所示。由于轴压比的影响，试件达到峰值荷载时的受压区高度会有所不同，如图 12.15(b)、12.15(c) 中阴影部分所示，所以需分两种情况来计算截面极限弯矩 M_u。

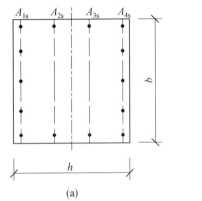
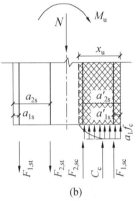
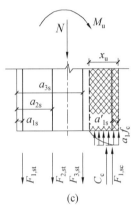

图 12.15　试件达到峰值时受力简图

情况一：如图 12.15(b) 所示，试件达到极限破坏时的截面弯矩 M_u 可表示为

$$M_u = F_{1,\text{st}}\left(\frac{h}{2} - a_{1s}\right) + F_{2,\text{st}}\left(\frac{h}{2} - a_{2s}\right) + \beta_1 \alpha_1 f_c b x_u + F_{2,\text{sc}}\left(\frac{h}{2} - a_{2s}{}'\right) + F_{1,\text{sc}}\left(\frac{h}{2} - a_{1s}{}'\right) \tag{12.30}$$

情况二：如图 12.15(c) 所示，试件达到极限破坏时的截面弯矩 M_u 可表示为

$$M_u = F_{1,\text{st}}\left(\frac{h}{2} - a_{1s}\right) + F_{2,\text{st}}\left(\frac{h}{2} - a_{2s}\right) + \beta_1 \alpha_1 f_c b x_u + F_{1,\text{sc}}\left(\frac{h}{2} - a_{1s}{}'\right) - F_{3,\text{st}}\left(a_{3s} - \frac{h}{2}\right) \tag{12.31}$$

其中，$F_{1,\text{st}}$、$F_{2,\text{st}}$、$F_{1,\text{st}}$、$F_{2,\text{st}}$ 及 $F_{3,\text{st}}$ 可分别表示为

$$F_{1,\text{st}} = A_{1s} f_{\text{st}} \tag{12.32a}$$

$$F_{2,\text{st}} = A_{2s} f_{\text{st}} \tag{12.32b}$$

$$F_{1,\text{sc}} = A_{4s} f_{\text{sc}} \tag{12.32c}$$

$$F_{2,\text{sc}} = A_{3s} f_{\text{sc}} \tag{12.32d}$$

$$F_{3,\text{st}} = A_{3s} f_{\text{st}} \tag{12.32e}$$

式中，A_{1s}、A_{2s}、A_{3s}、A_{4s} 分别表示每排钢筋总面积，如图 12.15(a) 所示；f_{st} 为受拉区钢筋达到极限状态时的强度；f_{sc} 为受压区钢筋达到极限状态时的强度；a_{1s}、a_{2s}、a_{3s} 分别为受拉区混凝土边缘到每排钢筋合力点的距离，如图 12.15(c) 所示；$a_{1s}{}'$、$a_{2s}{}'$ 分别为受压区混凝土边缘到每排钢筋合力点的距离，如图 12.15(b) 所示，本研究中，每排钢筋距离相等；x_u 为受压区高度；β_1 为矩形应力图的受压区高度与平截面假定的中性轴高度的比值，当混凝土强度不超过 C50 时，取为 0.8，当混凝土强度等级为 C80 时，取为 0.74，中间按线性内

插法确定,本章中取 $\beta_1=0.8$; α_1 为矩形应力图的强度与受压区混凝土最大应力 f_c 的比值,当混凝土强度不超过 C50 时,取为 1.0,当混凝土强度等级为 C80 时,取为 0.94,中间按线性内插法确定,本章中取 $\alpha_1=1.0$。

根据力矩平衡,可得

$$M_u=P_uL \tag{12.33}$$

式中, P_u 为峰值荷载。

(2)受压区高度的确定。

以受压边缘纤维混凝土应变达到极限应变 ε_{cu} 为截面达到极限状态的标志。由于试件采用对称配筋,且内部纵筋直径及钢筋等级均相等,所以本章将 CB 截面所有纵筋等效为一钢环。图 12.16 所示为试件 CB 截面应力应变分布图,图 12.17 所示为等效成钢环后试件截面受力简图。

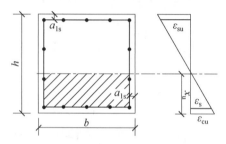

图 12.16　试件 CB 截面应力应变分布图

本章定义钢环总面积为 A_s,总长度为 $2(b+h-4a_{1s})$,由此可得单位长度钢环的面积,即

$$A_{sl}=A_s/2(b+h-4\,a_{1s}) \tag{12.34}$$

其中

$$a_{1s}=c+d_{cs}+d_{1s}/2 \tag{12.35}$$

式中, A_{sl} 为单位长度钢环面积; c 为混凝土保护层厚度; d_{cs} 为箍筋直径; d_{1s} 为纵筋直径。

由以上关系式可得出等效为钢环后的截面有效高度为

$$h_0=h-a_{1s} \tag{12.36}$$

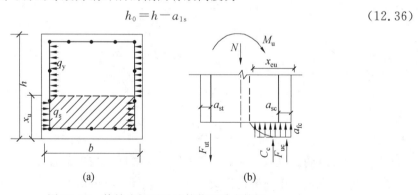

图 12.17　等效成钢环后试件截面受力简图

本章将沿 h 高度的钢环受力近似等效为均布荷载,将已屈服钢环的受力情况看为均布荷载 q_y,将未屈服钢环的受力情况看为均布荷载 q_s,如图 12.17(a)所示。令试件达到

极限状态时的受压区高度为 x_u，则等效矩形后受压区高度为 $x_{eu}=\beta_1 x_u$。定义中和轴以上为受拉区，中和轴以下为受压区，如图 12.17(a) 中阴影部分所示。当试件达到峰值荷载时，假设 CB 截面上部受拉区钢环达到屈服强度，但受压区钢环不一定屈服，所以定义受拉区和受压区钢环应变分别用 ε_{su} 和 ε_s 表示，根据平截面假定，可得到关系式

$$\frac{x_u}{\varepsilon_{cu}}=\frac{x_u-a_{1s}}{\varepsilon_s} \tag{12.37}$$

由式(12.37)可知，受压区钢环应变为：$\varepsilon_s=(x_u-a_{1s})\varepsilon_{cu}/x_u$，本章利用判别式(12.38a)和式(12.38b)对受压区钢环是否屈服进行了判别，若受压区钢环屈服，按照情形一计算受压区高度；若受压区钢环未屈服，按情形二计算受压区高度。

$$x_{eu}\geqslant\frac{\beta_1 E_s\varepsilon_{cu}}{E_s\varepsilon_{cu}-f_y}\cdot a_{1s}\qquad 屈服 \tag{12.38a}$$

$$x_{eu}<\frac{\beta_1 E_s\varepsilon_{cu}}{E_s\varepsilon_{cu}-f_y}\cdot a_{1s}\qquad 未屈服 \tag{12.38b}$$

式中，E_s 为钢筋弹性模量，$E_s=2\times10^5\ \text{N/mm}^2$；$f_y$ 为钢筋屈服强度，取 $f_y=490\ \text{N/mm}^2$，定义 $\varepsilon_{cu}=0.0033$。

情形一：受压区钢环屈服。

则受拉区及受压区钢环长度为 $(b-2a_{1s})$ 的合力分别为 $F_t=f_y A_{sl}(b-2a_{1s})$ 和 $F_c=f_y A_{sl}(b-2a_{1s})$，沿 h 方向受拉区屈服钢环合力为 $H_t=2f_y A_{sl}(h_0-x_u)$，沿 h 方向受压区屈服钢环合力为 $H_c=2f_y A_{sl}(x_u-a_{1s})$，受压区混凝土合力可表示为 $C_c=0.8\alpha_1 f_c b x_u$。由图 12.17 力的平衡条件，可得关系式

$$N+F_t+H_t=H_c+C_c+F_c \tag{12.39}$$

将以上各表达式代入式(12.39)后，可得

$$N+f_y A_{sl}(b-2a_{1s})+2q_y(h_0-x_u)=2q_y(x_u-a_{1s})+f_y A_{sl}(b-2a_{1s})+0.8\alpha_1 f_c b x_u \tag{12.40}$$

情形二：受压区钢环未屈服。

则受拉区及受拉区钢环长度为 $(b-2a_{1s})$ 的合力分别为 $F_t=f_y A_{sl}(b-2a_{1s})$ 和 $F_c=\sigma_s A_{sl}(b-2a_{1s})$，其中 $\sigma_s=E_s\varepsilon_s$，沿 h 方向受拉区屈服钢环合力为 $H_t=2q_y(h_0-x_u)$，沿 h 方向受压区屈服钢环合力为 $H_c=2q_s(x_u-a_{1s})$，受压区混凝土合力可表示为 $C_c=0.8\alpha_1 f_c b x_u$。同理，将各表达式代入式(12.39)，得

$$N+f_y A_{sl}(b-2a_{1s})+2q_y(h_0-x_u)=$$
$$2q_y(x_u-a_{1s})+\left[E_s\frac{(x_u-a_{1s})\varepsilon_{cu}}{x_u}\right](b-2a_{1s})+0.8\alpha_1 f_c b x_u \tag{12.41}$$

通过以上关系即可得出试件截面的极限弯矩 M_u。同时，考虑到盐渍土地区含有高含量、多种类的腐蚀性物质。这些物质会致使结构（或构件）造成锈蚀损伤。詹佳彬等人研究表明，锈蚀损伤是结构（或构件）中一种主要的损伤形式，锈蚀会导致结构（或构件）的承载力下降，使整个结构的抗震性能降低。对此，本章组提出了符合盐渍土地区钢筋混凝土桥墩柱的峰值强度理论计算方法。定义锈蚀后试件的峰值强度为 $P_u(t)$，则

$$P_u(t)=\frac{M_u(t)}{L} \tag{12.42}$$

3. 锈蚀钢筋强度确定

大量的研究证明,钢筋混凝土结构中钢筋的锈蚀是影响其服役结构耐久性的主要因素。所以本章主要用钢筋性能的劣化来表征桥墩柱试件承载力的退化。Ghosh 对锈蚀后的钢筋性能进行了研究,结果表明,锈蚀会导致强度降低,从而造成其承载力降低。对此,建立了锈蚀后钢筋承载力的计算表达式。此外,一些国内学者通过对锈蚀后的钢筋强度进行研究,发现锈蚀对钢筋的屈服强度有很大影响,锈蚀率越大,强度下降越明显,且锈蚀后的钢筋强度与锈蚀率近似呈线性关系。考虑到混凝土保护层的影响,钢筋的实际锈蚀率较理论锈蚀率偏小。对此,本章引入了腐蚀率修正系数。而且从钢筋的锈蚀情况来看,存在不均匀锈蚀现象。基于以上分析,本章提出了如式(12.11)所示的钢筋强度退化模型。然而,式(12.11)中仅体现了钢筋屈服强度随锈蚀率的退化关系,需说明的是,该表达式同样适用于未屈服钢筋强度的预测。

12.3.3 计算结果与试验结果对比分析

图 12.18 所示为钢筋混凝土桥墩柱峰值位移和峰值荷载理论值与试验值对比结果。从图 12.18 可知,峰值位移和峰值荷载理论值与试验值具有相同的变化趋势,即峰值位移和峰值荷载随锈蚀率增加呈线性下降关系。归因于锈蚀作用会降低钢筋混凝图内部钢筋的强度,并且会降低钢筋与混凝土之间的界面黏结性能。从而在加载过程中,部分钢筋发生断裂现象,失去承载能力。此外,对比发现,轴压比对峰值位移和峰值荷载的影响规律不同。表现为随轴压比的增大,试件的峰值荷载有明显的增加现象。而轴压比对试件的峰值位移影响不太明显,这也是导致峰值位移延性系数存在一定离散性的原因。

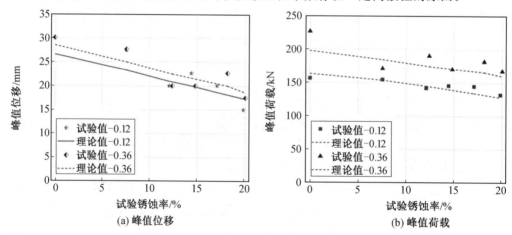

图 12.18 峰值位移和峰值荷载理论值与试验值对比结果

为了进一步说明所建立理论模型的精确度及适用性,本章对理论值与试验值的比值进行了统计分析,结果如图 12.19 所示。统计结果显示,峰值位移理论值与试验值的比值在[0.85,1.15]范围内,平均值为 0.98。峰值荷载理论值与试验值之比在[0.87,1.08]之间,平均值为 0.97。由此可知,桥墩柱的峰值荷载计算结果与试验结果具有较高的一致性,而且理论值整体上略低于试验值,表明所提模型偏保守。因此,本章所建立的试件峰值位移和峰值荷载理论模型具有良好的精确度。

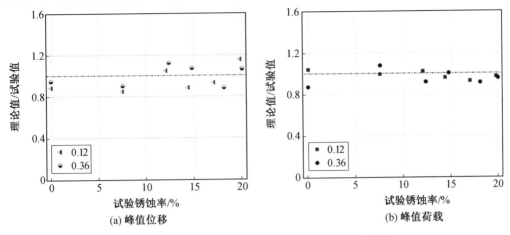

(a) 峰值位移　　　　　　　　　　(b) 峰值荷载

图 12.19　峰值点参数理论值与试验值的比值分布结果

12.4　失效点参数理论计算

12.4.1　试验结果及分析

1. 试验失效点的确定

图 12.20 显示了试件失效点在滞回曲线和骨架曲线上所处位置。本章将峰值荷载下降到 85% 时所对应的点视为失效点,失效点横坐标即为失效位移,纵坐标即为失效荷载。

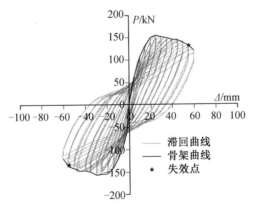

图 12.20　试件失效点在滞回曲线和骨架曲线上所处位置

2. 失效位移和失效荷载试验结果

同试件的屈服点参数和峰值点参数取值规则一致,本章取试件正反方向失效荷载及失效位移均值作为该试件的失效荷载和失效位移。试件失效位移及失效荷载试验值见表 12.3。

表 12.3　失效位移和失效荷载试验值

试件名称	锈蚀时间 t	理论锈蚀率 $\psi(t)_L/\%$	试验锈蚀率 $\psi(t)_S/\%$	$\psi(t)_S/\psi(t)_L$	峰值位移 Δ_y/mm	峰值荷载 P_y/kN
SC—0.12—0	0	0	0	—	62.29	133.29
SC—0.12—1	312	8.14	7.51	0.923	56.13	131.61
SC—0.12—2	504	13.89	12.07	0.869	43.20	120.71
SC—0.12—3	636	16.23	14.40	0.887	56.90	123.86
SC—0.12—4	776	19.60	17.07	0.871	41.63	122.99
SC—0.12—5	912	22.82	19.82	0.869	37.22	112.06
SC—0.36—0	0	0	0	—	49.05	192.77
SC—0.36—1	312	8.14	7.54	0.926	42.82	145.64
SC—0.36—2	504	13.89	12.39	0.892	36.92	161.55
SC—0.36—3	636	16.23	14.80	0.912	37.31	144.54
SC—0.36—4	776	19.60	18.15	0.926	40.99	154.36
SC—0.36—5	912	22.82	20.03	0.878	35.98	142.21

3.影响因素分析

图 12.21(a)所示为试件失效位移与轴压比和锈蚀率的关系图,图 12.21(b)所示为试件失效荷载与轴压比和锈蚀率的关系图。从图 12.21 可知,试件失效位移和失效荷载随锈蚀率的增大均呈下降趋势,表明锈蚀作用对试件的变形能力和承载力均会造成一定的影响。此外,通过观察发现,试件的失效位移随轴压比的增大而减小,而失效荷载随轴压比的增大而增大。这与前面得出的结论一致,即轴压比的增大会在一定程度上降低试件的延性。

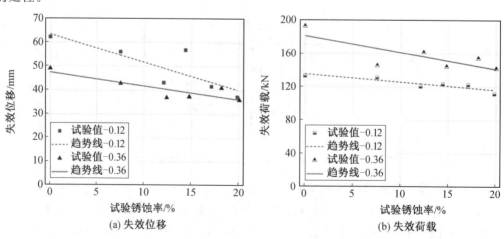

图 12.21　试件失效位移与失效荷载试验值

12.4.2　理论模型的建立

1. 失效位移理论模型的建立

失效位移主要指在低轴反复荷载作用下，试件达到破坏时所对应的柱端水平位移。通过对试验数据进行分析，得出了极限位移延性系数表达式，如式(12.43)所示，表达式考虑了轴压比、钢筋屈服强度及混凝土抗压强度的影响。

$$\Delta_f = \frac{-0.013\,73\,(f_{ry}(t)/f_c)^2 + 3.107\,01\,(f_{ry}(t)/f_c) - 0.689\,07}{0.908\,97 + n} \tag{12.43}$$

式中，Δ_f 为试件失效位移；$f_{ry}(t)$ 为锈蚀后钢筋屈服强度；f_c 为混凝土抗压强度；n 为试验轴压比。

2. 失效荷载理论模型的建立

本章定义当试件水平荷载下降到峰值荷载的 85% 时为失效荷载，表达式为

$$P_f = 0.85 P_u \tag{12.44}$$

式中，P_f 为失效荷载；P_u 为峰值荷载。

12.4.3　计算结果与试验结果对比分析

图 12.22 所示为试件失效点参数理论值与试验值对比结果。由图可知，试件的失效位移和失效荷载理论值与试验值具有较高的一致性，表明所提模型可以良好地反映出失效位移和失效荷载与轴压比和锈蚀率的关系。从对比结果可知，锈蚀作用对失效位移和失效荷载方面均会产生一定的消极作用，而轴压比对失效位移和失效荷载的影响规律不同。随压比的增大，试件的失效荷载逐渐下降。然而，试件的失效位移随试件轴压比的增大而逐渐减小。主要因为大轴压比在试件达到峰值点之前，会抑制裂缝扩展，因此在一定程度上会提高承载力。但是峰值点之后，大轴压试件的损伤表现得更加严重，承载力瞬间大幅下降，最终导致极限位移减小。

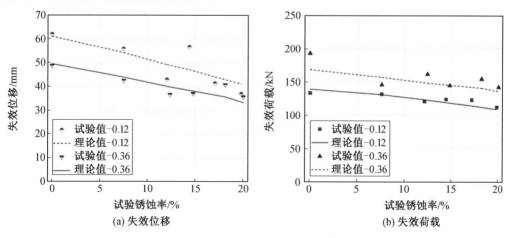

图 12.22　试件失效点参数理论值与试验值对比结果

图 12.23 所示为试件失效点参数理论值与试验值的比值分布结果。由图可知，试件

失效点参数理论值与试验值的比值分布在 1 附近,大部分误差控制在了 10% 以内。经统计,失效位移理论值与试验值的比值在[0.83,1.13]范围内,平均值为 1.01。失效荷载理论值与试验值之比在[0.87,1.08]之间,平均值为 0.97。由此可知,所建模型可有效预测盐渍土环境中钢筋混凝土桥墩柱在地震作用下的极限承载力和极限位移。

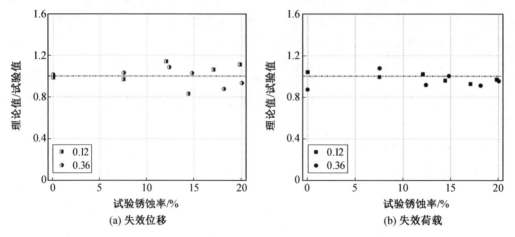

图 12.23   试件失效点参数理论值与试验值的比值分布结果

12.5   滞回曲线理论计算

12.5.1   骨架曲线计算结果与试验结果对比分析

图 12.24 所示为试件骨架曲线试验值与理论值对比结果。由图 12.24 可以看出,理论值与试验值有相同的变化规律。此外,发现试验结果存在较大的离散性,所以部分试样的试验结果有较大的误差。主要由于锈蚀的不均匀性,导致部分锈蚀率较低的试件出现位移和承载力大幅下降的现象。但从整体上看,试件骨架曲线试验值与理论值具有较高的吻合度。

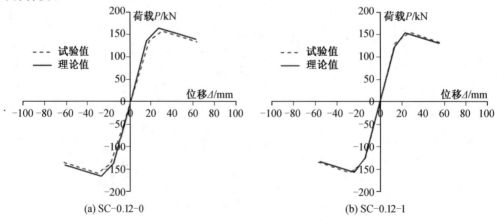

图 12.24   试件骨架曲线试验值与理论值对比结果

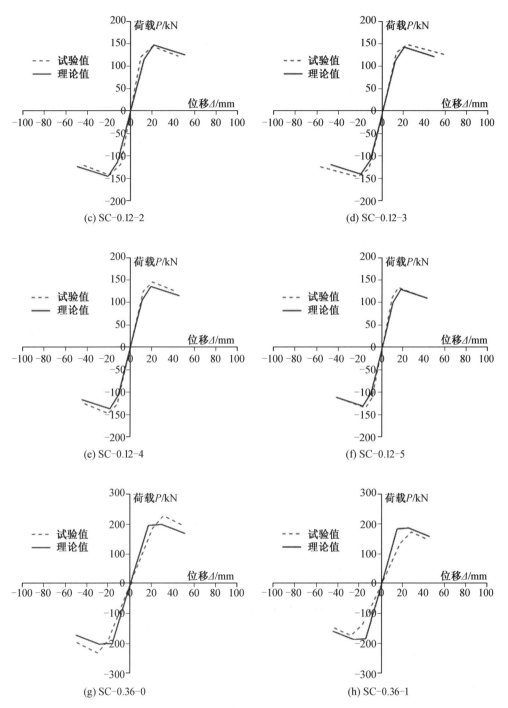

(c) SC-0.12-2

(d) SC-0.12-3

(e) SC-0.12-4

(f) SC-0.12-5

(g) SC-0.36-0

(h) SC-0.36-1

续图 12.24

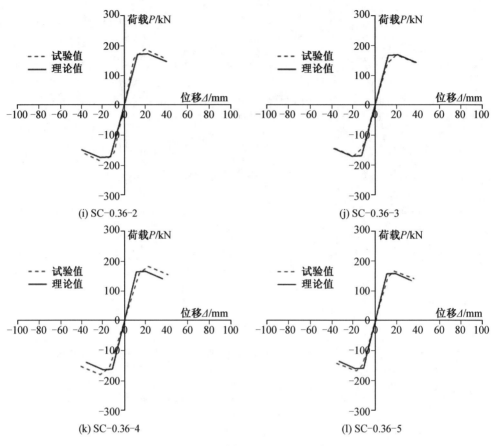

续图 12.24

12.5.2 建议的滞回曲线

从试件滞回曲线试验结果可以看出,试件的滞回曲线主要由加载曲线、卸载曲线构成,其中卸载曲线可通过卸载刚度来确定。基于三线性骨架模型,本章提出了符合盐渍土环境的三线性滞回曲线,其加载、卸载路径如图 12.25 所示。以某两个滞回环为例,屈服之前,视为弹性阶段,所以没有残余位移,屈服后到峰值点之前,为强化阶段,加载路径为 1—2—3—4—1;峰值点到失效点视为软化阶段,加载路径为 5—6—7—8—5。图 12.25 中 4—1 和 8—5 段为正向加载线;1—2 和 5—6 段为正向卸载线;2—3 和 6—7 段为反向加载线;3—4 和 7—8 为反向卸载线,0—8、0—4、0—2 和 0—6 段为残余位移。具体加载路径如下。

(1)屈服前,按 0—A—0—D—0 路径加载,即没有残余位移,此时,正向加载刚度和反向加载刚度分别定为初始刚度 K_{y+} 和 K_{y-}。

(2)定义 1 点位移为屈服后第一次加载位移,此时加载路径为 0—1—2—3—4—1 或 0—1—2—3—4—5,若继续循环加载,加载路径为 4—1 点,若加载位移大于峰值位移时,可由 4—5 点。加载刚度可近似由关键点通过线性插值法确定。

(3)本章取各滞回环正向和反向卸载刚度均值为该滞回环的卸载刚度。而加载曲线则为上一次加载位移所对应的残余位移和下一次加载所对应的荷载之间的连线。当加载位移相同时,可视为加载刚度和卸载刚度均不变。

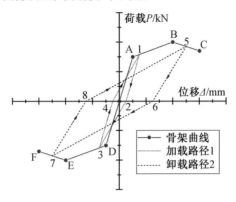

图 12.25 加载、卸载路径

12.5.3 卸载刚度的确定

本章通过对试验结果进行计算分析,得出了各试件屈服后的卸载刚度与加载位移之间的关系,如图 12.26 所示。

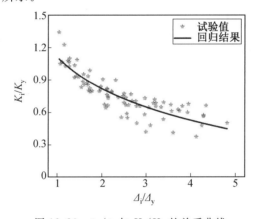

图 12.26 Δ_i/Δ_y 与 K_i/K_y 的关系曲线

通过对试验结果进行回归分析,得出了 Δ_i/Δ_y 与 K_i/K_y 之间的近似关系式,即

$$K_i/K_y = -0.422\ln(\Delta_i/\Delta_y) + 1.114 \tag{12.45}$$

其中

$$K_i = (K_i^+ + K_i^-)/2 \tag{12.46}$$

$$K_y = (P_y^+/\Delta_y^+ + P_y^-/\Delta_y^-)/2 \tag{12.47}$$

式中,P_y^+ 为正向屈服荷载,P_y^- 为负向屈服荷载(MPa);Δ_y^+ 为正向屈服位移,Δ_y^- 为负向屈服位移(mm);K_i 为加载位移为 i mm 时的卸载刚度;K_i^+ 和 K_i^- 分别为正向和负向加载位移为 i mm 时的卸载刚度;Δ_i 表示加载位移为 i mm。

12.5.4 滞回曲线计算结果与试验结果对比分析

图 12.27 所示为滞回曲线理论结果与试验结果对比图。图中"实线"所示为理论值,

"虚线"为试验值。由图可以看出,滞回曲线计算值与试验值吻合度较高,可以较好地反映出试件在整个加载过程中的强度、刚度及延性等参数的变化规律。表明本章提出的滞回曲线理论模型能够较好地反映出盐渍土环境下钢筋混凝土桥墩柱的滞回性能。

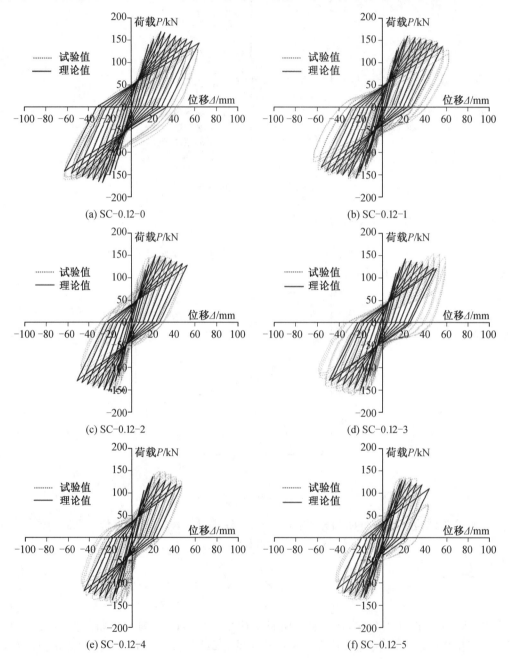

图 12.27 滞回曲线理论结果与试验结果对比

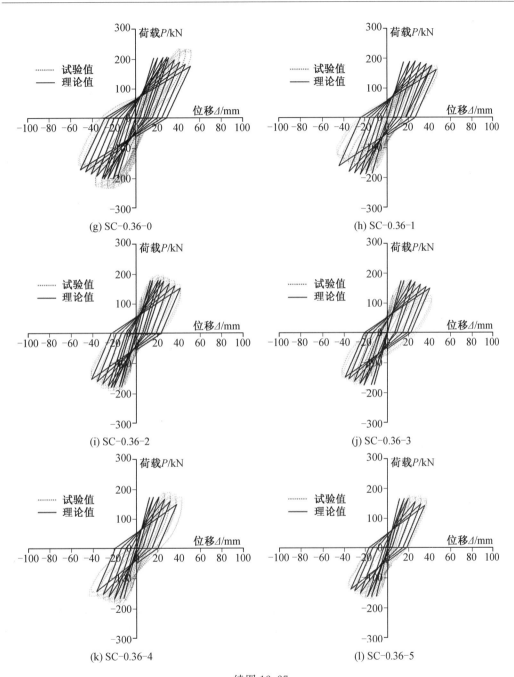

(g) SC-0.36-0　　　　　　　　　　(h) SC-0.36-1

(i) SC-0.36-2　　　　　　　　　　(j) SC-0.36-3

(k) SC-0.36-4　　　　　　　　　　(l) SC-0.36-5

续图 12.27

第 13 章　盐渍土环境中钢筋混凝土桥墩柱地震损伤评估

合理准确地评定盐渍土环境中钢筋混凝土桥墩柱在地震作用下的损伤程度是地震工程领域所研究的重要方向。基于此,本章在考虑轴压比、锈蚀率及加载位移对试件损伤程度的影响基础上,建立了盐渍土环境中钢筋混凝土桥墩柱残余位移理论计算模型。基于试件残余位移,提出了一种符合盐渍土环境特点的地震损伤评定方法。并对该模型进行了对比验证,且基于本章所研究试件损伤等级、损伤指数及损伤现象三者之间的关系,提出了符合盐渍土环境中钢筋混凝土桥墩柱损伤等级与损伤指数之间的关系,并给出了相应的修复建议。结果表明:利用残余位移建立的地震损伤模型可以很好地反映出试件在整个加载过程中的损伤程度,较已有的地震损伤模型而言,该模型简单精确,可为盐渍土环境中钢筋混凝土桥墩柱的震后损伤评估提供一定的参考依据。

13.1　地震损伤模型

随着震害经验的增加,以及抗震理念的不断提升,工程界逐渐认识到建立损伤模型的重要性。于是,大量学者开始致力于地震损伤模型的研究。损伤指数用于量化地震造成的结构或构件的损伤程度,这在地震地区的改造决策和灾难规划中起着至关重要的作用。早在 20 世纪 80 年代初,Banon 和 Hwang 前后提出了基于最大位移与累积耗能的损伤模型。此后,Park 和 Ang 于 1985 年基于大量的梁柱试验,提出了基于最大位移与累积耗能的线性双参数损伤模型。相比 Banon 和 Hwang 提出的损伤模型,Park 和 Ang 提出的损伤模型计算简便,可同时反映地震首次超越破坏和累积耗能造成的影响。因此,该模型在国内外得到了广泛应用。

然而,一些研究人员指出,该模型存在一些不足之处。主要包括:①在构件破坏时,损伤指数不为 1,构件处于弹性阶段时应无损伤,而采用该模型计算出的损伤指数却不为 0。②耗能系数 β 不易确定,尽管 Park－Ang 等人给出了 β 的经验公式,但其离散程度较大且无法准确获取。③未考虑加载路径影响,相同位移幅值下多次循环的损伤理论值与实际破坏现象不符。④变形和能量的简单线性组合缺乏确切的理论支撑,当位移延性系数较小时,计算结果不准确。

因此,针对 Park－Ang 损伤模型存在的不足之处,很多国内外学者对其进行了修正与改进,同时还有一些学者基于其他研究参数提出了新的地震损伤模型。目前,主要有基于变形的损伤模型,基于刚度退化的损伤模型,基于刚度退化和变形的损伤模型,基于耗能的损伤模型,基于变形与耗能能量的损伤模型,以及基于低周疲劳的损伤模型。这些研究结果为结构或构件的地震损伤分析奠定了良好的理论基础和研究背景。

13.2　损伤等级划分

地震损伤模型虽然在世界各国得到了广泛的发展,但如何定义与性能标准相对应的"损伤指标"成为困扰研究者们的难题。当前,通常将混凝土桥墩柱的破坏状态分为 5 种损伤状态,即完全损伤、严重损伤、中等损伤、轻微损伤及基本完好。许多学者们在对损伤指标进行量化的过程中,分别进行了不同的划分。现有研究的损伤等级划分见表 13.1。

表 13.1　损伤等级划分

研究学者	损伤等级				
	基本完好	轻度损伤	中度损伤	重度损伤	完全破坏
Park—Ang	0～0.10	0.10～0.25	0.25～0.40	0.40～1.00	≥1.00
Hindi 等	0～0.10	0.10～0.20	0.20～0.40	0.40～1.00	=1.00
牛荻涛等	0～0.20	0.2～0.4	0.4～0.65	0.65～0.9	0.90
Ghobarah	0～0.15		0.15～0.30	0.30～0.80	0.80
欧进萍等	0～0.20	0.20～0.40	0.40～0.60	0.65～0.90	0.90
吕大刚等	0.25	0.25～0.50		0.50～0.90	0.90
刘伯权等	0～0.10	0.11～0.30	0.31～0.60	0.61～0.85	0.86～1.00
李宏男等	0～0.10	0.10～0.30	0.30～0.65	0.65～0.85	0.85～1.00

13.3　基于残余位移的地震损伤模型

虽然已有很多形式的地震损伤模型被提出,但这些已提出的损伤模型不是太过简单,就是过于烦琐,这些不足会导致计算结果与实际不符或不确定和难以确定的因素过多,以至于难以实现工程应用。除此之外,损伤模型计算结果没有很好地与构件或结构可观察的损伤现象对应起来。自 1995 年日本阪神地震后,日本首次将残余位移作为验算内容写入了桥梁抗震规范。大量的试验数据显示,随着结构或构件加载位移的增大,损伤程度逐渐加重。此外,发现残余位移随加载位移的增加不断增加,表明残余位移与其损伤程度是同步发展的,是一种不可逆的过程。因此,利用残余位移评估结构或构件的损伤是可行的。

13.3.1　地震损伤形态

本章主要考虑了锈蚀率、轴压比及加载位移对试件损伤形态的影响,对此,对 3 个试件加载过程中的损伤形态做了对比分析。分别对试件加载初期、加载中期(5Δ)及完全破坏时的损伤形态进行了对比分析,对比结果如图 13.1 所示。

从图 13.1 试件的地震损伤形态可以看出,轴压比、锈蚀率及加载位移对试件地震损

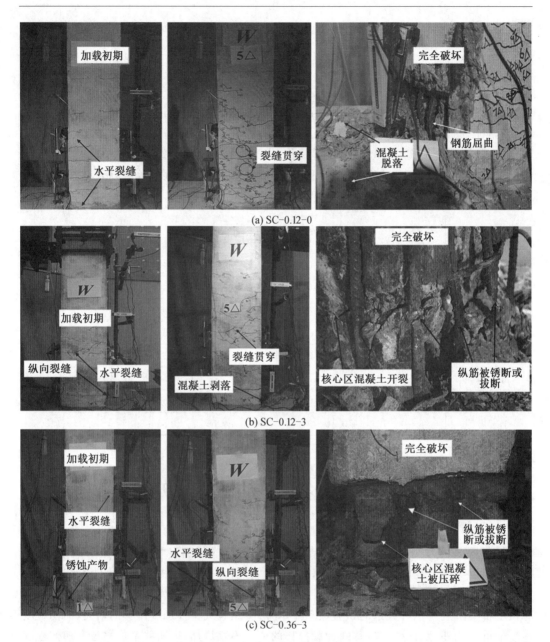

(a) SC-0.12-0

(b) SC-0.12-3

(c) SC-0.36-3

图 13.1　试件地震损伤形态对比

伤形态有不同程度的影响。具体表现如下。

（1）轴压比及锈蚀率一定时，试件地震损伤程度随加载位移幅值的增加而增加。试件 SC－0.12－0 在加载初期，仅有几条不贯通的水平微裂缝。当加载位移为 5△ 时，水平裂缝逐渐向上延伸，而且裂缝开始左右交错，水平裂缝的产生主要由荷载往返加载所致。加载后期，试件已完全破坏，混凝土保护层脱落，钢筋明显屈曲。试件 SC－0.12－3 在加载初期，除了有几条水平微裂缝，在其右下侧还有一条沿纵筋方向分布的竖向裂缝，主要由锈蚀所致。当试件加载到 5△ 时，水平微裂缝逐渐增多增宽，右下侧已有一块混凝土脱落。当试件完全破坏时,试件保护层混凝土完全脱落,核心区混凝土被压碎,而且上面附着大量的锈蚀产物,部分钢筋已被锈断和拉断。试件 SC－0.36－3 随加载位移幅值的增加,损伤形态也表现为,先是水平微裂缝及竖向裂缝的产生,随后水平裂缝及竖向裂缝逐渐增多、增宽及保护层混凝土的脱落,最后到核心区混凝土被压碎,钢筋被锈断及拉断。

(2)轴压比及加载位移一定时,试件地震损伤程度随锈蚀率的增加而增加。对比试件 SC－0.12－0 及 SC－0.12－2 可以发现,在相同加载位移下,试件 SC－0.12－3 的损伤程度明显较试件 SC－0.12－0 严重,加载初期,不仅有水平微裂缝,还有竖向裂缝。加载到 5Δ 时,试件 SC－0.12－3 已有一块混凝土脱落。加载后期,试件破坏程度更为明显,试件 SC－0.12－0 仅是纵筋屈曲,而试件 SC－0.12－3 已有部分钢筋被拉断及锈断。

(3)锈蚀率及加载位移一定时,试件地震损伤程度随轴压比的增加略显增加。对比试件 SC－0.12－3 及 SC－0.36－3 可知,在加载初期,均有水平微裂缝和竖向裂缝的产生。加载到 5Δ 时,试件 SC－0.12－3 及 SC－0.36－3 的保护层混凝均有部分脱落。加载后期,主要表现为试件 SC－0.36－3 核心区混凝土不仅被压碎,其混凝土截面也有明显的减小,因此,其损伤程度较试件 SC－0.12－3 略严重。

13.3.2　残余位移试验结果及影响因素分析

众所周知,当试件过了弹性阶段后,就会产生一定的残余变形(即不可恢复的变形)。残余变形实际上是反映结构或构件损伤程度的重要指标,同等条件下,残余变形越大,证明损伤越严重,修复难度越大。图 13.2 为试件残余位移与滞回曲线之间的关系图。残余点为每级加载位移作用下,当水平荷载为零时所对应的柱顶水平位移,残余点与原点间的距离即为残余位移。

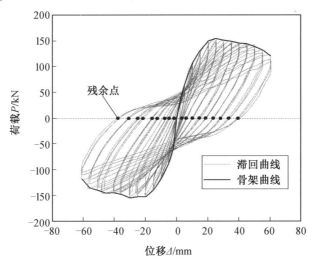

图 13.2　试件残余位移和滞回曲线的关系

1. 残余位移试验结果及分析

通过对 12 根钢筋混凝土桥墩柱试件在低轴反复荷载作用下的残余位移进行整理计算,得出了每根试件在每级加载位移下的残余位移,其结果见表 13.2。

表 13.2 试件参数及残余位移试验结果

试件名称	研究参数		残余位移/mm									
	轴压比 n	锈蚀时间 t /h	d_{R15}	d_{R20}	d_{R25}	d_{R30}	d_{R35}	d_{R40}	d_{R45}	d_{R50}	d_{R55}	d_{R60}
SC−0.12−0	0.12	0	—	3.07	5.61	8.31	11.53	16.07	20.00	22.71	26.23	31.41
SC−0.12−1	0.12	312	1.80	2.92	5.37	8.35	12.76	17.15	22.88	26.13	31.67	37.75
SC−0.12−2	0.12	504	2.41	5.46	9.55	13.93	18.19	22.80	28.03	—	—	—
SC−0.12−3	0.12	636	2.35	4.07	7.59	11.40	15.59	20.37	24.73	30.52	36.98	—
SC−0.12−4	0.12	776	3.37	5.77	8.77	12.14	17.30	22.65	28.30			
SC−0.12−5	0.12	912	3.24	6.32	10.61	14.66	19.05	25.54	—			
SC−0.36−0	0.36	0	—	—	5.03	6.65	7.88	14.09	18.25	22.91		
SC−0.36−1	0.36	312	—	4.56	8.33	9.40	12.23	16.13	20.85	—		
SC−0.36−2	0.36	504	1.93	3.34	5.04	8.40	12.06	17.10				
SC−0.36−3	0.36	636	3.02	4.29	6.98	10.37	14.13	19.66	—			
SC−0.36−4	0.36	776	5.03	5.45	5.62	6.97	9.25	13.50	—			
SC−0.36−5	0.36	912	3.76	4.00	6.17	9.74	14.58	—				

注：d_{R15} 代表加载位移为 15 mm 时的残余位移，$d_{R20} \sim d_{R50}$ 以此类推。

2. 残余位移影响因素分析

本章主要考虑了锈蚀率、轴压比及加载位移对钢筋混凝土桥墩柱试件残余位移的影响。为了便于计算分析，本章取相同加载位移下正反残余位移均值作为该加载位移作用下产生的残余位移。试件残余位移试验结果如图 13.3 所示。

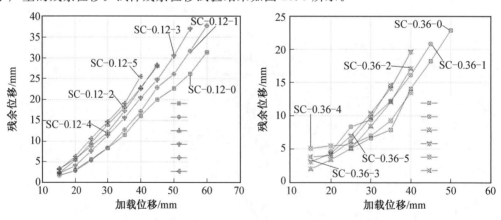

图 13.3 试件残余位移试验结果

从图 13.3 可以看出，试件残余位移与加载位移近似呈线性增长关系，在相同加载位移下，试件的残余位移整体上随锈蚀率的增大而增加，当加载位移为 35 mm 时，试件 SC−0.12−5 的残余位移为 19.05 mm，分别为试件 SC−0.12−0、SC−0.12−1、SC−0.

12—2 、SC—0.12—3 及 SC—0.12—4 的 1.65 倍、1.49 倍、1.05 倍、1.22 和 1.10 倍。但轴压比为 0.36 的试件在 20~30 mm 之间的残余位移存在突变现象,其变化规律不太明显,造成该现象的原因可总结为以下三点:①试件在制作期间,由于保护层厚度不同,造成试件正反两侧残余位移不同。②从试验结果可以看出,试件存在不均匀锈蚀现象,所以造成试件承载力不均匀,其变形性能也不同。③试验原材料强度不均匀和试验当中会产生一定误差。

13.3.3　理论模型的建立

由 12.5.3 节可知试件的卸载刚度与加载位移具有密切关系,基于第 12 章的研究结果,可得到试件在不同加载位移下的残余位移,表达式为

$$d_{Ri} = \Delta_i - P_i/K_i \tag{13.1}$$

式中,d_{Ri} 为加载位移为 i mm 时的正向残余位移和负向残余位移平均值;P_i 为加载位移为 i mm 时的正向荷载和反向荷载平均值;K_i 为加载位移为 i mm 时的正向和负向卸载刚度。

13.3.4　基于残余位移的地震损伤评估

1. 地震损伤模型的建立

由地震原因导致结构或构件性能劣化的表现称为地震损伤,损伤指数是评价结构或构件震后损伤程度的重要指标,可以有效反映出结构或构件在整个地震过程的破坏状态。损伤指数 D 的取值范围为[0,1],当 $D=0$ 时,表明结构或构件完好无损,当 $D=1$ 时,表明试件已完全破坏,当 D 的范围为(0,1)时,表明结构或构件处于不同的损伤程度。因此,对于损伤指数理论计算模型的建立受到了大家的广泛关注。

目前,对于结构或构件损伤评估的方法,大多采用考虑最大位移和累积耗能的双参数损伤模型,以及考虑刚度退化损伤模型。这些研究结果为结构或构件损伤分析奠定了很好的理论基础和研究背景。但在实际工程应用中,抗震工程领域的人员如何准确、迅速地对结构的损伤性能进行评估仍然是个难题。将结构的累积耗能作为损伤参数,对抗震领域的工程人员具有极大的挑战。自 1995 年日本阪神地震后,残余位移指标逐渐被工程界所重视,因为残余位移与其损伤程度是同步发展的。因此,利用残余位移评估结构或构件的地震损伤是可行的。目前,利用结构或构件残余位移进行损伤评估尚研究较少,不够完善。鉴于此,本章基于残余位移建立了考虑加载位移的损伤模型,即

$$D_i = \frac{d_{Ri}}{d_{Ru}} \tag{13.2}$$

式中,D_i 为加载位移为 i mm 时试件的损伤指数;d_{Ri} 为加载位移为 i mm 时试件的残余位移;d_{Ru} 为试件极限残余位移。

根据式(13.2),本章基于表 13.2 的统计结果,计算了所有试件在不同加载位移下的损伤指数,结果如图 13.4 所示。由图 13.4 可知,试件的损伤指数随加载位移的增加逐渐增加,表明试件的损伤程度逐渐加重。此外,所有试件的损伤指数均收敛,在试件达到完全破坏时,损伤指数为 1。由此可知,本章提出的基于残余位移的地震损伤模型可以良好

地反映出试件在整个加载过程中的破坏程度。

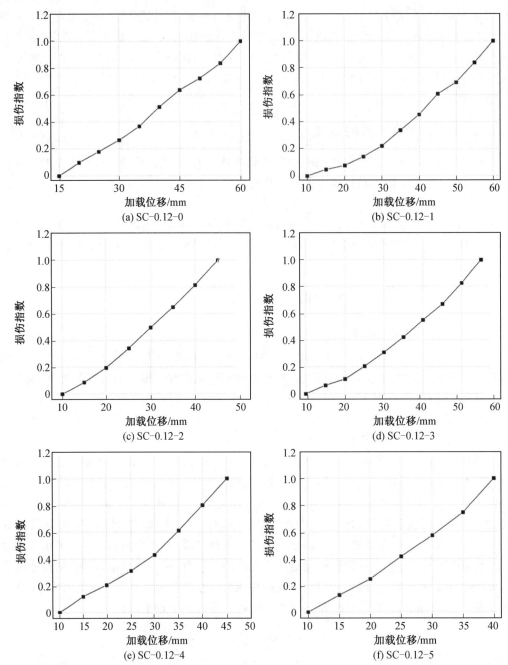

图 13.4　试验损伤指数与加载位移的关系

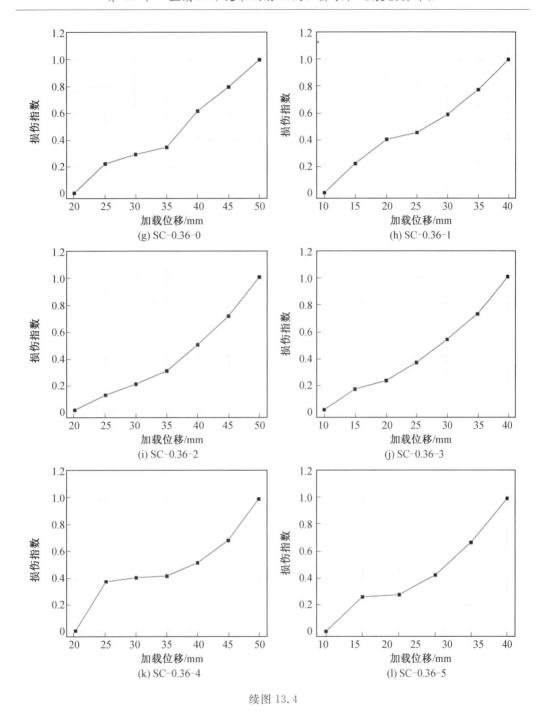

(g) SC-0.36-0　　(h) SC-0.36-1
(i) SC-0.36-2　　(j) SC-0.36-3
(k) SC-0.36-4　　(l) SC-0.36-5

续图 13.4

2. 理论损伤指数与试验损伤指数对比分析

为了有效预测盐渍土环境中钢筋混凝土桥墩柱在地震作用下的损伤演化过程,提出了残余位移的理论模型,如式(13.1)所示。对此,本节基于残余位移的理论模型近似计算了各桥墩柱在不同加载位移下的理论损伤指数,并与试验损伤指数进行了对比,对比结果如图 13.5 所示。

从图 13.5 可以看出,本章提出的损伤指数理论计算值与试验值吻合度较高,对试件 SC-0.12-1 而言,在相同加载位移幅值下,理论损伤指数略高于试验损伤指数,因为根据理论计算,在加载位移为 55 mm 时,试件已破坏,而实际破坏时的加载位移为 60 mm,所以造成一定的误差,但这样可以起到有效的预防作用,提高试件的可靠性。通过整体对比发现,本章所提出的盐渍土环境中 RC 桥墩柱基于残余位移损伤评估理论计算结果与试验结果有较好的一致性,可为后续的地震损伤评估提供可靠的理论基础。

同时可以看出,随着加载位移幅值的增加,桥墩柱试件的损伤指数不断增加,近似呈线性变化。轴压比及加载位移一定时,锈蚀率越大,试件的损伤指数越大。而锈蚀率及加载位移一定时,轴压比越大,试件的损伤指数越大。

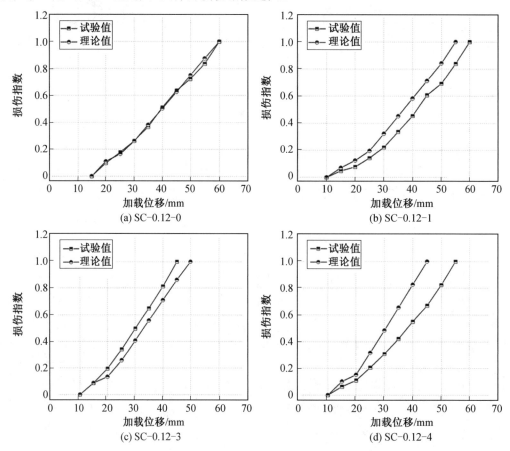

图 13.5　损伤指数理论值与试验值对比结果

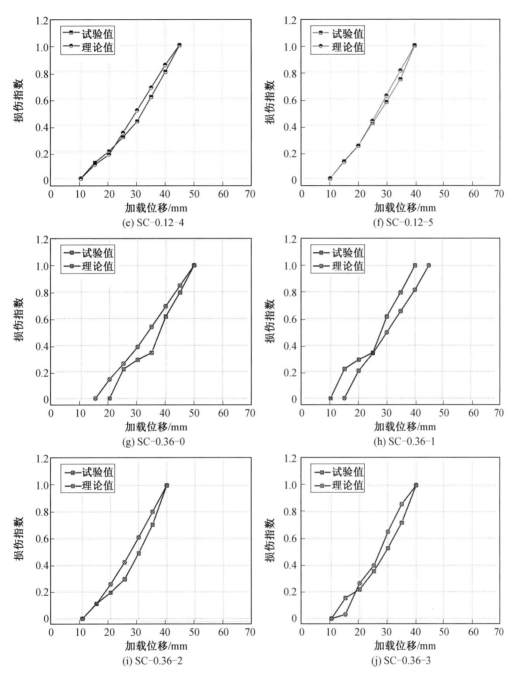

(e) SC-0.12-4

(f) SC-0.12-5

(g) SC-0.36-0

(h) SC-0.36-1

(i) SC-0.36-2

(j) SC-0.36-3

续图 13.5

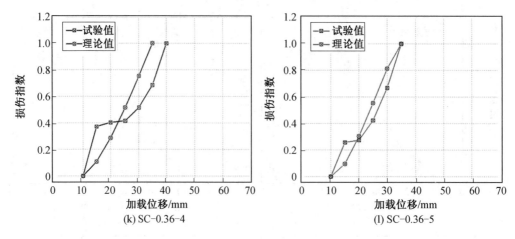

(k) SC-0.36-4　　　　　　(l) SC-0.36-5

续图 13.5

3. 地震损伤模型对比验证

为了再次验证本章所建议的地震损伤评估模型的准确性及实用性,通过收集相关试验数据(表 13.3),对试验结果分别利用已有模型及本章所建议的损伤模型进行了计算,并进行了对比分析,对比结果如图 13.6 所示。

表 13.3　试验数据收集结果

试样	试件编号		试验方法	对比模型	对比结果
杨 玄	Column 1	4508	拟静载试验	Park-Ang	(a)
		4515			
		4524			
	Column 2	5708			
		5715			
		5724			
	Column 3	7008			
		7015			
		7024			
何利和叶献国	Kzc	4	拟静载试验	Park-Ang Kratzig 付国	(b)
		3			
	Kzb	4			
		3			
张明生	PRC-n	0.05	拟静载试验	Roufaiel 和 Meyer	(c)
		0.15			
	PRC	1			
		2			
		3			

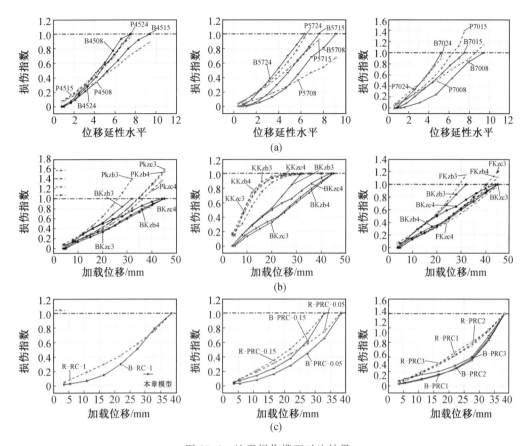

图 13.6　地震损伤模型对比结果

注：图中：P 表示 Park-Ang 模型，K 表示 Kratzig 模型，F 表示付国模型，R 表示 Roufaiel and Meyer 模型，B 表示本章模型。

通过以上对比发现，本章所提出的基于残余位移的地震损伤模型与 Park－Ang、付国及 Roufaiel 和 Meyer 提出的地震损伤模型曲线整体上变化趋势一致，均为上凹形，而 Kratzig 提出的地震损伤模型曲线为上凸形。因此，需按照试件的实际损伤程度来进行对比分析。

（1）杨玄试验数据。从图 13.6(a)可以看出，Park－Ang 损伤模型出现边界收敛性不良的现象，试件破坏时的损伤指数出现小于 1 或大于 1 的现象。对试件 Column 2－5715 而言，当位移延性水平为 4.8 时，试件底部只是出现了少量的斜裂缝，但 Park－Ang 损伤模型计算结果偏大，评估为严重损伤，明显高估了试件的损伤程度。而对试件 Column 3－7008 和 Column 3－7015 而言，Park－Ang 损伤模型出现了不收敛现象，明显高估了试件的实际损伤程度。

（2）何利和叶献国试验数据。从图 13.6（b)可以看出，付国损伤模型与 Park－Ang 损伤模型计算结果比较接近，损伤曲线均表现为前期增长缓慢、后期增长快速的趋势，充分体现了试件在经历混凝土脱落和纵筋屈曲等破坏后位移增大的现象。付国损伤模型和 Park－Ang 损伤模型均属于变形和耗能组合形式的损伤模型，基本思路一样。但 Park－

Ang 模型由于受组合参数 β 的影响极大,而组合参数 β 多由试验数据拟合所得,缺乏足够的理论依据,使得不同文献中 β 的取值差异较大。虽然付国模型针对 Park－Ang 模型的缺陷进行了修正,但不便于在实际工程中应用。Kratzig 模型是一种基于构件滞回耗能而提出的损伤模型,该损伤模型的计算过程较为烦琐,而且损伤指数增长速率表现为先快后慢,与试验结果进行对比,发现该模型高估了试件前期受荷阶段的损伤累积。

(3)张明生试验数据。从图 13.6 (c)可以看出,Roufaiel 和 Meyer 模型是利用构件刚度退化而建立的损伤模型,该模型虽然计算量较小,但与试件结果对比,发现高估了试件的实际损伤程度,不太符合试件的实际损伤情况。

综上所述,本章所建立的损伤模型收敛性较好,可以充分反映出:$D=0$,试件基本完好;$D=1$,试件完全破坏的评定标准,而且与付国模型的计算结果及变化趋势基本一致。但较付国模型而言,该模型计算量较小,便于在实际工程中应用。因此,本章所建立的基于残余位移的地震损伤模型是可行的。

4. 地震损伤评估

能够对结构或构件在地震作用下的损伤进行精确且定量的评估,是地震工程领域一直以来的重要研究方向。而合理划分结构或构件的损伤等级和与之对应的损伤指数取值范围,是评估和预测结构或构件破坏过程及损伤程度的主要依据。通常将结构或构件的损伤程度分为五个等级,即基本完好、轻微损伤、中等损伤、严重损伤及倒塌破坏。参鉴已有的划分标准,结合所研究试件的实际破坏现象,给出了本章所研究试件损伤等级与损伤指数之间的关系,见表 13.4。

表 13.4 试件损伤指数与损伤等级的关系

试件	损伤等级	损伤指数	损伤现象
SC－0.12－0	基本完好	0 ～ 0.11	试件底部仅有少量的不贯通水平微裂缝
	轻微损伤	0.11 ～ 0.26	水平裂缝逐渐向上扩展,出现贯通裂缝
	中等损伤	0.26 ～ 0.75	裂缝增宽、局部保护层混凝土剥落
	严重损伤	0.75 ～ 1	混凝土保护层大面积剥落、纵筋略显屈曲
	倒塌破坏	≥1	试件底部两侧保护层混凝土完全剥落、核心区混凝土被压碎
SC－0.12－1	基本完好	0 ～ 0.07	试件底部仅有少量的不贯通水平微裂缝和竖向微裂缝
	轻微损伤	0.07 ～ 0.20	水平裂缝逐渐向上扩展,底部分别出现了 1 条宽度约 1.5 mm 的水平裂缝和竖向裂缝。
	中等损伤	0.20 ～ 0.71	水平裂缝逐渐向上扩展、贯通,竖向裂缝增宽
	严重损伤	0.71 ～1	试件底部三侧混凝土保护层完全剥落、纵筋屈曲
	倒塌破坏	≥1	核心区混凝土被压碎、纵筋屈曲现象加重

续表 13.4

试件	损伤等级	损伤指数	损伤现象
SC－0.12－2	基本完好	0 ～ 0.09	试件底部仅有少量的不贯通水平微裂缝,柱脚伴随少量的锈蚀产物
	轻微损伤	0.09 ～ 0.26	水平裂缝逐渐向上延伸,底部出现了1条 mm 宽的水平裂缝
	中等损伤	0.26 ～ 0.56	混凝土保护层成片脱落、部分钢筋外露
	严重损伤	0.56 ～ 1	塑性铰区域三侧保护层混凝土完全脱落,核心区混凝土开裂
	倒塌破坏	≥ 1	纵筋出现了明显的屈曲现象,1 根角筋被拉断
SC－0.12－3	基本完好	0 ～ 0.10	仅有少量的水平微裂缝、有 1 条沿角筋方向分布的纵向裂缝
	轻微损伤	0.10 ～ 0.15	水平裂缝和竖向数量略有增加、一小块保护层混凝土因锈蚀脱落
	中等损伤	0.15 ～ 0.48	混凝土保护层成片脱落、钢筋外露
	严重损伤	0.48 ～ 1	塑性铰区域三侧保护层混凝土完全剥落、部分钢筋被拉断
	倒塌破坏	≥ 1	核心区混凝土被压碎、横向约束被破坏、钢筋截面明显缩小,钢筋被拉断及锈断现象加重
SC－0.12－4	基本完好	0 ～ 0.10	试件底部出现少量的水平微裂缝,伴有 1 条 沿角筋方向分布的纵向裂缝
	轻微损伤	0.10 ～ 0.18	出现内外、左右贯通的水平裂缝、纵向裂缝增宽、混凝土表面附着少量锈蚀产物
	中等损伤	0.18 ～ 0.51	局部混凝土保护层成片脱落
	严重损伤	0.51 ～ 1	塑性铰区域混凝土保护层全部剥落,部分钢筋被锈断及拉断
	倒塌破坏	≥ 1	核心区混凝土完全被压碎、纵筋出现明显锈断、拉断现象
SC－0.12－5	基本完好	0 ～ 0.12	仅有几条水平贯通的水平裂缝及少量沿纵向方向分布的纵向裂缝
	轻微损伤	0.12 ～ 0.24	裂缝均有所增宽、竖向裂缝表现更为明显
	中等损伤	0.24 ～ 0.43	混凝土保护层大面积脱落、2 根角筋被锈断
	严重损伤	0.43 ～ 1	纵筋出现明显的屈曲现象、有大量锈蚀产物附着在钢筋表面
	倒塌破坏	≥ 1	核心区混凝土完全被压碎、纵筋被拉断及锈断现象增多

续表 13.4

试件	损伤等级	损伤指数	损伤现象
SC—0.36—0	基本完好	0 ～ 0.14	仅出现几条未贯通的水平裂缝
	轻微损伤	0.14 ～ 0.26	裂缝逐渐向上延伸,水平裂缝逐渐贯通
	中等损伤	0.26 ～ 0.65	裂缝增宽、局部混凝土保护层呈小面积剥落
	严重损伤	0.65 ～ 1	混凝土保护层几乎全部剥落、纵筋外露
	倒塌破坏	≥ 1	试件底部核心区混凝土被压碎、纵筋明显屈曲
SC—0.36—1	基本完好	0 ～ 0.21	仅有少量的水平微裂缝和 1 条沿角筋方向分布的纵向裂缝
	轻微损伤	0.21 ～ 0.34	一小块混凝土保护层因锈蚀导致脱落
	中等损伤	0.34 ～ 0.50	试件底部两侧混凝土保护层脱落
	严重损伤	0.50 ～ 1	钢筋截面积明显有所减小、脱落的混凝土上面附着大量的锈蚀产物
	倒塌破坏	≥ 1	部分纵筋被锈断及拉断
SC—0.36—2	基本完好	0 ～ 0.11	有少量水平裂缝贯通,塑性铰区域混凝土上面附着少量的锈蚀产物
	轻微损伤	0.11 ～ 0.26	底部一侧发生混凝土剥落现象
	中等损伤	0.26 ～ 0.42	底部一侧有一大块混凝土保护层脱落,箍筋锈蚀严重
	严重损伤	0.42 ～ 1	底部四周混凝土保护层全部脱落,一根钢筋被严重锈断,柱底部截面明显缩小
	倒塌破坏	≥ 1	核心区混凝土开裂,钢筋明显屈曲,柱发生倾斜现象
SC—0.36—3	基本完好	0 ～ 0.03	仅有极少量的水平不贯通裂缝,角部有 1 条竖向裂缝
	轻微损伤	0.03 ～ 0.26	水平裂缝逐渐增多,竖向裂缝逐渐增宽
	中等损伤	0.26 ～ 0.40	1 根角筋被锈断,其余钢筋截面明显有不同程度的缩小现象
	严重损伤	0.40 ～ 1	部分纵筋被拉断,其余纵筋出现明显的屈曲现象
	倒塌破坏	≥ 1	核心区混凝土被严重压碎,横向约束被严重破坏
SC—0.36—4	基本完好	0 ～ 0.11	柱右下侧有一条明显的纵向裂缝,宽度约约为 1.5 mm
	轻微损伤		
	中等损伤	0.11 ～ 0.52	一侧距柱根部向上 15 cm 处出现了一条宽约 2.5 mm 的水平裂缝,两侧混凝土保护层出现大面积脱落现象
	严重损伤	0.52 ～ 1	钢筋出现明显屈曲现象,2 根钢筋被锈断和拉断
	倒塌破坏	≥ 1	核心区混凝土被压碎,部分已脱落,纵筋屈曲现象进一步明显

续表 13.4

试件	损伤等级	损伤指数	损伤现象
SC-0.36-5	基本完好	0～0.10	距柱根部出现了一条约 1.5 mm 的水平裂缝,且在柱右侧出现了 1 条宽约 2 cm 的纵向裂缝
	轻微损伤		
	中等损伤	0.10～0.55	试件的水平裂缝和纵向裂缝宽度逐渐增加,保护层混凝土即将成片脱落
	严重损伤	0.55～1	混凝土保护层脱落,钢筋明显屈曲
	倒塌破坏	≥1	核心区混凝土严重开裂,1 根纵筋被严重锈断

　　基于表 13.4,本章提出了符合盐渍土地区钢筋混凝土桥墩柱损伤等级与损伤指数之间的关系,见表 13.5(a)及 13.5(b)。其中表 13.5(a)适用条件为锈蚀率在 0～10％范围内,表 13.5(b)适用条件为锈蚀率在 10％～25％范围内(轴压比均在 0～0.36 范围内)。除此之外,本章还给出了钢筋混凝土桥墩柱不同损伤等级下所对应的损伤现象及相应的修复建议。当损伤等级处于基本完好与轻微损伤时,构件不需要修复;当损伤等级处于中等损伤时,建议修复;当损伤等级处于严重损伤时,修复成本高,因此,可视情况而定;当损伤等级处于倒塌破坏时,已无法修复,建议替换重建。

表 13.5(a)　试件损伤指数、损伤等级、损伤评估及损伤现象之间的关系(0～10％)

损伤等级	损伤指数	损伤评估	损伤现象
基本完好	0～0.13	不需要修复	只有几条通畅的水平微通道裂纹或垂直微裂纹
轻微损伤	0.13～0.27	不需要修复	水平裂缝向上延伸并贯通
中等损伤	0.27～0.65	需要修复	裂缝加宽,局部混凝土保护层剥落
严重损伤	0.65～1	修复不经济	大面积混凝土脱落,纵向钢筋外露
倒塌破坏	≥1	无法修复	核心区域的混凝土被压碎,钢筋明显屈曲,部分钢筋断裂

表 13.5(b)　试件损伤指数、损伤等级、损伤评估及损伤现象之间的关系(10％～25％)

损伤等级	损伤指数	损伤评估	损伤现象
基本完好	0～0.09	不需要修复	只有几条未贯通的水平和垂直裂缝
轻微损伤	0.09～0.18	不需要修复	裂缝增多和加宽
中等损伤	0.18～0.48	需要修复	混凝土保护层在小范围内剥离,部分钢筋外露,转角处纵筋锈蚀较多
严重损伤	0.48～1	修复不经济	钢筋面积显著减少,1～2 根钢筋被拉断或锈断
倒塌破坏	≥1	无法修复	混凝土被压碎,锈断钢筋数量增加,水平约束严重受损

参 考 文 献

［1］杨德强．盐渍土环境中混凝土腐蚀劣化与平行杆受力模型研究［D］．呼和浩特：内蒙古工业大学，2020．

［2］李杰．西部盐渍土地区混凝土中钢筋锈蚀临界氯离子浓度研究［D］．呼和浩特：内蒙古工业大学，2016．

［3］荆磊．盐渍土环境混凝土中氯离子扩散性能与耐久性失效概率分析［D］．呼和浩特：内蒙古工业大学，2017．

［4］胡志超．盐渍土环境中混凝土强度时变规律试验研究与预测分析［D］．呼和浩特：内蒙古工业大学，2017．

［5］张晓鹏．盐渍土环境混凝土桥墩柱承载能力退化与时变可靠度分析［D］．呼和浩特：内蒙古工业大学，2018．

［6］赵建军．盐渍土环境下 RC 桥墩柱抗震性能研究［D］．呼和浩特：内蒙古工业大学，2019．

［7］牛鹏凯．西部盐渍土环境中混凝土桥墩柱地震损伤研究［D］．呼和浩特：内蒙古工业大学，2018．

［8］HOLDEN W，PAGE C，SHORT N．The influence of chlorides and sulfates on durability［J］．Corrosion of Reinforcement in Concrete Construction，1983，22：143-150．

［9］CASTELLOTE M，ANDRADE C，ALONSO C．Chloride-binding isotherms in concrete submitted to nonsteady-state migration experiments［J］．Cement and Concrete Research，1999，29(11)：1799-1806．

［10］金祖权，孙伟，张云升，等．混凝土在硫酸盐、氯盐溶液中的损伤过程［J］．硅酸盐学报，2006，34(5)：630-635．

［11］王建华．水泥-石灰石粉胶凝材料在硫酸盐和氯盐共同作用下的腐蚀破坏研究［D］．长沙：中南大学，2009．

［12］XU Y．The influence of sulfates on chloride binding and pore solution chemistry［J］．Cement and Concrete Research，1997，47(12)：1841-1850．

［13］陈晓斌，唐孟雄，马昆林．地下混凝土结构硫酸盐及氯盐侵蚀的耐久性实验［J］．中南大学学报（自然科学版），2012，43(7)：2803-2812．

［14］GENG J，EASTERBROOK D，LI L，et al．The stability of bound chlorides in cement paste with sulfate attack［J］．Cement and Concrete Research，2015，68：211-222．

［15］STROH J，MENG B，EMMERLING F．Deterioration of hardened cement paste under combined sulfate-chloride attack investigated by synchrotron XRD［J］．Solid

State Sciences，2016，56：29-44.

[16] BLASER H D，SCHERER O J. Expansion of soils containing sodium sulfate caused by drop in ambient temperatures[R]. Highway Research Board Special Report，1969.

[17] IRASSAR E F，MAIO A D，BATIC O R. Sulfate attack on concrete with mineral admixtures[J]. Cement and Concrete Research，1996，26(1)：113-123.

[18] KIRUBAJINY P，MARITA B，JAY S，et al. Durability of low calcium fly ash based geopolymer concrete culvert in a saline environment[J]. Cement and Concrete Research，2017，100：297-310.

[19] HARTELL J A，BOYD A J，FERRARO C C. Sulfate attack on concrete：effect of partial immersion[J]. Journal of Materials in Civil Engineering，2011，23(5)：572-579.

[20] CARLOS E T B，THIAGO A R，GUSTAVO S. Contribution for durability studies based on chloride profiles analysis of real marine structures in different marine aggressive zones[J]. Construction and Building Materials，2019，206：140-150.

[21] 施峰,汪俊华. 硫酸盐侵蚀混凝土立方体的性能退化[J]. 混凝土,2013(3)：52-54.

[22] 梁咏宁,袁迎曙. 硫酸盐腐蚀后混凝土单轴受压本构关系[J]. 哈尔滨工业大学学报,2008,40(4)：532-535.

[23] 张淑媛,迟守慧,金祖权. 地铁混凝土硫酸盐腐蚀研究[J]. 混凝土,2014(8)：14-16.

[24] 余红发. 盐湖地区高性能混凝土的耐久性、机理与使用寿命预测方法[D]. 南京：东南大学,2004.

[25] 赵景森,王宪政. 盐湖盐渍土地区建筑防腐工程施工[J]. 山西建筑,1996(2)：33-35.

[26] 胡跃东,范颖芳,张英姿,等. 单轴应力状态下受 NaCl 腐蚀混凝土受拉应力－应变曲线试验研究[C]. 太原：第 16 届全国结构工程学术会议论文集(第Ⅲ册),2007：327-331.

[27] 张晓,闫涛. 氯离子腐蚀环境下混凝土力学性能研究[J]. 金陵科技学院学报,2012,28(1)：38-41.

[28] 范颖芳,张英姿,胡跃东,等. 氯化钠侵蚀混凝土力学性能的试验研究[J]. 大连海事大学学报(自然科学版),2008,34(1)：125-128.

[29] 邢锋,张小刚,霍元,等. 砂浆中细骨料携带氯离子腐蚀机理与强度规律[J]. 建筑材料学报,2008,11(2)：201-205.

[30] 徐四朋,李占伟. 盐蚀混凝土性试验研究能[J]. 山西建筑,2012,38(11)：114-115.

[31] 陈钱. 海水侵蚀混凝土的微观及动态性能试验研究[D]. 宁波：宁波大学,2012.

[32] 蒋敏强,陈建康,杨鼎宜. 硫酸盐侵蚀水泥砂浆动弹性模量的超声检测[J]. 硅酸盐学报,2005,33(1)：126-132.

［33］苑立冬,牛荻涛,姜磊,等.硫酸盐侵蚀与冻融循环共同作用下混凝土损伤研究［J］.硅酸盐通报,2013,32(6):1171-1176.

［34］杜健民,焦瑞敏,韩晓丽,等.基于腐蚀层厚度的混凝土硫酸盐腐蚀速率基准模型的建立［J］.混凝土,2014(5):10-14.

［35］张淑媛,迟守慧,金祖权.地铁混凝土硫酸盐腐蚀研究［J］.混凝土,2014(8):14-16.

［36］张琴,吴庆,汪俊华.硫酸盐侵蚀环境下混凝土立方体抗压强度退化［J］.混凝土,2011(3):53-54.

［37］孙红尧,傅宇方,陆采荣,等.处于盐渍土和盐湖环境下建筑物的腐蚀与防护现状［J］.腐蚀与防护,2012,33(8):652-657.

［38］黄维蓉,周维,杨德斌,等.盐土地区混凝土抗钢筋腐蚀性能试验研究［J］.混凝土,2011(1):57-61.

［39］高鹏.西北高海拔盐渍土环境下地铁工程混凝土结构耐久性研究［D］.南京:南京航空航天大学,2018.

［40］杨蓝蓝.结构混凝土钢筋腐蚀评价方法及防腐技术研究［D］.兰州:兰州理工大学,2019.

［41］乔宏霞,杨博,路承功,等.基于不同涂层的镁水泥钢筋混凝土耐腐蚀性试验研究［J］.硅酸盐通报,2018,37(11):3510-3516,3521.

［42］刘国建.严酷复合介质侵蚀下混凝土中钢筋腐蚀行为及机理［D］.南京:东南大学,2019.

［43］贡金鑫,仲伟秋,赵国藩.受腐蚀钢筋混凝土偏心受压构件低周反复性能的试验研究［J］.建筑结构学报,2004(5):92-97,104.

［44］张俊萌,方从启,朱杰.受腐蚀钢筋混凝土墩柱抗震性能试验研究［J］.工业建筑,2015,45(3):100-104.

［45］AQUINO W, HAWKINS N M. Seismic retrofitting of corroded reinforced concrete columns using carbon composites［J］. ACI Structural Journal, 2007, 104(3):348-356.

［46］SOMODIKOVA M, LEHKY D, DOLEZEL J, et al. Modeling of degradation processes in concrete: probabilistic lifetime and load-bearing capacity assessment of existing reinforced concrete bridges［J］. Engineering Structures, 2016, 119:49-60.

［47］ROUFAIEL M S L, MEYER C. Analytical modeling of hysteretic behavior of R/C frames［J］. Journal of Structural Engineering, 1987, 113(3):429-444.

［48］SAITO Y, KANAKUBO T. Structural performance of corroded RC column under seismic load［C］. Whistler, Canada:Protect, 2007.

［49］COLOMBO A, NEGRO P. A damage index of generalized applicability［J］. Engineering Structures, 2005, 27(8):1164-1174.

［50］KRTZIG W B, MEYER I F, MESKOURIS K. Damage evolution in reinforced concrete members under cyclic loading［C］// Proceedings of the International

Corference on Structural Safety and Reliability，2015.

[51] FAJFAR P. Equivalent ductility factors taking into account low-cycle fatigue[J]. Earthquake Engineering and Structural Dynamics，1992，21(10)：837-848.

[52] HINDI R A，SEXSMITH R G. A proposed damage model for RC bridge columns under cyclic loading[J]. Earthquake Spectra，2001，17(2)：261-290.

[53] PARK Y J，ANG A H S. Mechanistic seismic damage model for reinforced concrete[J]. Journal of Structural Engineering，1985，111(4)：722-739.

[54] KUNNATH S K，EI-BAHY A，TAYLOR A，et al. Cumulative seismic damage model of reinforced concrete bridge piers[R]. Buffalo：NCEER Report 970006，State University of New York，1997.

[55] 傅剑平，王敏，白绍良. 对用于钢筋混凝土结构 Park-Ang 双参数破坏准则的识别和修正[J]. 地震工程与工程振动，2005(5)：75-81.

[56] 苏佶智，刘伯权，邢国华. 钢筋混凝土柱地震损伤模型比较研究[J]. 世界地震工程，2018，34(2)：80-88.

[57] 陈星烨，蒋冬情，颜东煌. 钢筋混凝土柱地震损伤模型[J]. 长沙理工大学学报（自然科学版），2016，13(2)：33-40.

[58] 曹晓波，王文炜，宋元印，等. 地震作用下钢筋混凝土墩柱损伤指数计算方法[J]. 建筑科学与工程学报，2019，36(1)：85-92.

[59] 水工混凝土试验规程：SL/T 352—2020[S]. 北京：中国水利水电出版社，2020.

[60] TUUTTI K. Corrosion of steel in concrete[R]. Stockholm：Swedish National Road and Transport Research Institute，1982.

[61] CHEEWAKET T，JATURAPITAKKUL C，CHALEE W. Initial corrosion presented by chloride threshold penetration of concrete up to 10 year-results under marine site[J]. Construction and Building Materials，2012，37：693-698.

[62] 孙丛涛，宋华，牛荻涛，等. 粉煤灰混凝土氯离子结合性能的研究[J]. 建筑材料学报，2015(3)：1-10.

[63] 吴庆令，余红发，王甲春. 现场海洋区域环境中混凝土的 Cl^- 扩散特性[J]. 河海大学学报，2009，37(4)：410-414.

[64] 余红发，华普校，屈武，等. 抗腐蚀混凝土电杆在西北盐湖地区的野外暴露实验[J]. 混凝土与水泥制品，2003(6)：23-26.

[65] 胥聪敏，石凯. X80 管线钢在格尔木土壤模拟溶液中的耐腐蚀性能[J]. 化工学报，2009，60(6)：1513-1518.

[66] 马孝轩，仇新刚，陈从庆. 混凝土及钢筋混凝土土壤腐蚀数据积累及规律性研究[J]. 建筑科学，1998，14(1)：7-12.

[67] KWON S K，LEE H S，KARTHICK S，et al. Long-term corrosion performance of blended cement concretein the marine environment—A real-time study[J]. Construction and Building Materials，2017，154：349-360.

[68] RAKESH K，BHATTACHARJEE B. Porosity，pore size distribution and in situ

strength of concrete[J]. Cement and Concrete Composites, 2003, 33: 155-164.

[69] SIRIVIVANTNANON V, KHATRI R. Chloride penetration resistance of concrete[C]. Brisbane, Australia: Concrete Institute of Australia Conference: Getting a Lifetime out of Concrete Structures, 1998.

[70] ANDRADE C, CASTELLOTE M, ALONSO C, et al. Relation between colorimetric chloride penetration depth and charge passed in migration tests of the type of standard ASTM C1202-91[J]. Cement and Concrete Research, 1999, 29: 417-421.

[71] 普通混凝土力学性能试验方法标准: GB/T 50081—2002[S]. 北京:中国标准出版社, 2002.

[72] 王海龙,董宜森,孙晓燕,等. 干湿交替环境下混凝土受硫酸盐侵蚀劣化机理[J]. 浙江大学学报(工学版), 2012, 46(7):1255-1261.

[73] KRAJCINOVIC D, FANELLA D. A micromechanical damage model for concrete [J]. Engineering Fracture Mechanics, 1986, 25(5-6): 585-596.

[74] MANDER J B, PRIESTLEYM JN. Theoretical stress-strain model for confined concrete[J]. Journal of Structural Engineering, 1988, 114(8):1807-1826.

[75] MILLARD S G, LAW D, BUNGEY J H, et al. Environmental influences on linear polarization corrosion rate measurement in reinforced concrete[J]. NDT&E International, 2001, 34(6): 409-417.

[76] YONEZAWA T, ASHWORTH S V, Procter R P M. Pore solution composition and chloride effects on the corrosion of steel in concrete[J]. Corrosion, 1988, 44 (7):489-499.

[77] GLASS G K, REDDY B, CLARK L A. Making reinforced concrete immune from chloride corrosion[J]. Constructions and Materials, 2007, 160(4):155-164.

[78] GONZALEZ J A, NOLINA A, OTERO E, et al. On the mechanism of steel corrosion in concrete: the role of oxygen diffusion[J]. Magazine of Concrete Research, 1990, 42(150):23-27.

[79] MANGAT P S, MOLLOY B T. Prediction of long term chloride concentration in concrete[J]. Materials and Structures, 1994, 27(6):338-346.

[80] 建筑抗震试验规程: JGJ/T 101—2015 [S], 北京:中国建筑工业出版社,2015.

[81] 公路桥梁抗震设计细则: JTG T B02-01-2008[S]. 北京:人民交通出版社,2008.

[82] 范颖芳. 受腐蚀钢筋混凝土构件性能研究[D]. 大连:大连理工大学,2002.

[83] 陈元素. 受腐蚀混凝土力学性能试验研究[D]. 大连:大连理工大学,2006.

[84] RITTER W. Die bauweise hennebique[J]. Schweizerische Bauzei-tung, 1899,33 (7):59-61.

[85] MORSCH E. Reinforced concrete construction: theory and application[M]. 5th Edition. Wittwer,Stuttgart, 1920.

[86] RAMIREZ J A, BREEN J E. Evaluation of a modified truss-model approach for

beams in shear[J]. Aci Structural Journal，1991，88(5)：562-571.

[87] PAULAY T. Coupling beams of reinforced concrete shear walls[J]. Journal of the Structural Division，1971，97(3)：843-862.

[88] VECCHIO F J，COLLINS M P. The modified compression-field theory for reinforced concrete elements subjected to shear [J]. Aci Structural Journal，1986，83(2)：219-231.

[89] PANG X B，HSI T T C. Behavior of reinforced concrete membrane elements in shear[J]. Aci Structural Journal，1995，92(6)：665-679.

[90] PAN Z，LI B. Truss-arch model for shear strength of shear-critical reinforced concrete columns[J]. Journal of Structural Engineering，2013，139(4)：548-560.

[91] 李俊华，王新堂，薛建阳，等. 型钢高强混凝土短柱的抗剪机理与抗剪承载力[J]. 工程力学，2008，25(4)：191-199.

[92] HSU T T C，MAU S T，CHEN B. Theory of shear transfer strength of reinforced concrete[J]. Aci Structural Journal，1987，84(2)：149-160.

[93] 赵树红，叶列平. 基于桁架－拱模型理论对碳纤维布加固混凝土柱受剪承载力的分析[J]. 工程力学，2001，18(6)：134-140.

[94] 刘海，姚继涛，牛荻涛. 一般大气环境中既有混凝土结构的耐久性评定与剩余寿命预测[J]. 建筑结构学报，2009，30(2)：143-148.

[95] PRIESTLEY M J N，VERMA R，XIAO Y. Seismic shear strength of reinforced concrete columns[J]. Journal of Structural Engineering，1994，120(8)：2310-2329.

[96] 高山，郭兰慧，吴兆旗，等. 关键柱失效后组合框架抗倒塌试验研究及理论分析[J]. 建筑结构学报，2013，34(4)：43-48.

[97] 刘正洋. 氯盐环境下钢筋强度时变模型[J]. 公路工程，2015，40(3)：270-274.

[98] 田曼丽. 锈蚀对钢筋力学性质影响的试验研究[J]. 江西建材，2017(18)：2-3.

[99] GHOSH J，PADGETT J E. Aging considerations in the development of time-dependent seismic fragility curves[J]. Structure and Infrastructure Engineering，2010，136 (12)：1497-1511

[100] BANON H，BIGGS J M，IRVINE H M. Seismic damage in reinforced concrete frames[J]. Journal of the Structural Division，1981，107(9)：1713-1729.

[101] HWANG T，SCRIBNER C F. R/C member cyclic response during various loadings[J]. Journal of Structural Engineering，1984，110(3)：477-489.

[102] 牛荻涛，任利杰. 改进的钢筋混凝土结构双参数地震破坏模型[J]. 地震工程与工程振动，1996，16(4)：44-54.

[103] GHOBARAH A，ELFATH H A，ASHRAF B. Response-based damage assessment of structures[J]. Earthquake Engineering and Structural Dynamics，1999，28：79-104.

[104] 欧进萍，何政，吴斌，等. 钢筋混凝土结构基于地震损伤性能的设计[J]. 地震工程与工程振动，1999，19(1)：21-30.

［105］吕大刚,王光远.基于损伤性能的抗震结构最优设防水准的决策方法［J］.土木工程学报,2001,34（1）:44-49.

［106］刘伯权,白绍良,刘鸣.抗震结构的等效延性破坏准则及其子结构试验验证［J］.地震工程与工程振动,1997,17(3):77-83.

［107］李宏男,何浩祥.利用能力谱法对结构地震损伤评估简化方法［J］.大连理工大学学报,2004,44（2）:267-270.

［108］杨玄.钢筋混凝土桥墩地震损伤分析与模型研究［D］.重庆:重庆交通大学,2011.

［109］何利,叶献国.Kratzig 及 Park-Ang 损伤指数模型比较研究［J］.土木工程学报,2010,43(12):1-6.

［110］张明生.无粘结部分预应力钢筋混凝土桥墩抗震性能试验研究与模拟分析［D］.大连:大连理工大学,2012.

名 词 索 引